Umwelt- und Naturschutz am Ende des 20. Jahrhunderts

Springer
Berlin
Heidelberg
New York
Barcelona
Budapest
Hong Kong
London
Mailand
Paris
Tokyo

Karl-Heinz Erdmann
Hans G. Kastenholz (Hrsg.)

Umwelt- und Naturschutz am Ende des 20. Jahrhunderts

Probleme, Aufgaben und Lösungen

Mit 47 Abbildungen
und 7 Tabellen

 Springer

KARL-HEINZ ERDMANN
Bundesamt für Naturschutz
MAB-Geschäftsstelle
Konstantinstr. 110
53179 Bonn

Dr. HANS G. KASTENHOLZ
Akademie für Technikfolgenabschätzung
in Baden-Württemberg
Industriestr. 5
70565 Stuttgart
sowie
Institut für Verhaltenswissenschaft
der ETH Zürich
Turnerstr. 1
CH-8092 Zürich

ISBN 3-540-59017-X Springer-Verlag Berlin Heidelberg New York

Die Deutsche Bibliothek – CIP-Einheitsaufnahme
Erdmann, K.-H.; Kastenholz, H.G.: Umwelt- und Naturschutz am Ende des 20. Jahrhunderts. Probleme, Aufgaben, Lösungen; mit 48 Abbildungen und 8 Tabellen. – Berlin; New York; London; Paris; Tokyo; Hong Kong; Barcelona; Budapest: Springer, 1995
  ISBN 3-540-59017-X
NE: Kastenholz, H.G.

Dieses Werk ist urheberrechtlich geschützt. Die dadurch begründeten Rechte, insbesondere die der Übersetzung, des Nachdrucks, des Vortrags, der Entnahme von Abbildungen und Tabellen, der Funksendung, der Mikroverfilmung oder der Vervielfältigung auf anderen Wegen und der Speicherung in Datenverarbeitungsanlagen, bleiben, auch bei nur auszugsweiser Verwertung, vorbehalten. Eine Vervielfältigung dieses Werkes oder von Teilen dieses Werkes ist auch im Einzelfall nur in den Grenzen der gesetzlichen Bestimmungen des Urheberrechtsgesetzes der Bundesrepublik Deutschland vom 9. September 1965 in der jeweils geltenden Fassung zulässig. Sie ist grundsätzlich vergütungspflichtig. Zuwiderhandlungen unterliegen den Strafbestimmungen des Urheberrechtsgesetzes.

© Springer-Verlag Berlin Heidelberg 1995
Printed in Germany

Die Wiedergabe von Gebrauchsnamen, Handelsnamen, Warenbezeichnungen usw. in diesem Werk berechtigt auch ohne besondere Kennzeichnung nicht zu der Annahme, daß solche Namen im Sinne der Warenzeichen- und Markenschutz-Gesetzgebung als frei zu betrachten wären und daher von jedermann benutzt werden dürften.

Umschlaggestaltung: E. Kirchner, Heidelberg
Satz: Reproduktionsfertige Vorlage vom Autor

30/3136   SPIN 10495354 – Gedruckt auf säurefreiem Papier

Das vorliegende Buch gibt die Vorträge der interdisziplinären Ringvorlesung "Umwelt- und Naturschutz am Ende des 20. Jahrhunderts. Probleme, Aufgaben und Lösungen" wieder, durchgeführt im Wintersemester 1993/1994 an der Rheinischen Friedrich-Wilhelms-Universität Bonn. Die Veranstaltung stand unter der Schirmherrschaft von Bundesminister Prof. Dr. Klaus TÖPFER und wurde gemeinsam durchgeführt von dem Deutschen Nationalkomitee für das UNESCO-Programm "Der Mensch und die Biosphäre" (MAB), der Deutschen UNESCO-Kommission (DUK), der Gesellschaft für Mensch und Umwelt (GMU) sowie der Rheinischen Friedrich-Wilhelms-Universität Bonn.

Inhaltsverzeichnis

**Umwelt- und Naturschutz am Ende des 20. Jahrhunderts.
Probleme, Aufgaben und Lösungen - Eine Einführung**
Wilfried Goerke (Bad Breisig), Karl-Heinz Erdmann (Bonn) und
Hans G. Kastenholz (Stuttgart/Zürich) 1

Die Landschaft und die Wissenschaft
Ludwig Trepl (Freising-Weihenstephan) 11

Natur im Wandel beim Übergang vom Land zum Meer
Karsten Reise (List/Sylt) 27

Umweltprobenbank - Beobachtung der Gegenwart, Sicherung der Zukunft
Fritz Hubertus Kemper (Münster) 43

Logik des Mißlingens
Dietrich Dörner (Bamberg) 59

Theologische Perspektiven der Umweltkrise
Martin Honecker (Bonn) 83

Umwelt und Recht
Jürgen Salzwedel (Bonn) 101

**Die Allianz Stiftung. Ein Beispiel für gesellschaftliche Verantwortung
zum Schutz der Umwelt**
Lutz Spandau (München) 125

Die Verantwortung der Philosophie für Mensch und Umwelt
Ludger Honnefelder (Bonn) 133

Traditionelles Umweltwissen und Umweltbewußtsein und das Problem nachhaltiger landwirtschaftlicher Entwicklung
Eckart Ehlers (Bonn) 155

Globale Umweltbeobachtung - eine Herausforderung für die Vereinten Nationen. Harmonisierungsbestrebungen im Rahmen des Umweltprogramms der Vereinten Nationen (UNEP)
Hartmut Keune (Neuherberg) 175

Der Beitrag des Naturschutzes zu Schutz und Entwicklung der Umwelt
Harald Plachter (Marburg)... 197

Umwelt- und Naturschutz am Ende des 20. Jahrhunderts. Perspektiven aus politischer Sicht
Klaus Töpfer (Bonn) 255

Autorenverzeichnis

Prof. Dr. Dietrich Dörner
Psychologisches Institut der Universität Bamberg
Markusplatz 3, 96047 Bamberg

Prof. Dr. Eckart Ehlers
Institut für Wirtschaftsgeographie der Universität Bonn
Meckenheimer Allee 160, 53115 Bonn

Karl-Heinz Erdmann
Bundesamt für Naturschutz, MAB-Geschäftsstelle
Konstantinstr. 110, 53179 Bonn

MinR. a.D. Wilfried Goerke
Keltenweg 11, 53498 Bad Breisig

Prof. Dr. Martin Honecker
Institut für Sozialethik
Evangelisch-Theologisches Seminar der Universität Bonn
Am Hof 1, 53113 Bonn

Prof. Dr. Ludger Honnefelder
Institut für Philosophie B der Universität Bonn
Am Hof 1, 53113 Bonn

Dr. Hans G. Kastenholz
Akademie für Technikfolgenabschätzung in Baden-Württemberg
Industriestr. 5, 70565 Stuttgart
sowie
Institut für Verhaltenswissenschaft der ETH Zürich
Turnerstr. 1, CH-8092 Zürich

Prof. Dr. Dr. h.c. mult. Fritz Hubertus Kemper
Umweltprobenbank für Human-Organproben, Universität Münster
Domagkstraße 11, 48129 Münster

Dr. Hartmut Keune
UNEP-Büros "Harmonization of the Environmental Measurement"
c/o GSF
Neuherberg, D-85758 Oberschleißheim

Prof. Dr. Harald Plachter
Fachgebiet Naturschutz, FB Biologie-Naturschutz der Universität Marburg
Karl-von-Frisch-Straße, 35043 Marburg

Prof. Dr. Karsten Reise
Biologische Anstalt Helgoland, Wattenmeerstation Sylt
Hafenstraße 43, 25992 List/Sylt

Prof. Dr. Jürgen Salzwedel
Institut für Verwaltungsrecht der Universität Bonn
Adenauerallee 44, 53113 Bonn

Dr. Lutz Spandau
Allianz Stiftung zum Schutz der Umwelt
Ainmillerstraße 11, 80801 München

Prof. Dr. Klaus Töpfer
Bundesministerium für Raumordnung, Bauwesen und Städtebau
Postfach 205001, 53170 Bonn

Prof. Dr. Ludwig Trepl
Institut für Landschaftsökologie der TU München
85354 Freising-Weihenstephan

Umwelt- und Naturschutz am Ende des 20. Jahrhunderts. Probleme, Aufgaben und Lösungen - Eine Einführung

Wilfried Goerke (Bad Breisig), Karl-Heinz Erdmann (Bonn) und Hans G. Kastenholz (Stuttgart/Zürich)

1 Einblick

Der Zustand unserer Umwelt gibt weltweit Anlaß zu großer Sorge. Eingriffe in den Naturhaushalt haben nach Art und Umfang eine Größenordnung erreicht, so daß eine ernste Gefährdung von Mensch und Umwelt heute besteht. Im Gegensatz zu früheren Jahrhunderten, in denen sich Eingriffe in das Naturraumgefüge fast ausschließlich regional begrenzt auswirken, handelt es sich bei den heutigen ökologischen Problemfeldern zunehmend um hochkomplexe, global wirksame ökosystemare Veränderungen. Um ihnen angemessen und in Zukunft auch vermehrt präventiv begegnen zu können, erfordern sie künftig in verstärktem Maße ein global abgestimmtes Handeln. Umwelt- und Naturschutz zählen deshalb am Ende des 20. Jahrhunderts zu den großen Herausforderungen der Menschheit, die alle Bereiche unseres Beziehungsgefüges erfassen.

Als eine der ersten internationalen Organisationen erkannte die UNESCO diese neuartigen Herausforderungen; unter der Überschrift "Intergovernmental conference of experts on the scientific basis for rational use and conservation of the resources of the biosphere" veranstaltete sie vom 04.-13. September 1968 in Paris die erste internationale Umweltkonferenz. Seit dieser zwischenstaatlichen Konferenz werden auf internationaler Ebene von den Vereinten Nationen, ihren Sonderorganisationen sowie zahlreichen staatlichen und nichtstaatlichen Organisationen umfangreiche Maßnahmen zum Schutz der Umwelt beschlossen und durchgeführt. Diese zielen einerseits auf eine Verbesserung der Kenntnis über Strukturen, Funktionen und Prozesse im Naturhaushalt sowie in den komplexen Mensch-Umwelt-Beziehungen, andererseits auf die Schaffung eines Rahmens für die Abstimmungen von Aktivitäten im Bereich des Umwelt- und Naturschutzes sowie für die nachhaltige Nutzung der natürlichen Ressourcen.

Trotz vielfältiger positiver Entwicklungen in den letzten Jahren bedürfen zahlreiche Umweltbelastungen und damit verbundene Folgeprobleme immer noch einer grundlegenden Lösung. Dabei erschwert das Fehlen eines systemaren Ansatzes sehr häufig die Suche nach adäquaten Strategien für einen angemessenen Wandel. Des weiteren wird zunehmend erkannt, daß Wissenschaft und Technik alleine für die Lösung der anstehenden Probleme keine befriedigenden Antworten liefern können. Vielmehr ist es erforderlich, künftig auch ethische Implikationen des Handelns - auf individueller wie gesellschaftlicher Ebene - stärker zu berücksichtigen und unter umweltverantwortlicher Perspektive neu abzuwägen. Vor diesem Hintergrund werden einerseits grundlegende Modifikationen bei jedem einzelnen Menschen in seinem Verhältnis zu Natur und Umwelt notwendig sein, andererseits ein Überdenken politischer Ziele hinsichtlich der Inanspruchnahme der natürlichen Ressourcen sowie generell der Landnutzung.

2 Hintergrund und Herausforderung

Um sich zu orientieren und langfristig das Überleben zu sichern, sind wir Menschen darauf angewiesen, uns ein Bild von der Welt zu machen, d. h. uns ein Weltbild zuzulegen. Im Laufe der kulturellen Evolution entwickeln sich aus diesen individuellen Konzepten regional divergierende gesellschaftsbestimmende Welt- und Menschenbilder. Diese konstituieren und werden konstituiert von Riten, Tabus und Verhaltensnormen, die maßgeblich den Ablauf des Handelns im Alltag, in den Jahreszeiten, das ganze Leben bestimmen. In diese gesellschaftlichen Regeln und Erkenntnishorizonte eingebunden wird das Leben strukturiert, gewinnt dadurch seine Sinngebung und entsprechende Entwicklungsspielräume. Innen- und Außenwelt müssen in einem steten Wechsel und Austausch immer wieder aufeinander abgestimmt werden, um das tägliche Leben stabil und kontinuierlich zu gestalten.

Die Menschheitsgeschichte ist sowohl von relativ stabilen Phasen geprägt als auch durch instabile Krisenzeiten. Das Bild der Welt erfährt besonders dann Umdeutungen und Wandlungen, wenn die in früheren Zeiträumen bewährten Denk- und Deutungsmuster zu Fehlentwicklungen und Schwierigkeiten führen, welche sich meist in Form geistiger, gesellschaftlicher bzw. materieller Krisen zeigen, und eine Fortführung die Form des bisherigen Lebens erschwert oder unmöglich macht. Trotz aller Klischees ist festzuhalten, daß sich die Menschheit heute wiederum in einer Zeit der Neuorientierung, des Wandels befindet, in der allgemein anerkannte richtungsweisende Perspektiven bislang noch fehlen. Ratlosigkeit herrscht beispielsweise in der Frage der Bevölkerungsentwicklung. Während in hochindustrialisierten Staaten die Geburtenraten stetig sinken - mit einem radikalen Wandel der Altersstruktur -, belegen die Zahlen für viele Entwicklungsländer auch weiterhin große Zuwachsraten - mit der Folge einer steigenden Ernährungsunsicherheit. In beiden Fällen sind zahlreiche sich wechselseitig bedingende Probleme mit diesen laufenden Entwicklungen verbunden, die nicht zuletzt auch gravierenden Einfluß auf Natur und Umwelt haben.

Nach Zeiten eines steten, ungezügelten Zugriffs auf die Naturressourcen wird zunehmend deutlicher, daß sich das Augenmerk des Menschen über die Erfüllung seiner eigenen Bedürfnisse auch auf die das System Natur stabilisierenden Struktur- und Funktionskomponenten richten muß. Nur wenn es gelingt, diese neuen Erfordernisse bewußt in Denk- und Handlungsebenen der Menschen aufzunehmen, können lebenswerte Zukunftsperspektiven gewonnen werden.

Dieses gewandelte Verständnis der Natur erfordert von den Menschen eine Abstimmung ihrer Handlungsweise mit dem Wirkungsgefüge der Natur. Damit ist das Ziel verbunden, die Funktionsfähigkeit des Naturhaushaltes zu sichern. Die Menschheit muß ihr bisheriges Wirken hin zu einem synergistischen Verhalten umstrukturieren, d. h. mit den vielfältigen Anforderungen, die aus den Regelmechanismen des Naturhaushaltes und seiner Strukturelemente erwachsen, in Einklang bringen. In diesem Zusammenhang wird immer häufiger eine "Ökologisierung" der Sozialen Marktwirtschaft gefordert. Aber auch ein Wertewandel wird angemahnt; z. B. geht es für den Ministerpräsidenten des Freistaates Sachsen, Prof. Dr. Kurt BIEDENKOPF, um die Fragen: Wird die Menschheit in der Lage sein, sich selbst zugunsten ihrer eigenen Überlebensfähigkeit zu begrenzen, oder wird die Menschheit an ihrer eigenen Begrenzungskrise scheitern? Wird die heute lebende Menschheit Solidarität gegenüber künftigen Generationen entwickeln wollen und können?

Zur Bewältigung heutiger Probleme und der Erarbeitung neuer Perspektiven für Mensch und Umwelt ist es unerläßlich, prioritäre Entwicklungsziele, Leitbilder und Strategien zu konkretisieren und zu operationalisieren. Ziel muß es sein, Eingriffe in Natur und Landschaft künftig im Vorfeld besser beurteilen zu können. Das Treffen diesbezüglicher Entscheidungen setzt das Führen eines rationalen Diskurses voraus, der auf gesicherten Erkenntnissen und Datengrundlagen fußen muß. Erforderlich wird es deshalb sein, ein System der Erfassung ökologischer Parameter, eine "Ökologische Umweltbeobachtung" (ÖUB), aufzubauen sowie über das Konsensprinzip ein Bewertungskonzept zu entwickeln, mit Hilfe dessen die erhobenen Daten interpretiert und in Handlungsempfehlungen bzw. Handlungsanweisungen umgesetzt werden können.

Zur Bewältigung der angesprochenen Aufgaben sind verschiedene Ebenen des menschlichen Lebens angesprochen; z. B.:
- die sinnliche und rational gedeutete Wahrnehmung der Natur unter neuen Gewichtungen und Sichtweisen,
- die Aufbereitung der Informationen, die über Natur und Umwelt gewonnen werden können,

- der Aufbau von Schutzsystemen innerhalb von Natur- und Kulturlandschaften sowie die Erarbeitung von Konzeptionen für eine nachhaltige Nutzung des Naturraumpotentials,
- die Etablierung ökonomischer und rechtlicher Rahmenbedingungen, die eine nachhaltige Entwicklung ermöglichen und begünstigen,
- die Umsetzung des neuen Naturverständnisses in stabilisierende, zukunftssichernde Technologien,
- die Auswertung der Erkenntnisse im Hinblick auf deren Vermittlung im Rahmen der Wertebildung und Erziehung sowie
- die Etablierung eines gesellschaftlich verankerten Grundkonsenses natur- und humanrelevanter handlungsleitender ethischer Werte.

3   Die Ringvorlesung

Die Herausforderungen, die die aufgeworfenen Probleme für Wissenschaft, Politik und Verwaltung im speziellen und die Menschheit im allgemeinen darstellen, können nur im interdisziplinären Dialog einer Lösung nähergebracht werden. Diesen weiter zu beschleunigen, veranstalteten das Deutsche Nationalkomitee für das UNESCO-Programm "Der Mensch und die Biosphäre" (MAB), die Rheinische Friedrich-Wilhelms-Universität Bonn, die Deutsche UNESCO-Kommission (DUK) sowie die Gesellschaft für Mensch und Umwelt (GMU) im Wintersemeser 1993/94 die in vorliegendem Buch dokumentierte Ringvorlesung, durchgeführt unter der Schirmherrschaft von Bundesminister Prof. Dr. Klaus TÖPFER.

Ringvorlesung und Publikation haben zum Ziel, aktuelle Probleme zu identifizieren, Aufgabenfelder aufzuzeigen und angemessene praktikable Lösungsansätze sowie präventive Lösungsstrategien für die aktuellen Aufgaben im Umweltbereich zu entwickeln. Namhafte Vertreter verschiedener, am ökologischen Diskurs beteiligter Disziplinen geben einen Überblick über künftige Perspektiven des Umwelt- und Naturschutzes.

Da das Entstehen der Krisensituation nicht monokausal bedingt ist, können und dürfen demnach auch die Antworten nicht monofaktoriell ausfallen. Vor diesem Hintergrund decken die im Rahmen der Ringvorlesung gehaltenen Vorträge - die Komplexität des Gegenstandes erlaubt nur eine Auswahl von Schwerpunkten - ein weites Themenfeld ab, das sich aufgrund vielfältiger Querbezüge zu einem umfassenden Ganzen zusammenfügt. Sie geben einen aktuellen Überblick aus repräsentativen Teilbereichen der interdisziplinär angelegten Umwelt- und Naturschutzforschung.

Mit dem vorliegenden Buch soll ein Beitrag geleistet werden, die intellektuelle Kreativität in den verschiedenen mit Umweltthemen befaßten Fachdisziplinen noch stärker anzuregen und zu bündeln. Darüber hinaus wird es erforderlich sein, vermehrt den Dialog mit anderen, dem eigenen Fach näheren aber auch ferneren Disziplinen zu suchen. Um die neuen Partner zu verstehen, sich ihnen verständlich zu machen und von ihnen verstanden zu werden, sind Offenheit, Mut, Ausdauer und gegenseitige Rücksichtnahme wichtige Tugenden. Dabei ist zu berücksichtigen, daß ein Austausch zwischen den verschiedenen Disziplinen erforderlich ist, um eine Erkenntnis- und Verständnisvermittlung für die Administration, aber auch die breite Öffentlichkeit zu ermöglichen.

Die einzelnen Beiträge zeigen - vor dem Hintergrund, daß der Standort des Beobachters immer auch das Ergebnis der Beobachtung mitbestimmt - neben Stand und aktuellen Entwicklungen der Umwelt- und Naturschutzforschung innerhalb des Faches auch zukünftige Aufgabenfelder auf. Bestehende Defizite werden hierbei angesprochen sowie für die verschiedenen Fragestellungen - wo möglich - Lösungsansätze skizziert und zur Diskussion gestellt. Nach Umweltgesichtspunkten werden optimierte Entwicklungen schonender Bewirtschaftungsformen, Nutzungen und Schutzansätze der menschlichen Lebensgrundlagen sowie Handlungskonzepte für deren Umsetzung in die Praxis angesprochen.

Die Beitragsfolge wird von dem Ökologen Ludwig TREPL (Freising-Weihenstephan) mit dem Aufsatz "Die Landschaft und die Wissenschaft" eröffnet. Der Terminus "Landschaft" wird gegenwärtig - entsprechend dem jeweiligen inhaltlichen Bezug - sehr unterschiedlich verwendet. War eine Landschaft im 18. Jahrhundert Ausdruck höchster Kunstform (einem Gemälde gleichkommend), wird im 20. Jahrhundert mit diesem Begriff u. a. der Totalcharakter einer Erdgegend gekennzeichnet. TREPL warnt davor, eine Landschafts-Wissenschaft als Inbegriff höchster Komplexität konstruieren zu wollen. Landschaft sei eine interdisziplinäre Aufgabe, die in verschiedene wissenschaftliche Perspektiven zerfällt. Als große Herausforderung sieht TREPL, die unterschiedlichen disziplinären Zugänge zur "Landschaft" deutlich und bewußt zu machen - im Sinne einer "Kommunikation über Differenzen".

Der Meeresbiologe Karsten REISE (List/Sylt) erörtert in seinem Beitrag "Natur im Wandel beim Übergang vom Land zum Meer" verschiedenartige ökologische Aspekte des anthropogenen Küstenwandels. In diesem Kontext werden Umwelt- und Naturschutzprobleme dieses Jahrhunderts behandelt. REISE fordert ein globales Netz von Küsten-Biosphärenreservaten, in denen einerseits ungehinderte Naturentwicklung stattfinden kann, andererseits aber auch den hier lebenden, wirtschaftenden und Erholung suchenden Menschen Möglichkeiten der naturschonenden Nutzung eingeräumt werden.

Der Humantoxikologe Fritz Hubertus KEMPER (Münster) stellt in seinem Beitrag "Umweltprobenbank - Beobachtung der Gegenwart, Sicherung der Zukunft" Aufgaben, Ziele und einige ausgewählte Ergebnisse der im Zuständigkeitsbereich des Bundesministeriums für Umwelt, Naturschutz und Reaktorsicherheit (BMU) stehenden Umweltprobenbank für Human-Organproben vor. Prospektiv dient die Umweltprobenbank der systematischen Früherkennung und Analyse von Gesundheits- und Umweltgefährdungen durch alte und neue Stoffe. Retrospektiv stellt die Umweltprobenbank u. a. ein Instrument der Erfolgskontrolle der Politik des Bundes in den genannten Bereichen dar.

Der Psychologe Dietrich DÖRNER (Bamberg) erörtert in seinem Aufsatz "Logik des Mißlingens" Schwierigkeiten des Menschen beim Umgang mit Unbestimmtheit und Komplexität. Vor allem die vier Ursachen (1) Langsamkeit und geringe Kapazität des bewußten Denkens, (2) Tendenzen zum Schutz des Kompetenzgefühls, (3) Übergewicht der aktuellen Probleme und (4) Vergessen seien hierfür verantwortlich zu machen. Um diese Defizite zu überwinden, plädiert DÖRNER dafür, über die Simulation der Realität mit Hilfe von Computermodellen zu einem besseren Verständnis und schließlich sogar zu einem adäquateren Umgang und Verhalten mit Unbestimmtheit und Komplexität zu gelangen.

Martin HONECKER, evangelischer Sozialethiker aus Bonn, Mitglied der Kammer für kirchlichen Entwicklungsdienst der EKD, thematisiert in seinem Beitrag theologische Perspektiven der Umweltkrise. Vor dem Hintergrund der vielfach ausgesprochenen Forderung "Bewahrung der Schöpfung" diskutiert er den ausschließlich theologisch bzw. religiös zu deutenden Terminus Schöpfung sowie die damit im Zusammenhang stehende Schöpfungsordnung. Ein kirchlicher Beitrag zur Bewältigung der Umweltkrise könnte seiner Meinung nach darin bestehen, Einstellungen und Lebensweisen zu einem mitgeschöpflichen Leben mitzuformen. Nur im Einverständnis mit der Schöpfung - Voraussetzung hierfür ist die Achtung allen Lebendigens - ist Verantwortung angemessen wahrzunehmen.

Mit "Umwelt und Recht" ist der Beitrag des Rechtswissenschaftlers Jürgen SALZWEDEL (Bonn) überschrieben. Unter dem Terminus "Umweltrecht" werden verfassungs-, verwaltungs-, straf- und privatrechtliche Gesetze, Rechtsverordnungen und Verwaltungsvorschriften zusammengefaßt, zu deren Regelungsgegenstand der Umweltschutz in weitesten Sinne gehört. SALZWEDEL diskutiert einleitend historische Grundlagen, Rechtsquellen und Grundbegriffe des Umweltrechts, bevor er verschiedene Teilgebiete des Umweltrechts (Immissionsschutzrecht, Abfallecht, Atomrecht, Gewässerschutzrecht, Bodenschutzrecht und Naturschutzrecht) analysiert.

Der Landschaftsökologe und Landschaftsplaner Lutz SPANDAU (München) stellt in seinem Beitrag "Die Allianz Stiftung. Ein Beispiel für gesellschaftliche Verantwortung zum Schutz der Umwelt" die Arbeit der Allianz Stiftung zum Schutz der Umwelt vor. Ausgehend von den Förderprinzipien der Stiftung werden konkrete Projekte zum Artenschutz, zum Naturhaushaltsschutz, zum Gebietsschutz sowie zur Umweltbildung vorgestellt. Verbindende und verbindliche Grundlage aller Projekte ist eine ökosystemare Herangehensweise, die zum Ziel hat, bereits eingetretene Umweltschäden zu beseitigen, aktuelle Umweltgefährdungen auszuschalten oder zu mindern sowie künftigen Umweltgefährdungen durch Vorsorgemaßnahmen präventiv zu begegnen.

Der Bonner Philosoph Ludger HONNEFELDER plädiert in seinem Beitrag "Die Verantwortung der Philosophie für Mensch und Umwelt" dafür, bei der Behandlung von Fragen zum Schutz der Natur verstärkt ethische Aspekte in die Erörterungen mit einzubeziehen. Da Natur als praktische Orientierungsgröße nicht eindeutig ist und verschiedene Teilziele des Naturschutzes miteinander konkurrieren, ist die konkret zu schützende Natur stets Resultat von Güterabwägungen, für die sich Vorzugsregeln formulieren lassen. Während über die Grenzen, die den Bestand der Natur wahren, noch weitgehend Konsens besteht, ist über Fragen des sinnerfüllten Lebens des Menschen, d. h. Lebensform und Lebensstil, kein Einverständnis zu erzielen. Unabdingbare Voraussetzung zur gesellschaftlichen Klärung dieser Fragen ist die Bereitschaft und Fähigkeit, in den praktisch-politischen Diskurs einzutreten.

Der Bonner Wirtschafts- und Sozialgeograph Eckart EHLERS diskutiert in seinem Beitrag "Traditionelles Umweltwissen und Umweltbewußtsein und das Problem nachhaltiger landwirtschaftlicher Entwicklung" die Möglichkeit einer nachhaltigen landwirtschaftlichen Entwicklung im Kontext traditioneller Anbau- und Wissenssysteme in Agrargesellschaften der Dritten Welt. Umweltwissen und Umweltbewußtsein werden als Entwicklungspotential eines schonend-nachhaltigen Umgangs mit den Ressourcen des Natur- bzw. Kulturraums identifiziert. Kritisch hinterfragt EHLERS den aktuellen Modebegriff "Sustainability", vor allem dessen ubiquitäre inflationäre Anwendung.

Hartmut KEUNE, Direktor des UNEP-Büros für die Harmonisierung von Umweltmeßmethoden (HEM), skizziert in seiner Abhandlung "Globale Umweltbeobachtung - eine Herausforderung für die Vereinten Nationen. Harmonisierungsbestrebungen im Rahmen des Umweltprogramms der Vereinten Nationen (UNEP)" verschiedene Aspekte der Konzipierung eines Systems zur globalen, ökosystemar orientierten Umweltbeobachtung sowie des Aufbaus eines entsprechenden Netzes. Umfangreiche Abstimmungen und Festlegungen sind erforderlich, um die unterschiedlichen, meist sektoral angelegten Netzwerk-Aktivitäten verschiedener nationaler und internationaler Organisationen zu einem abgestimmten Gesamtkonzept zu verknüpfen. Eine Harmonisierung ist dringend erforderlich, um nicht zuletzt aus der vorhandenen Datenflut die für umweltpolitische Entscheidungen dringend benötigten Informationen zu gewinnen.

"Der Beitrag des Naturschutzes zu Schutz und Entwicklung der Umwelt" ist das Thema des Biologen Harald PLACHTER aus Marburg. Der Autor konstatiert Akzeptanzprobleme des Naturschutzes im öffentlichen Raum, die er vor allem auf einen fehlenden Konsens im Innenverhältnis des Naturschutzes über Problemschwerpunkte, Lösungskonzepte und Handlungsleitlinien zurückführt. In seinem als Standortbestimmung angelegten Beitrag erörtert er diesbezüglich die verschiedenen Aufgabenfelder des Naturschutzes in der Kulturlandschaft. Im abschließenden Kapitel umreißt PLACHTER den Beitrag, den Deutschland im Rahmen des globalen Naturschutzes leisten könnte.

Den Abschluß bildet ein Aufsatz von Bundesminister Klaus TÖPFER. In seinem Beitrag, der das Rahmenthema der Ringvorlesung aus politischer Perspektive beleuchtet, geht er der Frage nach, wie eine nachhaltige Entwicklung (sustainable development) national wie international gefördert werden kann. Zentrale Aufgabe ist ein ökologischer Subventionsabbau mit dem Ziel - über das Schließen von Wirtschaftskreisläufen - einer Etablierung ökologisch ehrlicher Preise. Eine ökologische Qualifizierung der Marktwirtschaft erfordert Um- und Neustrukturierungen im globalen Maßstab. Gelingen diese nicht, ist u. a. aufgrund einer begrenzten Nutzbarkeit von Natur und Umwelt auch mit kriegerischen Konflikten zu rechnen. Umwelt und Entwicklung werden in Zukunft die Themenfelder sein, die über Krieg und Frieden mitentscheiden. In der heutigen Zeit sind vor allem die hochentwickelten Staaten - erst in zweiter Linie die Entwicklungsländer - aufgerufen, Wege zur "sustainability" zu beschreiten.

4 Ausblick

Die Gestaltung von naturverträglicheren Lebens- und Wirtschaftsformen weltweit wird der einzig gangbare Weg sein, der Menschheit Optionen des Überlebens auf dem Planeten Erde offen zu halten. Voraussetzung dafür ist die Bereitschaft, unser Verhältnis sowohl zur belebten und unbelebten Natursphäre als auch zur Anthroposphäre von Grund auf zu überdenken und wo notwendig zu revidieren. Da es sich bei den aufgeworfenen Fragen um komplexe Problemfelder mit unterschiedlichen Wirkungshorizonten - lokal, regional, global - handelt, werden Lösungen auch auf den unterschiedlichen Hierarchieebenen anzustreben sein. Im Hinblick auf den internationalen Kontext wird ein Umdenken der Politik der Industrieländer insgesamt unumgänglich sein. Dringend bedarf es einer erneuerten Entwicklungspolitik gegenüber der Dritten Welt. Neben Modifikationen im Bereich der juristischen, ökonomischen und sozialen Rahmenbedingungen ist auch eine Stärkung der individuellen Verantwortlichkeit bei jedem einzelnen erforderlich. Umweltverantwortung umfaßt die folgenden Elemente:

- Die Einsicht, daß die Menschheit in den noch unvollständig begriffenen Gesamtzusammenhang der Natur eingebettet ist.
- Die Erkenntnis, daß die Menschheit die Natur nutzen darf und - um zu überleben - sogar muß, gleichzeitig aber Sorge dafür zu tragen hat, diese Nutzung zukunftsfähig für Mensch und Umwelt zu organisieren.

- Die Bereitschaft, ökologische Erkenntnisse auch in praktisches Handeln umzusetzen.

Besonders hervorgehoben werden soll abschließend das UNESCO-Programm "Der Mensch und die Biosphäre" (MAB), in dem mehrere der an dieser Publikation beteiligten Autoren seit vielen Jahren in verschiedener Funktion verantwortlich mitarbeiten. Beispielhaft und z. Zt. noch einzigartig wird im Rahmen von MAB versucht, die zuvor angesprochenen hochkomplexen Problemfelder einer angemessenen Lösung näher zu bringen. Immer noch ist MAB das einzige Programm aller UN-Organisationen, das versucht, mit Hilfe systemarer Verbundvorhaben Mensch-Umwelt-Natur als Einheit zu behandeln. Das Zusammenführen wichtiger Erkenntnisse konkretisiert sich im Rahmen der Biosphärenreservate, in denen Schutz, Pflege und Entwicklung von Kulturlandschaften modellhaft erprobt werden. Ziel ist die Etablierung funktionsfähiger Modellandschaften sich selbst tragender, nachhaltig gestalteter Mensch-Umwelt-Systeme, die als Vorbild für die von ihnen repräsentierten, ähnlich strukturierten Räume dienen können.

Wir hoffen, daß das vorliegende Buch anregende Beispiele liefert,
- die Defizite zu erklären, die im umweltbezogenen Verhalten immer noch bestehen, obwohl Ursachen von Umweltschäden bereits weitgehend bekannt sind, und
- wie - vor dem Hintergrund einer Auseinandersetzung mit der Gesamtproblematik "Mensch-Umwelt" - eine umweltgerechtere Gesellschaft aussehen und wie diese verwirklicht werden könnte.

Aussichtslos ist die heutige Lage keinesfalls. Trotz vieler ungelöster Probleme verbleiben nach wie vor Freiheitsräume für eine menschenwürdige Zukunftsgestaltung, ja selbst für neue Formen des Wohlstandes. Nur: Sehr viel Zeit verbleibt der Menschheit - und damit uns allen - nicht mehr, es ist unser Leben und das Leben unserer Kinder. Nach erfolgter Analyse ist es Zeit zu abgewogenem Handeln - zum Wohle von Mensch und Umwelt.

Die Landschaft und die Wissenschaft

Ludwig Trepl (Freising-Weihenstephan)

1   Die Landschaft in Sphären aufgegliedert

So wie man sich dem ganzheitlichen Ökosystem wissenschaftlich nähert, indem man erkennt, aus welchen Grund-Kompartimenten es besteht - Biotop und Biozönose, diese wiederum aus Produzenten, Konsumenten und Destruenten etc. -, so wird es auch für die wissenschaftliche Aufschlüsselung der ganzheitlichen Landschaft[1] eine ähnlich fundamentale Näherungsweise geben.

In der Tat hätten viele Angehörige von Universitätsfächern, die sich mit der Landschaft befassen - Landschaftsplaner und Landespfleger, Landschaftsgeographen und Landschaftsökologen -, damit kaum Schwierigkeiten. Die Grundgliederung der Landschaft in Lithosphäre, Hydrosphäre, Atmosphäre und Biosphäre ist offensichtlich; wer würde daran zweifeln, daß diese Einteilung eine wirkliche Eigenschaft der wirklichen Landschaft trifft, so selbstverständlich "gegeben" wie für den Anatomen die Einteilung seines Objektes in Kopf, Rumpf und Gliedmaßen? Wer kann daran zweifeln, daß es Dinge wie die Lithosphäre - die Sphäre der Gesteine - gibt und daß sie wesentlicher Bestandteil einer jeden Landschaft ist? Das heißt nicht, daß es keine wissenschaftliche Leistung gewesen wäre, diese Sphären zu definieren und zu benennen. Gerade das auf den Begriff zu bringen, was man immer schon kannte, macht ja die große wissenschaftliche Leistung aus; man denke an den Begriff der Kraft oder den der Schwere.

Eine beachtliche Leistung war es auch zu erkennen, daß sich die Landschaften quasi horizontal in Natur- und Kulturlandschaften unterscheiden und daß jene Sphären nicht einfach übereinanderliegen wie Schichten einer Torte, sondern in ihrem Zusammenwirken die "Ökosphäre" bilden, bzw. daß die Biosphäre nicht etwa nur

---

[1] Die Diskussion, in die dieser Beitrag gehört, wurde um 1970 vor allem in der Geographie sehr heftig geführt und ist seitdem mehr oder weniger verstummt, obwohl der Begriff der Landschaft, nachdem er seit dem 2. Weltkrieg fast vollständig auf den disziplininternen Gebrauch von Geographie und Landespflege eingeschränkt war (HARD 1969a), wieder ein breites Publikum - wohl zahlreicher als je zuvor - gefunden hat. Zum Thema vgl. vor allem die Arbeiten von HARD (z. B. 1970, 1973).

die Summe der Pflanzen und Tiere sei, sondern aus der Integration der Lebewesen mit ihrer Umwelt, die aus den abiotischen Sphären besteht, hervorgeht. Diese Sphären werden gleichsam vertikal von einer weiteren Sphäre durchdrungen, die man, mit gewissen Nuancenverschiebungen, Techno- oder Soziosphäre nennen kann. Man kann auch sagen, daß sich die "Geosphäre, wie sie vor dem Eingreifen des Menschen vorhanden war (sie hatte sich bereits von der "Physiosphäre" zur "Biosphäre" gewandelt), nun zur "Noosphäre" (von griechisch nous, Vernunft, Geist) entwickelt habe. Dabei verursacht Vorhandensein und Grad dieser Durchdringung jene Differenzierung in Natur- und Kulturlandschaft. Die Landschaften kann man als "konkrete Erscheinungsformen" der - teilweise zur Noosphäre weiterentwickelten oder integrierten - Geosphäre betrachten (NEEF/NEEF 1977).

Daß sich die Wissenschaftler über den Gebrauch dieser und ähnlicher Begriffe nicht ganz einig sind, ist von geringer Bedeutung. Man hat jedenfalls, trotz der Differenzen im einzelnen, im Prinzip auf den Begriff gebracht, was das Wesen der Landschaft ausmacht: eben das Zusammenwirken aller "Kräfte" oder "Geofaktoren". Und man hat Anschluß gewonnen an das große praktische Interesse, das die Landschaft heute findet: Denn in einem nie gekannten Tempo verschwinden die Naturlandschaften, und die Kulturlandschaften werden zerstört. Daß man das überhaupt erkennen kann, hat zur Voraussetzung, daß man einen Begriff von landschaftlicher Intaktheit hat, und dieser liegt in jenem harmonischen, "ökosphärischen" Zusammenwirken zu einem integrierten Ganzen. Und daß man der Zerstörung entgegenwirken kann, hat zur Voraussetzung, daß man einen Begriff von der Rolle des Menschen in der Landschaft hat - Begriffe wie "Kultur" oder "Technosphäre" erlauben, sie zu thematisieren.

2 Die "ganze Landschaft" ist etwas anderes als intakte Ökosysteme

Denn der wissenschaftlichen Disziplin Ökologie (der "biologischen Ökologie"[2]) wird ja allenthalben vorgeworfen, viel zu eng zu sein, um mit den "ökologischen" Problemen unserer Zeit angemessen umgehen zu können: Sie ist nicht ganzheitlich, wie ja schon ihre Begrenzung auf Objekte der Biologie zeigt; muß

---

[2] Eine merkwürdige Verdoppelung: Denn wenn man die Ökologie für die Wissenschaft vom Haushalt und den Umweltbeziehungen von Lebewesen als Lebewesen hält - im Hinblick auf etwas Nicht-Lebendes gibt selbstverständlich weder der Begriff Haushalt noch der Begriff Umwelt einen Sinn, und mit nicht-biologischen Haushalten befaßt man sich in der Wissenschaft bekanntlich seit eh und je unter anderen Namen als "Ökologie" -, kann sie gar nichts anderes sein als eine biologische Wissenschaft.

man, wenn man das Ganze im Auge behalten will, sich nicht auch um die abiotischen Dinge kümmern, z. B. die Sphäre der Gesteine? Und - das ist die Hauptklage - "der Mensch" als nicht nur biologisches Wesen bleibt von der Betrachtung ausgeschlossen. Schließlich kann die "Bio-Ökologie" offensichtlich die Bedeutung des konkreten Ortes nicht würdigen. Für sie ist die Welt in Ordnung, wenn die Lebewesen ihre ökologische Nische, die für sie nötigen Kombinationen abstrakter Umweltfaktoren, finden. Ökologische Intaktheit und Vielfalt wird so zu etwas auch künstlich Herstellbarem (man denke an das "Biosphere II"-Experiment in den USA), die Dinge der Natur erscheinen als austauschbar, und worum es doch wesentlich geht im Kampf gegen das alles nivellierende Industriesystem, die Eigenart, die Unersetzbarkeit der lokalen Besonderheit schlechthin, das kann in dieser reduzierten Ökologie überhaupt nicht auftauchen. Die Eigenart ist eine Qualität, die nicht dem Ökosystem, sondern nur der Landschaft zukommen kann, ebenso wie die Schönheit, und nach § 1 des Bundesnaturschutzgesetzes sind ja Vielfalt, Eigenart und Schönheit zu schützen - die "ganze Landschaft" eben, nicht nur intakte Ökosysteme.

Darum ist, so nützlich die "Bio-Ökologie" auch für spezielle Fragen sein kann, das ökologische Problem in seiner Gesamtheit nur für eine Wissenschaft, deren Zentralbegriff die Landschaft ist, wirklich zugänglich. Um diese Landschaft unserem Denken zu erschließen, muß sie zwar durchaus analytisch zerlegt werden, doch dabei muß die Gefahr des "Reduktionismus", und das heißt der Entfremdung von der Natur als ganzheitlich-ökologischer, die sie in Wirklichkeit doch ist, so weit wie möglich vermieden werden. Das leisten die Sphärenbegriffe. Denn ist nicht beispielsweise schon im Begriff der Atmo-Sphäre mehr enthalten, als für Physik und Chemie daran greifbar ist - von der Noosphäre gar nicht zu reden? Deutet nicht "Sphäre" überhaupt weniger auf ein dem Menschen gegenüberstehendes, nach Möglichkeit technisch zu beherrschendes Objekt als auf ein ihn umgreifendes Ganzes? Zudem ist, wie oben angedeutet, die Sphäreneinteilung eine durchaus natürliche; jeder Mensch, nicht nur der Wissenschaftler, nimmt sie vor, wenn auch vielleicht weniger präzise. Es ist offenbar eine Einteilung, die uns die Realität selbst vorschreibt. Was sollte künstlich, unnatürlich, unwirklich, abstrakt sein an dem Begriff der Sphäre der Gesteine, ist doch der "Stein" die Metapher für das unbezweifelbar Gegebene, die "harte Realität" schlechthin? Während man durchaus Zweifel haben kann, ob es Ödipuskomplexe, Mehrwertraten oder selbst Ökosysteme wirklich "gibt"[3] oder ob das nicht bloß Erfindungen der abstrakt - also wirklichkeitsfern - denkenden Wissenschaftlerhirne sind, ist auf einen solchen Gedanken bezüglich der Steine wohl noch niemand gekommen.

---

[3] Zu letzterem vgl. TREPL 1988.

3 Unser heutiger Begriff von Landschaft ist relativ neu

Nur diese Frage soll uns hier interessieren: Ob jene Sphären, in die sich die Landschaft gliedert, und auch die Landschaft selbst wirklich derart fraglos gegeben sind, diese Begriffe uns von der Realität gleichsam aufgenötigt werden (und was daraus für die "Landschaftswissenschaft" folgt). Man kann es nämlich durchaus bezweifeln. Ich bezweifle ausdrücklich nicht, daß diese Begriffe und Unterscheidungen in diesem oder jenem Sinne nützlich sein können.

Man kann die Frage stellen, ob das, was uns so selbstverständlich gegeben erscheint, für Angehörige anderer Kulturen ebenso selbstverständlich vorhanden ist, bzw. richtiger: man weiß, daß es das nicht ist. Die Ansicht, daß ein Baum einer anderen "Sphäre" angehören sollte als der des "Geistigen" (Noosphäre), dürfte den Angehörigen mancher sogenannter primitiver Kulturen Anlaß zur Verwunderung geben. Auch in unserer Kultur war es noch vor 250 Jahren kaum denkbar, daß man das Reich der Tiere mit dem der Pflanzen gegenüber dem der nicht lebendigen Dinge zur "Biosphäre" zusammenfassen könnte. Denn daß eine Pflanze nicht mit einem Stein mehr gemeinsam haben sollte als mit einem Tier, war keineswegs ausgemacht. Warum sollte z. B. eine so fundamentale Eigenschaft wie die Unmöglichkeit, aus eigener Kraft den Ort zu verlassen, welche Steine und Pflanzen verbindet, geringer bewertet werden als die Tieren und Pflanzen gemeinsame Fähigkeit des Wachstums? Und sehen nicht manche Steine wie Pflanzen, manche Pflanzen wie Steine aus? Es gab den Begriff des Lebens in unserem Sinne nicht, der den Begriff der Biosphäre ermöglicht hätte (vgl. TREPL 1987).

Daß man die Welt in "Sphären" einteilt, hätte den damaligen Europäern freilich eingeleuchtet: das war seit den alten Griechen im Abendland üblich; allerdings auch wohl nur hier. Gewundert hätte man sich aber über die Behauptung, die Landschaft erhalte diese Sphären in sich. Den Menschen des Mittelalters wäre nicht in den Sinn gekommen, daß es unter den Dingen dieser Welt überhaupt so etwas geben könnte wie Landschaften - niemand hatte je eine gesehen (vgl. z. B. RITTER 1980; PIEPMEIER 1980). Für die Menschen des 18. Jahrhunderts dagegen gehörte die Landschaft zu den bedeutenden Gegenständen. Als höchste Kunstform galt damals bekanntlich das Erzeugen von Landschaften - Englische Gärten. Unverständlich wäre es aber gewesen, wenn jemand gesagt hätte, die Landschaft bestehe in dem Zusammenwirken all dessen, was in der von den Griechen überkommenen Sphärenvorstellung über den Inhalt dieser Sphären angenommen wird. Daß insbesondere die physiologischen Vorgänge, die z. B. Pflanzen mit den Gewässern, den Gesteinen und der Luft verbinden und die man später "ökologisch" nannte, Attribute der Landschaft sein sollten, hätte man überhaupt nicht begreifen können.

Denn eine Landschaft war ein Gemälde. Eine wirkliche Gegend nannte man nur dann Landschaft, wenn sie wie ein Gemälde aussah (vgl. HARD 1970). Wenn man zur gleichen Zeit auch über die oeconomia naturae in derselben Gegend, über den Zusammenhang der Naturdinge und Naturkräfte, sprechen konnte, so sprach man über etwas vollkommen anderes als über die Landschaft, nämlich über die "Physis" oder den "Kosmos" oder über "Naturgeschichte" - über Natur, sofern sie Gegenstand "denkender Betrachtung" ist, bezogen auf "Vernunft" und nicht auf "Gemüt" (vgl. HARD 1969a). Mit "Landschaftskunde" hatten solche Betrachtungen so wenig zu tun wie heute etwa eine experimentelle Untersuchung zur Halbleiterphysik in einem Potsdamer Labor, obwohl der untersuchte Gegenstand doch zweifellos in der Havellandschaft liegt.

4 Landschaft als der "Totalcharakter einer Erdgegend"

Es blieb freilich in den Landschafts-Wissenschaften nicht durchwegs unbekannt, in welchem Ausmaß das, was sie doch nur für eine wissenschaftliche Präzisierung dessen hielten, was jeder Mensch immer schon wahrnimmt, in der Wahrnehmung von Menschen anderer Zeiten und Kulturen gar nicht vorhanden war oder ist. Das fiel aber nicht schwer zu erklären: Es ist ja zweifellos vorhanden, nur eben in deren Wahrnehmung nicht. Die Wahrnehmung von Landschaft und ihres Sphärenbaus kann nun erst wirklich als Entdeckung gelten. Auch die Wissenschaften von der Landschaft unterliegen einem Fortschritt. Während man in vorwissenschaftlichen Zeiten und Verhältnissen oder auf früheren Stufen wissenschaftlichen Denkens nur Aspekte der Landschaft erkannte, sei die Wissenschaft heute so weit gekommen, die Landschaft in ihrer ganzen Wirklichkeit zwar nicht zu durchschauen (wer könnte das!), aber doch in den Blick zu nehmen. Noch zu Beginn des Jahrhunderts habe die "Mehrdeutigkeit des Wortes Landschaft" sehr "hemmend gewirkt" und in der Geographie "zu Verwirrungen geführt, die nur schwer wieder aufzuklären waren". Aber heute wisse man: "Der wissenschaftliche Landschaftsbegriff" ist durch das (fälschlicherweise - HARD 1969b - Alexander von HUMBOLDT zugeschriebene) "Stichwort Totalcharakter einer Erdgegend gekennzeichnet" (SCHMIDTHÜSEN 1964, S.8). Darin sind "alle bekannten Formen der Materie, nämlich die Seinsstufen des Anorganischen, des Organischen und des Menschlichen in einem komplexen Wirkungssystem vereint" (SCHMIDTHÜSEN 1968, S.104, zit. nach HARD 1969b).

Die Landschafts-Wissenschaftler irren sich aber, wenn sie glauben, ihr Standpunkt sei der der heutigen Wissenschaft, sie könnten sich auf deren Konsens berufen oder doch die Tatsache, daß man sie in ihren Fächern mit ihrer Meinung weitgehend in Ruhe läßt, so interpretieren, daß sie in diesem Punkt als die Sprecher der Wissenschaftlergemeinde insgesamt akzeptiert wären. Kaum ein Angehöriger eines Faches außerhalb des Kreises jener Landschafts-Disziplinen selbst, insbesondere eines arrivierteren - in dem Sinne, daß die wissenschaftstheoretischen Entwicklungen des letzten dreiviertel Jahrhunderts einigermaßen rezipiert wurden - dürfte das Sphärenmodell der Landschaft für kompatibel halten mit dem, was er für den Konsens und den heutigen Stand der Wissenschaft hält. Er wird kaum weniger befremdet davor stehen wie etwa vor dem bis ins 17. Jahrhundert hinein gängigen Erkenntnisprinzip der "Sympathie", das einen verstehen ließ, warum die Wurzeln dem Wasser zustreben, oder dem Prinzip der "aemulatio", das eine "Ähnlichkeit" der Gräser mit den Sternen und des Mundes mit der Venus zu erkennen erlaubte (vgl. FOUCAULT 1974, S.48 und 53f.).

Dabei würde ihn vielleicht weniger die Antiquiertheit stören, die er darin zu sehen meint, denn gerade für die Auffassung, die Wissenschaft entwickle sich zu immer größerer Wahrheitsnähe und die Wissenschaften früherer Epochen seien demnach "überholt", ist die Unterstützung sehr geschwunden. Eher dürfte die extrem entgegengesetzte Position, die sogar jenen in der Wissenschaft der Renaissance angewandten Prinzipien ihre eigene und der heutigen durchaus gleichwertige "Wahrheit" zugesteht, Zustimmung finden. Stören wird er sich eher daran, daß die für ihn so offenkundige Ungleichzeitigkeit der Landschafts-Wissenschaften sich als zeitgemäß ausgibt, etwa, indem man die uralte, antik mittelalterliche Kosmos-Vorstellung, die man auf die neuzeitliche Idee der Landschaft übertragen hat - so ungefähr dürfte unser moderner Wissenschaftler das Sphären-Modell einschätzen - mit systemtheoretischem Wortgeklingel drapiert.

5   Eine Landschafts-Wissenschaft?

Vor allem wird er sich darüber wundern, daß man (wenngleich - wenigstens außerhalb mancher auch in der Geographie als etwas rückständig eingeschätzter Kreise - meist nicht explizit) die "Landschaft" so behandelt, als könne sie ein wissenschaftlicher Gegenstand sein bzw. Gegenstand einer Wissenschaft. Zwar müßten, so die Landschaftswissenschaftler, wegen der "hohen Komplexität" des Gegenstandes, die verschiedenen "Aspekte" - z. B. der Naturhaushalt und das Landschaftsbild - von verschiedenen Spezialisten bearbeitet werden. Aber "die Landschaftswissenschaft" - ob man sie nun, z. B. in Gestalt der Landschaftsgeographie, für etwas bereits Existierendes hält oder für etwas, was sich im Zuge der Bemühungen um Interdisziplinarität als "Synthese" hoffentlich einmal ergibt - muß diese Ergebnisse zu einem Ganzen integrieren, so wie ja auch die Ökologie die Ergebnisse von Botanik, Zoologie, Bodenkunde usw. integriert.

Das dürfte unserem Beobachter der Landschafts-Disziplinen so vorkommen, als ob man das Projekt einer Gemäldewissenschaft in Angriff nähme. Das ganze Gemälde ist - man sieht es ja - ein Gegenstand, und man möchte ihn ganzheitlich behandeln, indem man die verschiedenen Wissenschaften auf seine verschiedenen Aspekte ansetzt: die Kunstgeschichte und die Ästhetiktheorie, die Farbchemie und die Marktpsychologie usw. Er wird einwenden, daß das alles zusammen nicht eine wissenschaftliche Disziplin, die Wissenschaft vom Ding Gemälde, ergibt; die (alltagssprachliche) Einteilung der Welt in "Dinge" ergibt keineswegs die Einteilung der Wissenschaft in Disziplinen, etwa, indem die wissenschaftliche Betrachtung eines jeden "Dings" eben die Disziplin, deren Gegenstand dieses ist, wäre. Die Ichthyologie ist nicht die Wissenschaft von den Fischen. Es interessiert sie z. B. überhaupt nicht, was Heringe kosten.

Das heißt nicht, daß die "ganze Landschaft" nicht Gegenstand eines praktischen Aufgabengebietes sein kann, in dem man tatsächlich die verschiedenen Aspekte zusammenbringen muß. Wie ein Architekt oder Stadtplaner muß auch ein Landschaftsplaner die physischen und auf ihren materiellen Nutzen hin betrachteten Aspekte seines Planungsobjektes mit kulturhistorischen und ästhetischen "integrieren", so wie in der Praxis eines Kunsthändlers u. a. kulturhistorisches und ökonomisches Wissen verbunden werden muß, obwohl es die eine Gemäldewissenschaft nicht geben kann. Diese Integration ist trivial, da es in solchen praktisch-problemorientierten Fächern um die Lösung von Problemen in der Realität, nicht in der Theorie, geht - um die Erzeugung oder Veränderung konkreter Dinge, die immer mehrere jener Aspekte aufweisen; der Praktiker kann gar nicht anders als "integrieren". Eine Wissenschaft, die sozusagen für einen dieser Aspekte zuständig ist, formuliert diesen aber so, daß die anderen Aspekte an dem Gegenstand nicht mehr vorkommen; wissenschaftliche Theorien konstituieren exklusive Gegenstände. Darum kann es ein praktisch-problemorientiertes Fach Landschaftspflege oder Landschaftsplanung geben (vgl. BERNARD/KÖTZLE 1991; ECKEBRECHT 1991), aber das ist etwas anderes als die eine Wissenschaft von der Landschaft.

In einer solchen müßten die Trennungen zwischen den verschiedenen "Welten", denen die Landschaftsbegriffe der verschiedenen Disziplinen angehören, überwunden werden. Um das an unserem Beispiel der fiktiven Gemäldewissenschaft zu verdeutlichen: Es genügt nicht, daß die verschiedenen Disziplinen, mittels derer in interdisziplinärer Zusammenarbeit - der Kunsthändler sein Metier verwissenschaftlicht, so aufeinander bezogen werden, daß etwa ein Vorgang in der Welt der Chemie der Farben ebenso wie einer in der Welt des kunsthistorischen Diskurses den Preis des Gemäldes in der Welt der Wirtschaft beeinflussen kann, sondern es müßte eine Bedeutung für den ästhetischen Rang des Bildes von Caspar David FRIEDRICH haben, wie hoch der wirkliche Berg namens Watzmann ist, und für den kulturhistorischen Wert eines Stillebens, ob die darauf gemalten Äpfel wirklich schmecken. Das scheint uns eine kuriose Forderung zu sein. Und doch beschreibt sie nur eine in den Wissenschaften von der Landschaft durchaus gängige Praxis. Es ist z.

B. üblich, die Schönheit der Landschaft anhand meßbarer Kriterien wie etwa Vielfalt objektiv faßbar (und damit nachvollziehbar bewertbar) machen zu wollen (vgl. ESSER/LAURUSCHKUS 1993).

6 Vielfalt, Eigenart und Schönheit einer Landschaft

So seltsam uns jene Forderung im Gemäldebeispiel vorkommt, so unproblematisch erscheint es uns, wenn man ihr bezüglich der Landschaft nachkommt. Hier scheint es einen tieferen, inneren Zusammenhang zwischen den ansonsten völlig inkommensurablen "Welten" zu geben. Wenn das Gesetz fordert, die Vielfalt, Eigenart und Schönheit der Landschaft zu erhalten, so denkt man sich dabei nicht, daß es etwa möglich sein könnte, durch Erhöhung der Vielfalt die Eigenart zu zerstören oder durch Steigerung der Schönheit die Vielfalt, sondern alle drei sind untrennbar verbunden, und zwar positiv korreliert: Die Landschaft ist nur schön, wenn sie vielfältig und eigenartig ist (wer würde die nivellierte, eigenartslose Allerweltslandschaft gewisser Gegenden mit hochgradig industrialisierter Landwirtschaft schön nennen?), sie ist nur vielfältig, weil sie in einem langen historischen Prozeß, der sie sich ungestört in ihrer Eigenart und zu eigener Schönheit hat entwickeln lassen, entstanden ist (hat das Verschwinden von Eigenart und Schönheit im Gefolge der Industrialisierung nicht ein Verschwinden der Vielfalt zur Folge?). Dieser Zusammenhang ist einem Landschaftspfleger oder Naturschützer völlig selbstverständlich, man sieht sich in den Handbüchern und Planungswerken nicht veranlaßt, ihn eigens zu begründen, wenn man ihn behauptet. Und doch ist dem gleichen Landschaftspfleger als modernem Menschen, der er ja auch ist, ebenso das Gegenteil selbstverständlich. Dem folgenden Satz - auch wenn er ihm sonst ständig widerspricht - würde er sicher zustimmen: "Die schöne ländliche Landschaft war und ist das Symbol einer kulturökologischen Mensch-Natur-Harmonie; das Symbol von etwas ist aber noch nicht dieses Etwas selbst und außerhalb des horizon aestheticus bedeutet 'schön' (oder gar 'ländlich', 'altertümlich', 'idyllisch') noch lange nicht 'ökologisch gut', wie stark auch immer eine populäre Politökologie diese Gleichsetzungen heute wieder propagieren mag (HARD 1985).

Selbstverständlich kann eine - ökologisch gesehen, aber auch ästhetisch gesehen - nicht-vielfältige Landschaft schön sein, selbstverständlich kann man die Eigenart einer Landschaft dadurch zerstören, daß man ihre Vielfalt erhöht - nämlich indem man ihre Vielfalt durch Hinzufügen fremder Elemente erhöht (vgl. STÖBENER 1993). Eigenart ist dann ein Hindernis für die Erhöhung der Vielfalt.

7 Wer oder was ist hier fortschrittlich, wer und was ist konservativ?

Warum diese zwei Seelen? Weil die Landschaftspfleger, wie alle modernen Menschen, gleichzeitig fortschrittlich sind und konservative Romantiker (auch wenn, wenigstens im engeren politischen Sinne, mitunter die eine Seite so die Oberhand gewinnt, daß von der anderen kaum mehr etwas zu merken ist).

Progressive und Konservative haben verschiedene Ansichten vom Leben und überhaupt verschiedene "Weltbilder". Diese sind nicht einfach ein Sammelsurium einzelner Meinungen, Haltungen und "Werte" (Freiheit, Gleichheit, Zukunfts- und Wissenschaftsgläubigkeit, Rationalität, Weltbürgertum usw. auf der einen, Traditon, Treue, Familie, Glaube etc. auf der anderen Seite), sondern konsistente Figuren, Systeme eines notwendigen Zusammenhangs solcher Elemente. So könnte man vermutlich alle Attribute des progressiven Weltbilds von der Grundidee herleiten, daß es darauf ankomme, mittels der Vernunft die allgemeinen Gesetze von Natur und Gesellschaft zu erkennen, um sich der Herrschaft der konkreten Umstände - seien es die Naturbedingungen des Ortes, an dem man lebt, die Unzulänglichkeiten des eigenen Leibes oder die Macht, die in den "naturwüchsigen" gesellschaftlichen Verhältnissen steckt - zu befreien, weil man durch Kenntnis ihrer Gesetze die Umstände selbst beherrscht und sie so "vernünftig" neu ordnen kann. Der Fortschritt, den das zur Folge hat, ist aber nicht nur für diejenigen unangenehm, welche dadurch ihre Herrschaft verlieren (weil sie sich als unvernünftig und veränderbar erwiesen hat). Vielmehr bekommen auch die, die von ihm profitieren, nun Probleme, nämlich "Sinnprobleme". Wenn alles in der Welt nur noch als Objekt der Beherrschung mittels "instrumentellen Wissens" (HABERMAS 1968) erscheint, dann hat die Welt für sich keinen Sinn mehr; man muß ihr erst einen geben. Aber was ist der Sinn, den man selber hat, wofür ist man als einzelner eigentlich da, wenn es ein sinnvolles und sinnverleihendes Ganzes nicht mehr gibt? Sinn gibt es nur in einem Ganzen.

Diese Konstellation erzeugt die Gegenidee: daß die Welt ganz anders beschaffen ist als die fortschrittlichen Weltveränderer meinen, zumindest war sie es und sollte es sein. Das, was die Individuen umgibt, darf nicht gedacht werden als manipulierbare Objektwelt, sondern es besteht in Ganzheiten, die ihrerseits den Charakter von Individuen haben und meist durch wirkliche oder gedachte Individuen repräsentiert werden: (Gott und) die Schöpfung, (der König und) das Vaterland, (der Familienvater und) die Familie etc. Ganzheiten dieser Art sind auch "die Natur" oder die (Heimat-)Landschaft. Nur wenn dieses Ganze, in das jeder einzelne eingebunden ist, das er sich nicht aussuchen kann, das vor ihm da war und in das er hineingeboren wurde, selbst den Charakter eines Individuums hat, kann man von ihm denken, daß es Anforderungen stellt, daß es einem wohlgesonnen ist, wenn man sie erfüllt, daß es sich rächt (wie "die Natur", wenn die Menschen sich "unökologisch" verhalten); man kann sich geleitet, angenommen, gebraucht, geborgen fühlen.

8 Die kulturelle Höherentwicklung durch Anpassung an die Besonderheiten der konkreten Naturbedingungen

Für eine solche Sichtweise liegen in unserer Kultur zwei Modelle bereit: Das alte - später mit der christlichen Schöpfungsidee verbundene - Kosmosmodell und das moderne, erst im 18. Jahrhundert entstandene (vgl. FOUCAULT 1974; TREPL 1987) Modell des lebenden Organismus. Die Vorstellung des Organismus nimmt die des Kosmos in sich auf und ermöglicht ihre Neuinterpretation; sie erlaubt insbesondere die Deutung des hierarchischen und harmonischen Stufenbaus und Allzusammenhanges der Sphären des Kosmosmodells im Sinne einer funktionalen selbstorganisierenden Ganzheit ("Ökosphäre").

"Land und Leute" bilden nun zusammen eine organische Einheit, die Kulturlandschaft, die nach dem Muster des "Körpers mit Geist" ("Noosphäre") gedacht wird. Ganz bestimmte Teile der allgemeinen "Noosphäre" - konkrete, regionale kulturelle Gemeinschaften - sind an ihren ganz bestimmten Lebensraum, die Heimaterde, gebunden. Nur hier, nur dadurch, daß sie sich auf die Besonderheiten der heimatlichen Natur eingelassen haben und das entwickelt haben, was an Möglichkeiten in ihr lag, ohne ihr ihre Besonderheit zu nehmen, sondern im Gegenteil, indem sie gerade die naturgegebenen Besonderheiten zu kulturellen erhöhten, entsteht wahre Kultur, der ihre Eigenart wesentlich ist, statt bloß gestaltlose "Zivilisation" (vgl. EISEL 1982, 1992a). Der Gedanke, daß sich die bayerische Kultur auch am Amazonas hätte entwickeln können, wirkt absurd.

Aus diesem Kontext erklärt sich, was uns oben an der Vorstellung eines notwendigen positiven Zusammenhangs von Vielfalt, Eigenart und Schönheit so merkwürdig vorkam. Die kulturelle Höherentwicklung durch Anpassung an die Besonderheiten der konkreten, regionalen Naturbedingungen (wodurch man sich von deren Zwängen befreit: auch der Konservatismus ist eine Emanzipations- und Fortschrittsideologie) ist ja notwendigerweise eine Diversifizierung der Kultur und damit auch der Natur bzw. der Landschaft. Wenn man allen Besonderheiten der Natur gerecht werden will, dann läuft das auf das Gegenteil von Nivellierung hinaus. Man kann ihnen aber nur gerecht werden, wenn man sie kennt, wenn man kein Fremder ist, wenn man willens und in der Lage ist, den Ort in seiner Eigenart anzuerkennen und sich in ihm zu höherer kultureller Eigenart zu entwickeln, und das bedeutet gleichzeitig: ihn zur Fülle seiner Möglichkeiten, also zu etwas Vielfältigem zu entwickeln. Der, der dem Ort fremd bleibt, ihm gegenüber keine Verantwortung wahrnimmt, der sich, wie die Tropenholzindustrie oder das Agro-Business, für seine Natur nur als Ausbeutungsobjekt interessiert, das man verläßt, wenn die Rentabilität sinkt, wird Nivellierung der Landschaft hervorrufen.

Nur in ihrer Entwicklung zu Eigenart wird die Landschaft also vielfältig, und nur so ist auch ein wirklich "ökologisches" Ineinandergreifen der einzelnen Elemente, Kräfte und Faktoren gewährleistet. Denn das Eingehen auf die Besonderheiten der Natur des Ortes bedeutet ja gerade dies: daß man auf dieses Ineinandergreifen Rücksicht nimmt und sich selbst zu einem integralen Teil dieses harmonisch ineinandergreifenden Gefüges macht: Wenn die Kulturlandschaft nach dem Modell des Organismus gedacht wird, dann ist das organische Funktionieren ihres "leiblichen Aspekts" ihr wesentlich. Und wenn sie ein organischer Körper ist, dann ist die Frage ihrer Schönheit nicht unabhängig von ihrer körperlichen Vollkommenheit. Es handelt sich - in den Begriffen von KANT - nicht mehr um "reine Schönheit", sondern um "bloß anhängende Schönheit (pulchritudo adhaerens)" (Kritik der Urteilskraft § 16). Da das organische Funktionieren des Landschafts-Körpers und das Beitragen der Menschen zu diesem organischen Funktionieren zugleich moralisch gut ist (denn der Einheit von Kultur und Natur als dem umgebenden Ganzen gegenüber hat man ja Pflichten) und zugleich angenehm (denn es nützt einem selbst) fällt das Schöne, das im modernen Denken eigentlich an "interesseloses Wohlgefallen" (KANT) gebunden ist, mit dem organisch Vollkommenen, dieses mit dem Guten, dieses mit dem Angenehm-Nützlichen zusammen.

9 "Landschaft" ist eine Abstraktion wie "Umwelt" auch

Ich will die kulturellen und politischen Konsequenzen dieses Weltbildes, in dem die Idee der Landschaft eine so zentrale Stelle einnimmt, nicht weiter diskutieren (vgl. z. B. EISEL 1982, 1992a), sondern mit einigen Bemerkungen zu den Wissenschaften von der Landschaft abschließen. Natürlich wäre es Unfug, sich gewisse Gefühle zu verbieten, wie etwa, die eigenartigen und vielfältigen alten Kulturlandschaften schön zu finden, weil man erfahren hat, daß es einen Zusammenhang zum konservativen Denken gibt, man vor sich selbst aber gern als fortschrittlicher Mensch dastehen möchte. Jeder moderne Mensch ist, wie gesagt, auch konservativ; wäre er es nicht, müßte man wohl annehmen, daß er immer noch in vormodernen Zeiten lebt (dann wäre er allerdings auch nicht fortschrittlich). Es stellt sich aber die Frage, in welchen Kontexten Elemente eines solchen Weltbildes "zulässig" sind in dem Sinne, daß man nicht in unlösbare Konflikte mit Prinzipien kommt, die man - weil man ja als in der Moderne lebender Mensch nicht nur konservativ ist, sondern auch "modern" - ebenfalls akzeptiert und akzeptieren muß.

Solche Kontexte können die der modernen, empirisch-analytischen Wissenschaft sein. In deren Rahmen ist es nicht gerade falsch, einen umgrenzten Raum an der Erdoberfläche in "Sphären" zu unterteilen, und auch nicht schädlich, solange man sich der durch die Herkunft dieses Bildes gegebenen Implikationen bewußt bleibt und solange man sich darüber klar ist, daß dies nur ein heuristisches Prinzip sein kann und man damit keineswegs etwas über die "wirkliche Landschaft" "entdeckt" hat. Nicht möglich ist es aber in einem wissenschaftlichen Rahmen, sich den "Totalcharakter einer Erdgegend" zum Forschungsgegenstand zu wählen[4]. Es kann auch nicht um die Erfassung des (totalen) "Landschaftshaushalts" oder "Naturhaushalts an der Erdoberfläche" und dergleichen gehen (vgl. HARD 1973, S. 80). Solche Begriffe sind im Wortsinne gegenstandslos: Das, was hier untersucht werden soll, gibt es als wissenschaftlichen Gegenstand einfach nicht (wenn man so will: es ist ein etwas eigenartiger Ausdruck für das Ding-an-sich). "Die Umwelt", "der Naturhaushalt" etc. sind Abstraktionen, keineswegs etwa all das an Dingen, die es außer den lebenden in einem bestimmten Raumzeitausschnitt (etwa "dem Gewässer", "dem Wald"), den man in seiner Totalität dann "Landschaft" nennt, noch gibt. Es "gibt" die Umwelt nur im Hinblick auf Lebewesen und ihre Gesellschaften, sie ist eben die Umwelt bestimmter, eben dieser, Systeme. Was, in der raumzeitlichen Umgebung dann, wenn es sich ändert, keine Änderung dieser Systeme nach sich zieht, gehört nicht zur Umwelt (im ökologischen Sinn). Ihre Umwelt ist ein Teil der Lebewesen, und die Untersuchung der Umwelt der Lebewesen, auch wenn sie aus Steinen oder Lichtstrahlen besteht, ist Biologie. Es gibt in einem Raum so viele Umwelten, wie es Lebewesen (oder, je nach dem, Lebensgemeinschaften) gibt, und es ist keineswegs so, daß sich all diese Umwelten zu "der" Umwelt summieren ließen, und schon gar nicht bildet "die" Umwelt ein System; das widerspräche dem ganzen Sinn des Systembegriffs. Es ist auch nicht etwa so, daß man die Lebewesen (Lebensgemeinschaften) wegnehmen oder sich wegdenken könnte und dann z. B. Hydrologen, Meteorologen, Chemiker u. a. untersuchen lassen könnte, wie hier "die Umwelt" beschaffen sei. "Die Umwelt", "der Naturhaushalt", "der Landschaftshaushalt" sind klassische Nonsens-Formulierungen.

Völlig unzulässig ist es schließlich, von einem in irgendeinem Sinne "intakten" Funktionieren eines ökologischen Systems oder von seiner ökologischen Vielfalt auf die Harmonie und die Schönheit der ästhetischen Landschaft zu schließen. - Daß das alles dennoch geschieht, führt dazu, daß die wissenschaftliche Literatur über die Landschaft wie kaum eine andere von Leerformeln und Zirkelschlüssen wimmelt.

---

[4] Die Erkenntnis der Totalität des Inhalts des kleinsten Raumes wäre identisch mit der Erkenntnis der Totalität des Universums; es sei denn, "Charakter" implizierte ein bestimmtes Selektionskriterium. Das müßte aber angegeben werden, sonst ist die Formel leer (vgl. POPPER 1965).

10 Eine interdisziplinäre Aufgabe

Es ist also gerade das nicht zulässig, was für viele Landschaftswissenschaftler als selbstverständlich gilt und was für sie den ganzen Sinn einer Wissenschaft von der Landschaft ausmacht. Heißt das, daß die Landschaft kein Gegenstand für die Wissenschaft sein kann? Natürlich nicht. Es "gibt" sie ja, zumindest als "Gegenstand der Rede" von Menschen einer bestimmten Zeit und eines bestimmten Kulturkreises und als Gegenstand einer Reihe praktischer Betätigungen. Aus wissenschaftlicher Perspektive zerfällt sie aber in Aspekte, die ganz verschiedenen "Welten" angehören, so daß die Landschaft der Welt, in der sie ein schöner, erhabener oder stimmungsvoller Gegenstand ist, in der anderen, wo das ebenfalls "Landschaft" Genannte ein Komplex räumlich aneinandergrenzender Ökosysteme mit Eigenschaften wie "Nettoproduktivität" oder "Gamma-Diversität" ist, schlichtweg nicht vorkommen kann; so wenig, wie in der Welt der Psychologen oder der Ökonomen, anders als in der der Zoologen, Kühe aus Fleisch und Blut vorkommen können, sondern nur Vorstellungen oder Preise derselben.

Mit der "ganzen" Landschaft umzugehen - was etwa heißen könnte: mit der Gesamtheit dessen, was alltagssprachlich und in einer Reihe von Sonderdiskursen mit diesem Wort gemeint ist, einem höchst heterogenen Konglomerat - ist als eine Wissenschaft nur auf der Meta-Ebene möglich: Man befaßt sich dann nicht mit Landschaften, sondern mit den Reden und Theorien über sie.[5] Davon abgesehen kann der Umgang, mit der "ganzen" Landschaft wissenschaftlich nur eine interdisziplinäre Angelegenheit sein; "die" Landschaftswissenschaft als eine Einzeldisziplin entspräche unserer "Gemäldewissenschaft". Damit dürften manche jener Landschaftswissenschaftler, die eben unsicher geworden sind, wieder zufrieden sein. Denn genau das meinten sie ja immer: Ihre Wissenschaft sei keine gewöhnliche, d. h. empirisch-analytische Einzeldisziplin, sondern eine interdisziplinäre, das heißt aber: eine synthetische. Wenn die Technosphäre die Biosphäre oder die Noosphäre die Ökosphäre "durchdringt" und "integriert", dann entsteht "synthetisch" eine Einheit höherer Ordnung. Synthetische Wissenschaft betreiben heißt offenbar, diesen Prozeß abzubilden, indem man solche Sätze formuliert. Mir leuchtet aber nicht ein, worin deren wissenschaftlicher Gewinn liegt; offenbar hat man die Unkenntnis darüber, was eigentlich bei dieser "Durchdringung" passiert, nur mit einem wohlklingenden Wort zugedeckt.

Man sollte sich statt dessen vor Augen halten: Daß der in der Alltagserfahrung einheitliche Gegenstand für die Wissenschaft in so viele exklusive Gegenstände zerfällt, wie es Wissenschaften mit verschiedenen "Paradigmen" gibt, die sich ihm

---

[5] Es gibt noch eine Möglichkeit, nämlich die dialektische wie in den Theorien von HEGEL oder MARX. "Realität" hat darin einen ganz anderen Status als in den empirisch-analytischen Wissenschaften. (Die Landschaftsgeographie und andere Landschaftswissenschaften, wie sie in der DDR betrieben wurden, hatten trotz vieler MARX-Zitate damit übrigens nichts zu tun.)

zuwenden, ist ein Gewinn. Denn dadurch entsteht der Gegenstand als ein reicher, differenzierter, vielfältiger. Wer das nicht will und auf der "Synthese" besteht, also auf wissenschaftlicher Einheit, d. h. Einheit unter einem allgemeinen Prinzip ("euphorische Interdisziplinarität" statt der "pragmatischen Interdisziplinarität" im Falle praktischer Problemlösung; EISEL 1992b) landet unweigerlich bei völlig leerem Gerede, die "Begriffe" sind beliebig füllbar; mit den allgemeinen Prinzipien, die die Einheit gewährleisten sollen - "Totalcharakter", "Allzusammenhang", "ganzheitliches vernetztes System", "Geokomplex", "Geosphäre" usw. -, sagt man über den Teil der Welt, den man als "Landschaft" wissenschaftlich auszeichnen möchte, nicht mehr, als daß er ein Teil der Welt ist (vgl. zu diesem Thema ausführlich HARD 1973). Im günstigsten Fall kehrt man zum Gegenstand der Alltagserfahrung zurück. Der Gewinn der Interdisziplinarität liegt in Wirklichkeit nicht in einer neuen Einheitswissenschaft, sondern eben in den vielen verschiedenen disziplinären Perspektiven, und die Interdisziplinarität muß darin bestehen, diese Verschiedenheit deutlich und bewußt zu machen; sie ist eher "Kommunikation über Differenzen" (EISEL 1992b) als Synthese. Es kann nicht die Wissenschaft von der Landschaft geben, denn für die Wissenschaft gibt es die Landschaft nicht.

11 Literatur

BERNARD, D. und M. KÖTZLE (1991): Interne und externe Faktoren der Entwicklung interdisziplinärer Wissenschaftsbereiche - mit einer Einführung in die allgemeine Wissenschaftstheorie und einer Darstellung des Fallbeispiels Fachbereich 14 Landschaftsentwicklung. - Landschaftsentwicklung und Umweltforschung 83, S.280-359

ECKEBRECHT, B. (1991): Die Entwicklung der Landschaftsplanung an der TU Berlin - Aspekte der Institutionalisierung seit dem 19. Jahrhundert im Verhältnis von Wissenschaftsentwicklung und traditionellem Berufsfeld. - Landschaftsentwicklung und Umweltforschung 83, S.360-424

EISEL, U. (1982): Die schöne Landschaft als kritische Utopie oder als konservatives Relikt in: Soziale Welt 38/2, S.157-168.

EISEL, U. (1992a): Individualität als Einheit der konkreten Natur: Das Kulturkonzept der Geographie in: GLAESER, B. und P. TEHERANI-KRÖNNER (Hrsg.): Humanökologie und Kulturökologie. Grundlagen, Ansätze, Praxis. - Opladen, S.107-151

EISEL, U. (1992b): Über den Umgang mit dem Unmöglichen. Ein Erfahrungsbericht über Interdisziplinarität im Studiengang Landschaftsplanung in: Das Gartenamt 9/92, S.593-605 sowie 10/92, S.719-719

ESSER, P. und G. LAURUSCHKUS (1993): Landschaftsbildbewertung in der wissenschaftlichen Landschaftsplanung. - Projekt "Landschaftsplanung zwischen Rationalität und Natur". TU Berlin, Fachbereich 14, S.331-381

FOUCAULT, M. (1974): Die Ordnung der Dinge. - Frankfurt/Main

HABERMAS, J. (1968): Erkenntnis und Interesse in: HABERMAS, J. (Hrsg.): Technik und Wissenschaft als "Ideologie". - Frankfurt/Main, S.146-168

HARD, G. (1969a): Die Diffusion der "Idee der Landschaft" in: Erdkunde 23, S.249-368

HARD, G: (1969b): "Kosmos" und "Landschaft". Kosmologische und Landschaftsphysiognomische Denkmotive bei Alexander von Humboldt und in der geographischen Humboldt-Auslegung des 20. Jahrhunderts in: PFEIFFER, H. (Hrsg.): Alexander von Humboldt. Werk und Weltgeltung. - München, S.133-177

HARD, G. (1970): Die "Landschaft" der Sprache und die "Landschaft" der Geographen. Semantische und forschungslogische Studien zu einigen zentralen Denkfiguren in der deutschen geographischen Literatur. - Colloquium Geographicum 11

HARD, G. (1973): Die Geographie. Eine wissenschaftstheoretische Einführung. - Berlin-New York

HARD, G. (1985): Städtische Rasen - hermeneutisch betrachtet - ein Kapitel aus der Geschichte der Verleugnung der Stadt durch die Städter. - Klagenfurter Geographische Schriften 6, S.29-52

NEEF, E. und V. NEEF (Hrsg.) (1977): Sozialistische Landeskultur. - Leipzig

PIEPMEIER, R. (1980): Das Ende der ästhetischen Kategorie "Landschaft". - Westfälische Forschungen 30, S.4-48

POPPER, K.R. (1965): Das Elend des Historizismus. - Tübingen

RITTER, J. (1980): Landschaft. Zur Funktion des Ästhetischen in der modernen Gesellschaft in: RITTER, J. (Hrsg.): Subjektivität. - Frankfurt/Main, S.141-163 sowie 172-190

SCHMIDTHÜSEN, J. (1964): Was ist eine Landschaft? - Erdkundliches Wissen 9, S.7-21

STÖBENER, K. (1993): Das Problem der Neophyten in der heimischen Flora vor dem Hintergrund des idiographischen Weltbildes. - Projekt "Landschaftsplanung zwischen Rationalität und Natur". TU Berlin, Fachbereich 14, S.549-566

TREPL, L. (1987): Geschichte der Ökologie. Vom 17. Jahrhundert bis zur Gegenwart. Zehn Vorlesungen. - Frankfurt/Main

TREPL, L. (1988): Gibt es Ökosysteme? in: Landschaft + Stadt 20, S.176-185

Natur im Wandel beim Übergang vom Land zum Meer

Karsten Reise (List)

An der Meeresküste wird unser Bedürfnis nach Konstanz und Ewigkeit von selbstverursachter Beschleunigung des globalen Naturwandels unterminiert. Der klimatisch bedingte Meeresspiegelanstieg bewirkt an flachen Küsten eine zunehmende Diskrepanz zwischen künstlich fixierter Uferlinie und natürlicher Ausgleichsdynamik. Verloren geht dadurch ein Naturraum mit wechselseitiger Durchdringung von Land und Meer. Das Zusammenwirken von moderner Küstenarchitektonik mit landseitigem Eintrag von Nähr- und Schadstoffen, flußseitiger und seeseitiger Dezimierung von Fischpopulationen sowie der Einschleppung überseeischer Organismenarten hat die Lebensgemeinschaften vieler Küsten nachhaltig verändert. Um diesen vielseitigen Beeinträchtigungen von Naturentwicklungen zu begegnen, sind weiträumige Reservate in Küstenregionen anzustreben, die vom Seegebiet im Küstenvorfeld über Flüsse bis ins Binnenland reichen.

1 Einleitung

Zwei Drittel der Menschheit lebt an Meeresküsten. Diese Nutzungsdichte erzeugt ein hohes Veränderungstempo. An steilen Felsküsten ist es noch gering, nimmt aber rapide zu an Brandungsstränden und Korallenriffen. Die flachen, geschützt gelegenen Watten, Salzwiesen und Mangroven der Lagunen und Ästuare hat der anthropogene Küstenwandel schon seit langem erfaßt (Abb. 1) . In dieser Reihe werden nachfolgend Küstenprobleme des Umwelt- und Naturschutzes dieses Jahrhunderts behandelt. Um die Naturverlustrate zu entschleunigen, bedarf es eines globalen Netzes von Küstenreservaten. In ihnen gilt es Naturentwicklungen unbehindert zu ermöglichen, damit Biotope und Organismenarten Überlebenschancen haben und Menschen darin Anregungen von der Natur empfangen können. Der Schutz einer natürlichen Küste gelingt nur, wenn das seeseitige Küstenvorfeld und das Hinterland mit einbezogen werden. Es ist illusionär, Nutzungsschäden allein durch ein Monitoring der Ressourcen und darauf abgestimmte Benutzungsregularien erreichen zu wollen. Ohne nutzungsfreie Kerngebiete geht es nicht.

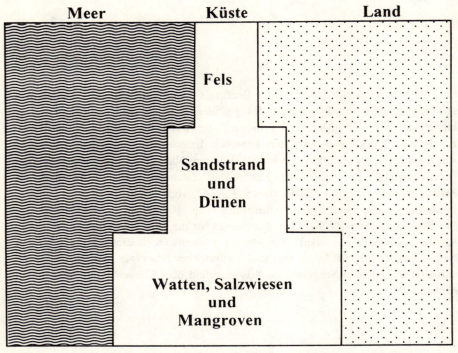

Abb. 1. Die Wechselwirkungszone zwischen Meer und Land nimmt von der Felsküste über Sandstrände zu den flachen Gezeitenbereichen in Lagunen und Ästuaren an Breite zu. In gleicher Richtung wird auch die Nutzung dieser Küsten durch den Menschen intensiver.

2 Küstenprobleme des Umwelt- und Naturschutzes

Meer und Land unterscheiden sich in der Variation physikalisch-chemischer Lebensbedingungen (STEELE 1985, 1991). Im Meer dämpfen die große Wärmekapazität und die stetigen Strömungen kurzfristige Variationen. Andererseits kommt es durch den Austausch zwischen Wassermassen zu langsamen, aber relativ starken und weiträumigen Veränderungen im Verlauf von Jahrzehnten und Jahrhunderten.

Auf dem Land überdeckt die hohe, kurzfristige Variation meist langfristige Trends. Die Organismen haben hier vorwiegend Anpassungen erworben, die sie von dieser Variabilität möglichst unabhängig machen. Im Meer ist dagegen Konformität die Regel. Die Organismen versuchen den langsamen Veränderungen zu folgen. Wo dies die Anpassungsmöglichkeiten übersteigt, kommt es zu abruptem Wechsel zwischen hohen und niedrigen Populationsstärken (STEELE/HENDERSON 1984) oder abrupten Veränderungen von Verbreitungsgrenzen (ARNTZ 1986).

An der Küste treffen diese grundverschiedenen Veränderlichkeiten von Meer und Land aufeinander (Abb. 2). Küstenvögel und flußaufwärts wandernde Fische sowie die Organismen des Gezeitenbereiches sind von beiden Veränderungsregimen abhängig. Gegenüber den Verhältnissen auf dem Land zeigen sich an der Küste deutlich langfristige Trends, gelegentlich auch mit abrupten Änderungen. Gegenüber den Verhältnissen im Meer kommen an der Küste einschneidende, kurzfristige Episoden hinzu. Dazu zählen Sturmfluten, Wintereinbrüche oder monsunale Regenfälle. Das Gesamtresultat ist eine höhere Veränderungsrate im Küstenökoton im Vergleich zu den beiden angrenzenden, großflächigen Ökosystemtypen. Ausnahmen sind ozeanische Inseln, die in die Ausgeglichenheit des Weltmeeres eingebettet sind.

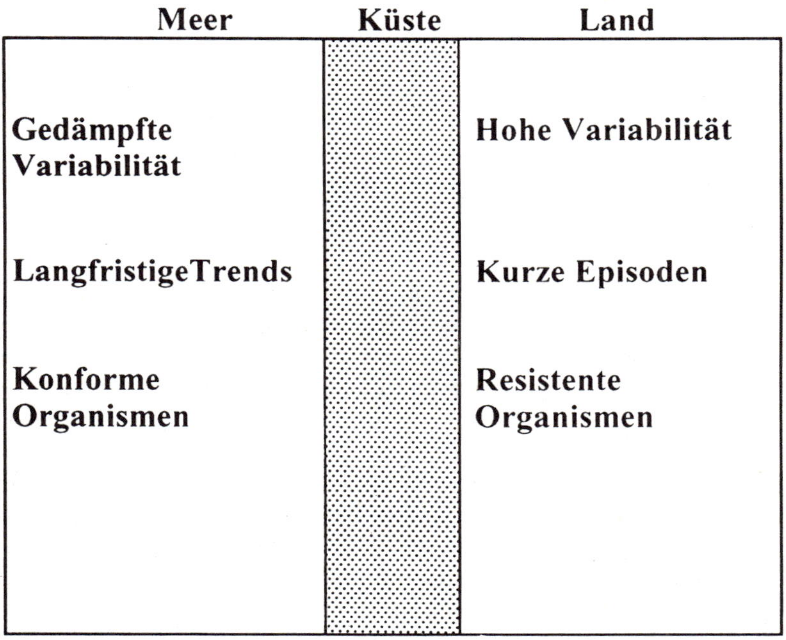

Meer	Küste	Land
Gedämpfte Variabilität		**Hohe Variabilität**
LangfristigeTrends		**Kurze Episoden**
Konforme Organismen		**Resistente Organismen**

Abb. 2. Die Küste als Übergangsbereich zwischen den verschiedenen Veränderlichkeiten von Meer und Land und deren Organismen.

Für den Umweltschutz in Küstenregionen folgt aus diesen Mischeigenschaften zwischen Meer und Land, daß gleichbleibende Belastungs- und Eingriffsraten zu verschiedenen Zeiten verschiedene Folgen haben können, je nach Phase langfristiger Trends und vorhergehenden Episoden. Es folgt auch, daß an der Küste dramatische Änderungen in biologischen Populationen auftreten können, obwohl sich die natürliche Umwelt oder die anthropogene Verursachung nur geringfügig änderte. Dies bedingt erhebliche quantitative Unschärfen bei Prognosen zu Eingriffsfolgen. Der Naturschutz sollte in Küstenregionen der hohen, natürlichen Veränderungsrate nicht mit numerisch fixierten Orientierungsgrößen für Managementpläne begegnen.

Die an der Küste lebenden Organismen arrangieren sich mit der hohen Veränderungsrate durch weite Toleranz gegenüber Milieuveränderungen, durch weiträumige Wanderungen und durch die Fähigkeit, nach lokalem und regionalem Aussterben von außen über Verbreitungsstadien schnell wiederbesiedeln zu können. Daraus folgt für den Naturschutz, daß Schutzgebiete groß genug sein müssen, um Wanderungswege und Überlebensrefugien einschließen zu können. Wo dies nicht möglich ist, sollten mehrere Schutzgebiete so zueinander liegen, daß sie zusammen Wanderungsstationen und Refugien sichern können. Großflächige Schutzgebiete entsprechen vornehmlich der Mobilität von Biotopen, Pflanzen- und Invertebratenpopulationen, während ein Verbund von Schutzgebieten den Wanderungen der Fische und Vögel gerecht werden kann.

3 Felsen im Meer

Felsküsten sind meist hart und steil. Sie ändern sich nur langsam. Die Wechselwirkungen zwischen Land und Meer sind gering und auf eine schmale Zone begrenzt. Schroffe Küsten schränken die Nutzungsmöglichkeiten für Menschen ein. Folglich sind die Aufgaben für den Umwelt- und Naturschutz hier relativ klein.

Das anthropogen meist wenig belastete Wasser vor den Felsküsten ist günstig für Aquakulturen mit Muscheln, Krebsen und Fischen (IVERSEN 1976; ACKEFORS/ROSEN 1979). Allerdings stoßen lokal konzentrierte Aquakulturen in Buchten und Fjorden durch das Auftreten von Krankheiten und durch positive Rückkopplungen mit toxischen Planktonalgen an Entwicklungsgrenzen.

Die Steilheit felsiger Küsten führt oft zu ufernahem Auftrieb nährstoffreichen Tiefenwassers und ermöglicht dadurch in Küstennähe hohe pflanzliche Produktionsraten (Abb. 3). Über das marine Nahrungsnetz führt dies hin zu großen Fisch- und Vogelschwärmen (MANN 1982). Die Nutzung pelagischer Schwarmfische

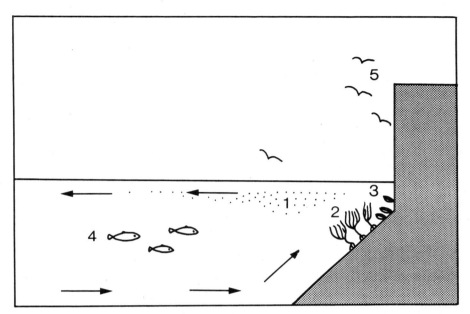

Abb. 3. Steile Felsküsten mit Brutkolonien von Seevögeln und Auftrieb von nährstoffreichem Tiefenwasser (Pfeile). Das ermöglicht eine hohe pflanzliche Produktion im Pelagial (1) und Benthal (2), dort wo genügend Licht eindringt. Von dieser Produktion leben Muscheln (3), Schwarmfische (4) und Vögel (5).

führte trotz begleitender fischereibiologischer Forschung immer wieder zu Bestandszusammenbrüchen (MAY 1984). Die inhärente Unsicherheit bei den Abschätzungen der Bestandsentwicklungen und Interessenkonflikte verschiedener Nutzer wirkten deregulierend. Die bisherigen Mißerfolge, international eine maßvolle Befischung durch vereinbarte Fangquoten zu verwirklichen, zeigt die Notwendigkeit für internationale Schutzgebiete frei von jeglicher Befischung. Vorranggebiete für Naturentwicklungen können an Felsküsten relativ klein sein und bedürfen nicht der Einbeziehung des Hinterlandes. Sind Brutkolonien mit Küsten- und Seevögeln vorhanden, brauchen sie ein nutzungsfreies Seegebiet entsprechend dem Radius der Brutversorgungsflüge.

4 Nicht auf Sand bauen

Zu sandigen Brandungsstränden gehört seewärts ein ständig wasserbedeckter aber flacher Vorstrandbereich mit Schwellen und Senken. Landwärts schließt sich oft ein ausgedehntes Dünengebiet mit großer Biotopvielfalt an. Wegen ihrer ausgeprägten Dynamik waren solche Strandküsten kein bevorzugtes Siedlungsgebiet der Menschen. Seit der Tourismus mit seiner Präferenz für Sandstrände einsetzte, hat sich dies geändert. Die Menschen teilen ihre Strandvorliebe mit vielen brütenden und durchziehenden Küstenvögeln. Daher sind Schutzgebiete mit Strandseen, Sandbänken und Dünen zu deren Überleben in touristischen Gegenden notwendig geworden.

Die Anlage von Badeorten und Hotelkomplexen unmittelbar hinter Sandstränden hat weitreichende Folgen für die natürliche Veränderungstendenz solcher Küsten. Durch einen Meeresspiegelanstieg von 0,1 bis 0,2 m in den vergangenen hundert Jahren, herrscht weltweit eine zunehmende Erosion an sandigen Küsten (BIRD 1987; HANSON/LINDH 1993). Die Strände werden landeinwärts verlagert, und die Dünenbildung wird dadurch gefördert. Für die nächsten hundert Jahre ist wegen der anthropogen beschleunigten Klimaänderung ein weiterer Anstieg um 0,5 m zu erwarten.

Am Beispiel der Nordseeinsel Sylt erläutert KELLETAT (1992) die Folgen eines festlegenden Küstenschutzes für eine mobile Sandinsel (Abb. 4) . Die schmale Insel wurde früher von wandernden Dünen überzogen. Vom Brandungsstrand mit einer Abbruchrate von 1 bis 2 m jährlich bewegten sich die Dünen mit einer Geschwindigkeit von 3 bis 6 m pro Jahr auf die andere Seite der Insel. Dort glichen sie den Substanzverlust vom Brandungsstrand durch Sandablagerung wieder aus. Wegen Siedlungen und Straßen wurde diese Dynamik durch Dünenbefestigungen unterbunden. Die Folge ist ein jetzt nicht mehr ausgeglichener Abtrag am Brandungsstrand. Die Insel wird schmäler. Im mittleren Bereich der Insel wurde ein weiterer Abbruch des Kliffs durch eine Betonmauer unterbunden. Die von der Mauer reflektierten Brandungswellen trugen den Sandstrand vor der Mauer ab, so daß die Mauerbasis auf der Seeseite ständig durch weitere Steinpackungen gesichert werden mußte. Anfang und Ende einer solchen Ufermauer sind besonders der Auskolkung und Unterspülung ausgesetzt. Das zwingt zu einer ständigen Verlängerung der Mauer. Was 1912 mit 100 m Mauer begann, war 1984 schon bei 3 km Länge angelangt.

Vom 17. Jahrhundert bis etwa 1930 nahm die Insel im Süden durch natürliche Sandanlagerungen an Länge zu. Danach kehrte sich diese Tendenz um. Die Südspitze wurde kürzer und schmäler. Der Versuch mit einer küstensenkrechten Ufermauer aus Betontetrapoden die Sanddrift zu bremsen, löste auf der Luvseite nur vermehrte Erosion aus. Dadurch geriet eine in die Dünen gebaute Feriensiedlung in Gefahr. Seit 1972 wird entlang des gesamten Brandungsstrandes der Insel Sylt (36 km Länge) durch künstliche Sandvorspülungen versucht, den natürlichen Sandabtrag auszugleichen. Mit sich ausweitender Diskrepanz zwischen natürlichem Sollzustand und künstlichem Istzustand der Strandlinie ist bei verstärktem Meeresspiegelanstieg mit einem zunehmenden Erhaltungsaufwand zu rechnen. Das Beispiel von Sylt ist für viele Strände und Barriereinseln symptomatisch.

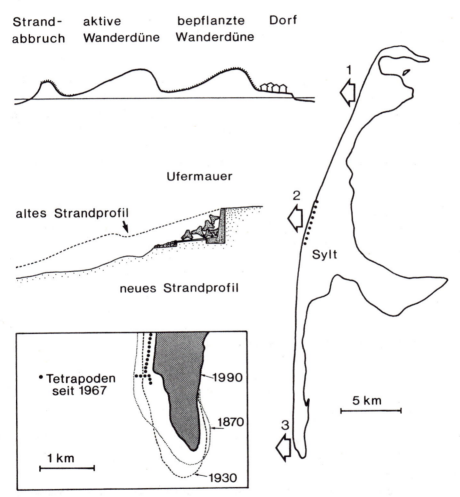

Abb. 4. Sandinsel Sylt mit Küstenschutzmaßnahmen zur Sicherung vorwiegend touristischer Siedlungen. 1: Durch Festlegung von Wanderdünen wird der Abbruch auf der Luvseite nicht mehr durch Zuwachs auf der Leeseite ausgeglichen. 2: Vor einer Ufermauer trägt die Brandung den Strand ab. 3: Die natürliche Dynamik des Uferverlaufs an der Inselspitze wird durch Schutzbauten (Tetrapoden) noch verstärkt.

Aus Gründen des Naturschutzes und der eskalierenden Kosten des Küstenschutzes ist die touristische Nutzung von Sandstrandküsten möglichst in die natürliche Dynamik einzupassen. Das erfordert veränderte Bodenrechte, Bauweisen und Verkehrssysteme. Der ansteigende Meeresspiegel läßt diesbezüglich gar keine Wahl.

5 Wo Korallenriffe intakte Bergwälder brauchen

Korallen benötigen klares, strömungsreiches Wasser von mehr als 18°C im Jahresmittel. Ufernahe Saumriffe unterliegen einer ständigen Gefahr der Sedimentation (JACKSON 1991; SCOFFIN 1992). Langsam wachsende Korallen können einsanden, und feine Sedimente stören die Photosynthese und die Nahrungsaufnahme.

Werden in Monsunregengebieten die Berghänge für Beweidung oder Ackerbau entwaldet, setzt eine Erosion des Bodens ein. Die mobilisierten Sedimente geraten über die Flüsse in das Küstenwasser. Dort schädigen sie die Korallenriffe. Diese Verknüpfung zwischen destruktiver Landnutzung und dem Verfall von Korallenriffen ist eine zunehmende Gefahr für die Naturentwicklung dieser Küsten. Der Korallenschutz muß in solchen Fällen im Hinterland beginnen.

6 Watt, Salzwiesen und Mangroven

Wo die Wellenenergie durch sandige Nehrungen, Barriereinseln, Riffe und Flußmündungen gebremst wird, entwickeln sich an Gezeitenküsten ausgedehnte Watten, Salzwiesen und bei Temperaturen über 20°C auch Mangroven (BOADEN/SEED 1985; CARTER 1988). In humiden Klimazonen schließen sich landwärts Feuchtgebiete mit Brack- und Süßwasser an, bei aridem Klima Salzwüsten und -steppen. Seewärts ist meist ein flaches Seegebiet als Sedimentquelle vorgelagert. Diese wechselhaften Flachwasserbereiche sind biologisch sehr vielfältig. Sie zeigen eine Durchmischung von marinen, limnischen und terrestrischen Organismen. Durch Stoffimporte von beiden Seiten, vom Land und vom Meer, ist die Produktion sehr hoch (REISE 1985). Neben vielen Strandvögeln wird dieser Lebensraum von durchziehenden oder überwinternden Brutvögeln der Arktis zur

Nahrungsaufnahme genutzt. Fischen und Krebsen angrenzender Seegebiete dienen die Gezeitengebiete als Kinderstube. Für andere Arten sind sie wichtige Stationen auf den Wanderungen zu den Laichgebieten in den Flüssen (Lachs, Stör) oder umgekehrt zu den Laichgebieten im Meer (Aal, Wollhandkrabbe). Die Attraktivität der Watten, Salzwiesen und Mangroven für viele wandernde Tierarten beruht auf dem hohen Nahrungsangebot und der großen Zahl an Biotopen, die je nach Lebenssituation genutzt werden können (DAY 1981; McLUSKY 1981; WOLFF 1983).

Auch für Menschen sind die Watten, Salzwiesen und Mangroven attraktive Nutzungsgebiete. Entsprechend stark sind die anthropogenen Umwandlungen (Abb. 5). An der Nordseeküste haben Trockenlegungen, Verlandungsarbeiten und Eindeichungen schon eine tausendjährige Tradition (WOLFF 1992). Zunächst war die Gewinnung landwirtschaftlicher Flächen das Hauptziel. Heute ist die Sicherheit der in den niedrigen Marschgebieten lebenden Menschen wichtigstes Ziel (FERGUSON 1976; HEKSTRA 1986). Dabei entstand im Laufe der Zeit eine vom Menschen geschaffene Küstenarchitektonik. Watten grenzen meist abrupt an Deiche, und das Hinterland wird künstlich entwässert. Flußmündungen sind durch Sperrwerke zur Wasserstandsregulierung von der See abgetrennt. Im entbuchteten Wattbereich ist die Turbulenz im Gezeitenwasser erhöht, Sedimentationsgebiete sind knapp geworden, und daher nimmt die Wassertrübung zu.

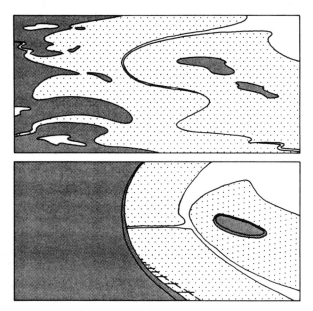

Abb. 5. Aus der ursprünglichen (oben) entstand im Verlauf von tausend Jahren durch die Gestaltung des Menschen eine moderne Küstenlandschaft (unten) im Wattenmeer. Die mosaikartige, wechselhafte Durchdringung von Land (dunkel), Watt (hell) und Meer (weiß) wich einer abrupten, festgelegten Grenze in der Form eines vorgeschobenen Seedeiches.

Diese küstenarchitektonischen Veränderungen bewirken in der Tendenz eine Verringerung der biologischen Produktion, während sie durch den landseitigen Nährstoffeintrag aus landwirtschaftlichen Intensivgebieten gesteigert wird. Die fischereiliche Nutzung und der Schadstoffeintrag aus den Industriegebieten an den Flüssen beeinträchtigen vornehmlich größere, langlebige und langsam reproduzierende Arten. Seewärts der Gezeitenzone entstehen durch Eutrophierung temporäre Sauerstoffmangelgebiete mit Schäden für die Bodenfauna und Fische (ROSENBERG 1985; BADEN et al. 1990). Auch die weltweite Zunahme im Massenauftreten von toxischem Phytoplankton, das Fischsterben auslöst, könnte mit eutrophierungsbedingtem Sauerstoffmangel am Meeresboden zusammenhängen (BURKHOLDER et al. 1992). Am Meeresboden führt auch die Schleppnetzfischerei mit schwerem Geschirr zu erheblichen Beeinträchtigungen im Benthos (BEON 1991).

Der Austausch von Organismen für Aquakulturen, besonders aber transozeanische Transporte von Ballastwasser durch einen immer schneller werdenden Schiffsverkehr bewirkt eine zunehmende Internationalisierung der Küstenlebensgemeinschaften (CARLTON/GELLER 1993; REISE 1990). Damit sind nicht mehr rückspulbare Strukturveränderungen eingetreten.

An Mangrovenküsten schreitet eine Umwandlung in umdeichte Reisfelder und Fischteiche in raschem Tempo voran. So betrug in Indien der Verlust an Mangrovenbeständen in den vergangenen 15 Jahren etwa 34% (JAGTAP et al. 1993). Diese gravierenden Veränderungen an den flachen Gezeitenküsten zeigen, daß hier umfassende Aufgaben für den Umwelt- und Naturschutz bestehen. Schutzgebiete müßten vom Hinterland über den Gezeitenbereich bis in das Seegebiet im Küstenvorfeld reichen.

7 Küstenreservate

Die Nutzung und Umgestaltung von Küstenregionen nimmt von der Felsküste über Sandstrände zu den Sedimentküsten mit ausgedehnter Wasserwechselzone zu. In vielen Ländern steigt die Bevölkerungsdichte besonders an diesen Küsten. Der Meeresspiegel wird voraussichtlich im kommenden Jahrhundert um einen halben Meter steigen, was wiederum an diesen flachen Küsten entweder den Aufwand für Uferbefestigungen, Deiche und Sperrwerke oder die Überflutungshäufigkeit erheblich anwachsen läßt.

In diesem Kontext einen Umwelt- und Naturschutz zu verwirklichen ist schwer. Statt zu versuchen, einzelne Gefährdungsfaktoren zu minimieren, ist wegen ihrer vielfältigen Verflechtungen in den Ursachen und Wirkungen der Schutz weiträumiger Küstengebiete eher erfolgversprechend (CLARK 1991; RAY/GREGG 1991). Da es so gut wie keine Küstengebiete ohne Siedlungen und Nutzungen gibt, ist für Naturreservate eine Kompromißstruktur zu finden. Dazu eignet sich am besten das Konzept der Biosphärenreservate mit streng geschütztem Kernbereich, Pflege- und Entwicklungszone (UNESCO 1984; ERDMANN/NAUBER 1992).

Im Kernbereich sollen natürliche Entwicklungen ohne lenkenden Einfluß des Menschen möglich sein. An der Küste beinhaltet dies die Einwilligung in Erosion und Überschwemmungen als gestaltende Naturvorgänge. Folglich ist zu versuchen, den Siedlungs- und Lebensstil der Menschen an diese veränderliche Natur anzupassen. Die ökonomische Basis ist hier die Ermöglichung von Naturbegegnungen für Besucher. Anderweitige Nutzungen sind auszuschließen. Die Reichweite dieser Naturzonen erstreckt sich vom Küstenvorfeld bis ins Hinterland (Abb. 6).

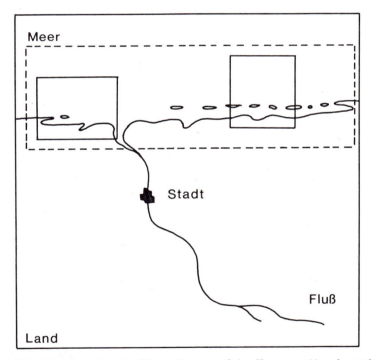

Abb. 6. Biosphärenreservat an der Küste mit nutzungsfreien Kernzonen (-) und umgebender Pflegezone (---), eingebettet in eine Entwicklungszone von Natur und Mensch, in der nachteilige Fernwirkungen auf die Kernbereiche vermieden werden.

Die Kernbereiche der Küstenreservate sollten von Integrationszonen (Pflege- und Entwicklungszone) für Mensch und Natur umgeben werden. Während in den Naturzonen eine Selbstverwirklichung der Natur durch Rückzug des nutzenden

Menschen ermöglicht wird, gilt es in den Integrationszonen einen Ausgleich zwischen Nutzungen und Rückentwicklungen der Natur herbeizuführen. Dies wird an der Küste am ehesten in einer Mosaikstruktur von Nutzflächen und Naturflächen erreichbar sein. Unvermeidbar ist eine Naturregulation zur Existenzsicherheit der Menschen. Um eine optimale Integration zu finden, werden die Menschen in den jeweiligen Küstenregionen experimentieren müssen.

Im landseitigen Wassereinzugsgebiet der geschützten Küstenzone sind nachteilige Fernwirkungen zu vermeiden. Zu fördern sind dort emissionsfreie Technologien, die Wiederverwendung der Produkte, erneuerbare Energien und Sparsamkeit im Verkehr. In vielen Regionen sind solche Reservate nur in Verbindung mit wirtschaftlichen Förderungsprogrammen reicher Länder zu verwirklichen. Ein Weg dorthin könnten Partnerschaften zwischen geschützten Küstenreservaten sein, die über die Flugwege der Küstenvögel von ihren arktischen Brutgebieten zu den südlichen Überwinterungsgebieten miteinander verbunden sind.

8   Naturreservate im Wattenmeer

Für jede Küstenregion müssen spezifische Zuschnitte und Ausgestaltungen von Naturreservaten gefunden werden. Große Teile des europäischen Wattenmeeres an der Nordseeküste von den Niederlanden über Norddeutschland bis Dänemark sind zu Biosphärenreservaten und Nationalparken erklärt worden. Die Schutzausführungen sind jedoch noch weit von den Schutznotwendigkeiten entfernt. Wirklich nutzungsfreie Zonen gibt es nur in sehr kleinen Bereichen. Verwirrend ist ein Flickenteppich kleiner und kleinster Schutzzonen verschiedenster Kategorien. Die Regularien zur Nutzungsbegrenzung sind in zunehmender Komplizierungsrasanz begriffen.

Zur Verbesserung dieser Situation können die Ausführungen im vorhergehenden Kapitel dienen. Konkret wird vorgeschlagen, im Wattenmeer die Einzugsgebiete der Gezeitenströme als kleinste, natürliche Raumeinheit zu nutzungsfreien Kernbereichen zu erklären. Sie umfassen meist alle für diese Küste typischen Wattbiotope von den seeseitigen Seehundsbänken bis zu den landseitigen Salzwiesen (Abb. 7). Die Wattstromeinzugsgebiete stehen im Einklang mit der Ausbreitung von Bodentieren und deren Larven, den gezeitenabhängigen Wanderungen von Krebsen, Fischen und Seehunden und dem Bedarf der Vögel, je nach Nahrungsangebot, Tide und Wetterlage aus dem gesamten Biotopspektrum ihren Aufenthalt zu wählen (REISE 1992).

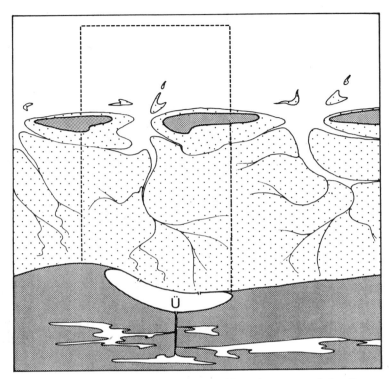

Abb. 7. Wattenmeerreservat mit Wattstromeinzugsgebiet als nutzungsfreie Kernzone, seeseitigem Fischereischutzareal und landseitigem Überlaufkoog (Ü) und damit verbundenen Feuchtgebieten.

Diese Wattstromeinzugsgebiete müßten seeseitig ihre Fortsetzung in fischereifreien Sektoren der Nordsee finden, um auch die saisonalen Wanderungen von Krebsen und Fischen des Wattenmeeres sichern zu können. Landseitig sind die Wattstromeinzugsgebiete überall durch einen Seedeich abgeschnitten. Hier könnte durch regulierten Meerwassereinstrom in dafür eingerichtete Feuchtgebiete ein Speicherraum geschaffen werden, der Sturmfluthöhen die Spitze nimmt. Wichtiger noch ist, daß der anschließende Wasserabfluß in Raten erfolgen kann. Dadurch wirkt er weniger erodierend auf die vom Sturm destabilisierten Wattsedimente. Andererseits wird es möglich, mit den neuen Feuchtgebieten Natur- und Erholungsräume zu schaffen. Damit wächst die Attraktivität der Marschlandschaft für den Tourismus. Bisher wird sie nur als Durchfahrtgebiet zu den überlaufenen Wattenmeerinseln tangiert. Mit einer ausgewogenen Raumplanung könnte eine Zielgleichheit von Naturschutz, Küstenschutz und touristischer Entwicklung erreicht werden. Nur in solchen Kombinationen kann Naturschutz in intensiv genutzten und besiedelten Landschaften verwirklicht werden.

9 Literatur

ACKEFORS, H. und C.-G. ROSEN (1979): Farming aquatic animals in: Ambio 8, S.132-143

ARNTZ, W.E. (1986): The two faces of El Niño 1982-83 in: Meeresforsch. 31, S.1-46

BADEN, S.P./L.-O. LOO/L. PIHL und R. ROSENBERG (1990): Effects of eutrophicatio on benthic communities including fish: Swedish West coast in: Ambio 19, S.113-122

BEON (1991): Effects of beamtrawl fishery on the bottom fauna in the North Sea. - Netherlands Institute for Sea Research, Beon-Report 13

BIRD, E.C.F. (1987): The modern prevalence of beach erosion in: Mar. Poll. Bull. 18, S.151-157

BOADEN, P.J.S. und R. SEED (1985): An introduction to coastal ecology. - Glasgow-London

BURKHOLDER, J.M./E.J. NOGA/C.H. HOBBS und H.B. GLASGOW (1992): New "phantom" dinoflagellate is the causative agent of major estuarine fish kills in: Nature 358, S.407-410

CARLTON, J.T. und J.B. GELLER (1993): Ecological roulette: the global transport of nonindigenous marine organisms in: Science 261, S.78-82

CARTER, R.W.G. (1988): Coastal environments. - London

CLARK, J.R. (1991): Management of coastal barrier biosphere reserves in: BioScience 41, S.331-336

DAY, J. H. (1981): Estuarine Ecology. - Rotterdam

ERDMANN, K.-H. und J. NAUBER (1992): Biosphärenreservate - Instrument zum Schutz, zur Pflege und zur Entwicklung von Natur- und Kulturlandschaften. - MAB-Mitteilungen 36, S.15-24

FERGUSON, H.A. (1976): The Delta project in: Interdisciplinary Science Reviews 1, S.247-258

HANSON, H. und G. LINDH (1993): Coastal erosion - an escalating environmental threat in: Ambio 22, S.188-195

HEKSTRA, G.P. (1986): Will climatic changes flood the Netherlands? Effects on agriculture, land use and well-being in: Ambio 15, S.316-326

IVERSEN, E.S. (1976): Farming the edge of the sea. - London-Tonbridge

JACKSON, J.B.C. (1991): Adaption and diversity of reef corals in: BioScience 41, S.475-482

JAGTAP, T.P./V.S. CHAVAN und A.G. UNTAWALE (1993): Mangrove ecosystems of India: a need for protection in: Ambio 22, S.252-254

KELLETAT, D. (1992): Coastal erosion and protection measures at the German North Sea coast in: Journal coastal Res. 8, S.699-711

MANN, K.H. (1982): Ecology of coastal waters. - Oxford

MAY, R.M. (1984): Exploitation of marine communities. - Berlin-Heidelberg u. a.

McLUSKY, D.S. (1981): The estuarine ecosystem. - Glasgow-London

RAY, G.C. und W.P. GREGG (1991): Establishing biosphere reserves for coastal barrier ecosystems in: BioScience 41, S.301-309

REISE, K. (1985): Tidal flat ecology. - Heidelberg-Berlin u. a.

REISE, K. (1990): Historische Veränderungen in der Ökologie des Wattenmeeres. - Rheinisch-Westfälische Akademie der Wissenschaften N 382, S.35-55

REISE, K. (1992): Wogt das Wattenmeer aus verschwommener Herkunft in eine programmierte Zukunft? - Ungestörte Natur - was haben wir davon? - WWF Tagungsbericht 6, S.203-211

ROSENBERG, R. (1985): Eutrophication - the future marine coastal nuisance? in: Mar. Poll. Bull. 16, S.227-231

SCOFFIN, T.P. (1992): Taphonomy of coral reefs: a review in: Coral Reefs 11, S.57-77

STEELE, J.H. (1985): A comparison of terrestrial and marine ecological systems in: Nature 13, S.355-358

STEELE, J.H. (1991): Marine functional diversity in: BioScience 41, S.470-474

STEELE, J.H. und E.W. HENDERSON (1984): Modelling long-term fluctuations in fish stocks in: Science 224, S.985-986

UNESCO (1984): Action plan for biosphere reserves in: Nature and Resources 20/4

WOLFF, W.J. (1983): Ecology of the Wadden Sea. - Rotterdam

WOLFF, W.J. (1992): The end of a tradition: 1000 years of embankment and reclamation of wetlands in the Netherlands in: Ambio 21, S.287-291

Umweltprobenbank - Beobachtung der Gegenwart, Sicherung der Zukunft

Fritz Hubertus Kemper (Münster)

1 Einleitung

Ziel der Umweltpolitik ist der Schutz des Menschen und seiner belebten und unbelebten Umwelt. Die Vergangenheit hat jedoch gezeigt, daß Gefahren häufig zu spät erkannt werden, meist erst mit dem Auftreten deutlich sichtbarer Schäden. Umweltschutz basiert deshalb im allgemeinen auf der Erforschung wahrscheinlicher Schadensursachen mit dem Ziel, geeignete Maßnahmen zur Schadensbegrenzung zu entwickeln und einzusetzen oder Vorgänge zu steuern, die als Schadensursache bereits bekannt geworden sind. Zu den vorrangig bearbeiteten Aufgabenfeldern zählt dabei sowohl das Erkennen und Abschätzen der Gefährdung durch Umweltchemikalien und Schadstoffe als auch die Verminderung dieser Gefährdung.

Eine zentrale Funktion der vorsorgenden Gefahrenabwehr hat in diesem Kontext die Umweltprobenbank der Bundesrepublik Deutschland, die durch Einlagerung, Charakterisierung und Analytik von Umweltproben eine laufende und insbesondere retrospektive Beobachtung von Schadstoffkonzentrationen ermöglicht. Die Bearbeitung der in repräsentativen Gebieten Deutschlands gewonnenen Proben erfolgt für Umweltproben (aus den Medien Boden, Wasser und Luft sowie biologischem Material) im Forschungszentrum Jülich und für Humanproben in der Universität Münster.

Innerhalb der Umweltprobenbank stellt die "Umweltprobenbank für Human-Organproben"[1] eine Besonderheit dar, weil allein hier die den Menschen direkt betreffenden Einflüsse erfaßt werden. Diese Einflüsse, deren Abbild in der persönlichen Belastung erkennbar ist, lassen sich beim Menschen sowohl durch analytische Untersuchungen wie auch in der Dokumentation des individuellen Lebens und der Lebensumstände festhalten und bewahren. Diese anamnestischen Daten sowie Informationen zur Person und zur Probencharakterisierung der Human-Organproben

---

[1] Die "Umweltprobenbank für Human-Organproben" an der Universität Münster ist Teil der "Umweltprobenbank" im Haushalt des Bundesministeriums für Umwelt, Naturschutz und Reaktorsicherheit (BMU) und wird unter der Aegide des Umweltbundesamtes (UBA) betrieben.

einschließlich der Analysenwerte werden unter Gewährleistung der einschlägigen Datenschutzbestimmungen erfaßt und in der angegliederten "Umweltdatenbank für Human-Organproben" verwaltet.

Die Zweckbestimmung der "Umweltprobenbank für Human-Organproben" in Münster erlaubt die Bearbeitung folgender besonderer Forschungsschwerpunkte und Erkenntnismöglichkeiten:
- Ermittlung von Durchschnittsbelastungswerten ("Normwerte") organischer und anorganischer Schadstoffe beim Menschen,
- Trendanalysen von organischen und anorganischen Inhaltsstoffen in Human-Organproben durch wiederholte Untersuchungen von vergleichbaren Personengruppen in kurzen Zeitabschnitten (Real-Time-Monitoring, RTM),
- Lagerung von Human-Organproben, vornehmlich von Lebenden verfügbare Proben, die besonders geeignet sind, die Umweltbelastungen des Menschen mit organischen und anorganischen Stoffen aufzuzeigen,
- laufende Überwachung der Konzentrationen gegenwärtig bekannter Schadstoffe und damit die Möglichkeit einer Bewertung zwischen dem Auftreten bestimmter Erkrankungen und den meßbaren Schadstoffkonzentrationen beim Menschen,
- Möglichkeit zur Schwellendosis-Bestimmung für chronische Erkrankungen und andere Gesundheitsschädigungen mit langen Latenzzeiten,
- durch die Langzeitlagerung der gesammelten Proben: Auffindung und Konzentrationsbestimmung von Umweltschadstoffen, die für den Menschen von Bedeutung, zum Zeitpunkt der Einlagerung dieser Proben jedoch noch nicht bekannt oder noch nicht analysiert waren oder nicht für bedeutsam gehalten wurden sowie
- retrospektive Überprüfung früher gewonnener analytischer Ergebnisse mit neuen Methoden zur Feststellung von Langzeit-Trends (analytische Kontrolle).

Von besonderer Bedeutung ist die Langzeitlagerung von Human-Organproben in mehrfacher Hinsicht:
- Bei der Entwicklung gesetzlicher Maßnahmen und den damit verbundenen Abwägungsprozessen, bei denen sorgfältige Nachweise und Beweise von Rückständen wesentlich sind,
- bei der frühzeitigen und rechtzeitigen Feststellung von Änderungen einer Umweltsituation oder Neubelastung im Vergleich mit der Vergangenheit (historische Kontrolle) sowie
- bei der Durchführung von Erfolgskontrollen gesetzlich veranlaßter Verbots- und Beschränkungsmaßnahmen im Umweltbereich.

2 Von der Errichtung der Umweltprobenbank für Human-Organproben zu deren Dauerbetrieb

2.1 Aufbau der Umweltprobenbank für Human-Organproben - Pilotphase

Aufbauend auf den Erfahrungen von Voruntersuchungen über eine Tiefkühllagerung von Human-Organproben, die seit 1973 zunächst in eigener Regie begonnen wurde, konnte 1980 die Fertigstellung einer weltweit in dieser Form einmaligen Kühl-Lager-Einrichtung erreicht werden. Hierbei handelt es sich um eine begehbare Kühlzelle von mehr als 34 m^3 Inhalt, in der die Temperatur ständig bei -80°C bis -90°C gehalten werden kann. Aufgrund des besonderen Verständnisses der beteiligten Firmen für die speziellen Belange dieser Einrichtung und des besonderen Einsatzes aller Beteiligten konnte die funktionsfähige Einrichtung bereits 1980 in Betrieb genommen werden. Auf diese Weise war es möglich, wertvolle Erfahrungen für den Dauerbetrieb zu gewinnen. Der beste Beweis für die Richtigkeit des Konzeptes und seine technische Durchführbarkeit ist die Tatsache, daß die Anlage im Dauerbetrieb ohne nennenswerte Störungen läuft.

Neben der Schaffung einer geeigneten Lagerstätte (Bank) waren während der Pilotphase weitere technologische Voraussetzungen praktisch zu erproben und durchzuführen. Im Vordergrund standen hierbei die Entnahme und Vorbereitung der Proben sowie Untersuchungen der Lagerbedingungen in unterschiedlichen Lagerbehältern. Darüber hinaus wurden, zusammen mir der Datenbank Münster, entsprechende Formulare entwickelt, die sich seitdem für die Bearbeitung von Human-Organproben sehr bewährt haben.

Während der Pilotphase war es in vollem Umfang möglich, durch einen stufenweisen Aufbau den Betrieb und die Organisation einer Pilotprobenbank für Human-Organproben in Münster zu erreichen. Für die sichere Lagerung der Proben konnten geeignete Behälter gefunden werden. In parallel laufenden Studien wurden günstige Probenahme-, Vorbereitungs- sowie Langzeitkonservierungsbedingungen für ausgewählte Human-Organproben erarbeitet und Grundlagen für geeignete Analyseverfahren sowohl im anorganischen als auch im organischen Bereich für entsprechende Schadstoffe gefunden.

Nach Maßgabe dieser Analyseverfahren und modellhafter thermodynamischer Berechnungen konnte anhand frühzeitig eingelagerter Humanproben sichergestellt werden, daß sich deren chemische Zusammensetzung unter den oben genannten Bedingungen nicht ändert und so der Ist-Zustand der Proben über Jahrzehnte hinweg für die Zukunft unverändert bewahrt bleibt.

2.2 Dauerbetrieb der Umweltprobenbank für Human-Organproben

Die Probenbank für Human-Organproben in Münster verfügt über eine neuartige, über eine Schleuse begehbare Tiefkühlzelle. Neben dieser Lagereinrichtung für ca. 650.000 Standardproben, die eine Temperatur von mind. -85°C aufweist, besteht in einem weiteren Raum mit zwei Clean-bench-Einrichtungen die Lagerungsmöglichkeit von 1,9 m^3 über verflüssigtem Stickstoff. Ein System dreifacher Sicherung ist zur Aufrechterhaltung der Dauertieftemperatur in der Kühlzelle vorhanden. Zwei Kühlgeneratoren (ein dritter Kühlgenerator steht für einen evtl. Reparaturaustausch bereit) sind jeweils im Einsatz, von denen jeder einzelne in der Lage ist, die Tiefkühltemperatur in der Zelle aufrechtzuerhalten. Bei Ausfall des allgemeinen Energienetzes werden die Generatoren durch ein Notstromaggregat versorgt. Wenn auch der Notstrom ausfällt, kann aus einem bei der Kühlzelle vorhandenen Lagertank Flüssigstickstoff direkt in die Zelle eingeleitet werden. Die Überwachungsleitungen sind an die Zentrale Leitwarte der medizinischen Einrichtungen der Universität Münster angeschlossen.

Der Schleusenvorraum der Tiefkühlzelle wird durch einen Kühlgenerator kontinuierlich auf -20°C gehalten. Dadurch wird

- eine wesentlich verminderte Glacifizierung der inneren Kühlzelltür durch geringere Luftfeuchtigkeit im Schleusenraum,
- eine Vorkühlung der bei -80°C einzulagernden Proben und damit eine größere Temperaturstabilität des Tieftemperaturraumes bei Einbringen neuer Proben sowie
- eine zusätzliche Lagerkapazität bei -20°C

erreicht bzw. erhalten.

Das Gesamtgebäude der Umweltprobenbank für Human-Organproben einschließlich Maschinenraum und Probenvorbereitungsraum wurde durch Installation einer Einbruch- und Sabotagemeldeanlage mit Videoüberwachung gegen unbefugtes Betreten abgesichert. Die 24-Stunden-Überwachung erfolgt durch die Zentrale Leitwarte des Großklinikums der Universität Münster. Zu diesem Zweck sind besondere, ständig nur für diese Überwachung zur Verfügung stehende Leitungen geschaltet, und die Anlage ist in einen besonderen, nur auf Spezialobjekte der Universität beschränkten Nacht-Wachdienst eingegliedert.

3 Die Proben der Umweltprobenbank für Human-Organproben

Damit die Proben für Rückstandsuntersuchungen unverfälscht zur Verfügung stehen, sind u. a. an Gewinnung, Charakterisierung, Aufbereitung, Verpackung und Lagerung besonders hohe Ansprüche zu stellen. In mehrjährigen Untersuchungen wurden die jeweiligen Methoden für die verschiedenen Probenarten entwickelt, wobei besonders großer Wert auf eine kontaminationsfreie oder zumindest kontaminationsarme Vorgehensweise gelegt wurde.

3.1 Probenarten

Die Auswahl der Probenarten gliedert sich nach Erkenntnissen der Vorphase des Pilotprojektes sowie nach Teilaspekten der o. g. Zweckbestimmung. Für die Langzeitlagerung wurden als Human-Organprobenarten für die Umweltprobenbank vor allem empfohlen und in ihrer Priorität festgelegt:

1. Schwerpunkt anorganische Inhaltsstoffe:
   Leber, Knochen, Placenta, Niere.

2. Schwerpunkt organischer Inhaltsstoffe:
   Fett, Blut, Placenta, Frauenmilch.

Eine Begründung für die gewählten Prioritäten ergibt sich sowohl aus dem derzeitigen toxikologischen Wissen, insbesondere aber auch aus den analytischen Erfahrungen, die während der Pilotphase "Umweltprobenbank" gewonnen wurden. So hat das Organ Niere eine niedrige Priorität, da nachgewiesen werden konnte, daß Gehalte von Umwelt(schad)stoffen in der Niere äußerst variabel sein können; dies hängt mit den anatomischen und funktionellen Gegebenheiten der Niere zusammen. In der für Human-Organproben abgegebenen Empfehlungsliste wurden Placenta und Frauenmilch als Mittelzeitindikatoren aufgenommen, während Leber, Fettgewebe und Knochen eigentliche Langzeitindikatoren sind.

3.2 Human-Organproben - Obduktionsmaterial

Einschließlich der ab 1977 während der Vorphase des Pilotprojektes eingelagerten Human-Organproben aus Obduktionsmaterial verfügte die Probenbank Münster am 15.02.1994 über 13.850 Einzelproben aus bis zu 27 verschiedenen Gewebetypen, differenziert nach Geschlecht, Alter und Vorerkrankung.

Die während der Pilotphase ausgewählten Human-Organe (Leber, Fettgewebe und Vollblut) wurden bevorzugt und in ausreichender Gesamtmenge beschafft und standen in verschiedenen Teilmengen allen beteiligten Forschungsgruppen zur Verfügung. Von diesen im Rahmen der Zweckbestimmung des Pilotprojektes in festgelegten Zeitabschnitten (6 Monate) wiederholt untersuchten Teilproben waren am 15.02.1994 noch ca. 450 in der Probenbank eingelagert.

Vergleichbar dem erfolgreich praktizierten Verfahren der "Organspende" ergeben sich, bei analoger Information über die Bedeutung der Umweltprobenbank für künftige Generationen, keine Schwierigkeiten zur Verfügbarkeit von Proben, obwohl es derzeit, zumindest im Bereich der Bundesrepublik Deutschland, keine entsprechend festgelegte Grundlage für eine Verfügbarkeit gibt. Die notwendige Charakteristik der Probe ist nur über eine genaue Feststellung der anamnestischen Daten möglich. Von Vorteil ist in diesem Zusammenhang entsprechend der hier greifenden ärztlichen Schweigepflicht, daß über die dem Umweltprobenbank-Projekt angeschlossene Datenbank (Münster) eine Codierung der Einzelproben in solchem Umfang möglich ist, daß eine Verletzung des Datenschutzes ausgeschlossen werden kann.

3.3 Human-Organproben - verfügbare Proben von Lebenden

Ergänzend zu den Proben der Langzeitlagerung werden als integrierter Bestand der Umweltprobenbank für Human-Organproben verfügbare Proben von Lebenden in kurzen Zeitintervallen analysiert und ebenfalls zur Langzeitverfügung gelagert, wobei aus der Vielzahl der Probenarten und der Vielzahl der durchgeführten Analysen ein dichtes Netz aus den Beziehungen der Schadstoffverteilung im Menschen im Verhältnis zu seiner Umwelt erkennbar wird.

So haben vor allem diese Echtzeit-Untersuchungsprogramme (Real Time Monitoring, RTM) wesentliche Erkenntnisse zur Dynamik des Schadstoffverhaltens beim Menschen gegeben.

Aus dem RTM-Teilprogramm sind eingelagert:

287.970 Einzelproben (Stand 15.02.1994)

Die eingelagerten RTM-Proben verteilen sich überwiegend auf Kollektive mit überschaubarer, bekannter Individualvorgeschichte der betreffenden Personen. Dabei handelt es sich sowohl um "Norm"-Kollektive mit vergleichbaren Randbedingungen (Altersverteilung, "durchschnittliche" Schadstoff-Belastung etc.) als auch um Kollektive mit bekannter spezifischer Belastung (z. B. Mitarbeiter einer Zementfabrik, Einwohner eines Dorfes in einem Weinbaugebiet).

In der RTM-Probenzahl enthalten sind ca. 180.000 Blutplasmaproben (Stand 15.02.1994), die durch Zusammenarbeit mit anderen klinischen Stellen eingelagert wurden. Bei vollständig bekannter Personenvorgeschichte werden hier wiederholbare Bestimmungen klinisch-chemischer Parameter, insbesondere der Enzymaktivität bei akuten lebensbedrohlichen Herzerkrankungen, ermöglicht.

Insgesamt stehen im RTM-Teilprogramm die in Tab. 1a und Tab. 1b dargestellten, nach Art und Probenmenge gelisteten Gewebe bzw. Körperflüssigkeiten für die Einlagerung zur Verfügung. Die Auswahl der Probenarten wurde entsprechend dem spezifischen Aspekt des Einzelkollektivs, der praktischen Realisierbarkeit und unter strenger Beachtung statistischer Aussagekraft getroffen.

Tab. 1a. Zusammenstellung der eingelagerten Einzelproben (RTM) (Stand: 15.02.1994).

Umweltprobenbank für Human-Organproben Münster	
Real-Time-Monitoring-Material	
1. Serumproben Arbeiterkollektiv Ruhrgebiet:	180.000
2. Material aus den Studentenkollektiven	
Kopf-/Scham-/Achselhaar	17.130
Vollblut	22.170
Blutplasma	30.170
Sammel-/Spontanurin	30.225
Speichel	4.040
3. Material aus anderen Teilprogrammen	
Schweiß	35
Faeces	35
Frauenmilch	960
Sperma/Seminalplasma	340
Sammel-/Spontanurin	1.390
Blutplasma/Serum	1.475
insgesamt:	287.970

Tab. 1b. Zusammenstellung der eingelagerten Einzelproben (Stand: 15.02.1994).

Umweltprobenbank für Human-Organproben Münster		
Obduktionsmaterial		
a. Restbestand der Pilotphase:	Lebergewebe	200
	Fettgewebe	200
	Vollblut	50
b. eingelagerte Gewebetypen:	Niere	1.025
	Milz	175
	Herz	225
	Lunge	225
	Brust-Aorta	100
	Magen	800
	Rectum	150
	Appendix	50
	Quergestr. Muskel	250
	Knochen	3.200
	Kopf-/Schamhaare	200
	Finger-/Fußnägel	200
	Groß-/Kleinhirn	2.700
	Schilddrüse	80
	Nebennieren	70
	Hoden	150
	Ovarien	80
	Faszie-Ligament	170
	Knochenmark	500
	Vollblut	50
c. lfd. eingelagerte Gewebetypen	Leber	1.250
	Fettgewebe	1.750
	insgesamt:	13.850

Einzelproben aus Obduktionsmaterial	13.850
Einzelproben aus dem Real-Time-Monitoring-Programm	287.970
Gesamtzahl	301.820

Aufgrund der Bedeutung des eingelagerten Probenmaterials wird sichergestellt, daß die Verfügung darüber nur der ministeriellen Zuständigkeit und der entsprechenden Bundesoberbehörde vorbehalten bleibt.

Zur Erfassung der anamnestischen Daten wurden Erhebungsbögen entwickelt, die aus Gründen des Datenschutzes und der ärztlichen Schweigepflicht codiert sind. Die als Einzelexemplar geführte Codierungsliste befindet sich bei der Leitung der Umweltprobenbank für Human-Organproben unter Verschluß. Die Angaben in dem Erkennungsbogen, der von jedem Probanden auszufüllen ist, sollen eine deskriptive Statistik der ermittelten Belastungen ermöglichen sowie Korrelationen erkennen lassen.

3.4 Standorte/regionale Zuordnung

Der seit Beginn der Lagerung 1977 bis zum Stichtage 15.02.1994 ausgewiesene umfangreiche Probenbestand der Umweltprobenbank für Human-Organproben von 301.820 Einzelproben repräsentiert innerhalb der einzelnen Kollektive nach entsprechenden Kriterien ausgewählte Bevölkerungsschichten und -gruppen aus regionalen und überregionalen Einzugsbereichen der Bundesrepublik Deutschland. Die regionale Zuordnung gilt eindeutig nur für die Probenahmestandorte; durch individuelle Wohnortwechsel einzelner Personen und Personengruppen in einer mobilen Gesellschaft ergibt sich jedoch eine weitgehend flächendeckende Repräsentanz mit einer Abdeckung ruraler und industrieller Räume. Für die Echtzeit-Trendanalysen (RTM) wird durch die Wahl studentischer Probandenkollektive flächendeckend die vor allem durchschnittlich - und nicht erkennbar spezifisch - belastete Bevölkerung der Bundesrepublik Deutschland erfaßt. Etwa 2-5 % der Personen sind anderen Nationalitäten zugeordnet, die bei hinreichender Probandenzahl zu nationalen Subkollektiven zusammengefaßt werden können.

4 Analyse der Proben

Die asservierten und zur Einlagerung bestimmten Humanproben werden in Übereinstimmung mit dem Konzept der Umweltprobenbank für Human-Organproben nach den Richtlinien einer umfassenden Analytik auf höchstem Qualitätsniveau untersucht. Die Qualität der Analytik, die in hohem Maße die Ergebnisse in der Be-

urteilung vor allem von Trendentwicklungen bestimmt, wird erreicht und aufrechterhalten durch
- qualifiziertes, analytisch erfahrenes Personal,
- physikochemische Meßsysteme nach dem neuesten Stand der analytischen Technik,
- standardisierte sequentielle Analysenrichtlinien (SOPs),
- logistisch verknüpfte Abläufe im Analysenverbund sowie
- Überprüfung der Verfahren durch Kontroll- und Referenzmaterialien sowie Ringversuche in Zusammenarbeit mit nationalen und internationalen Gremien (Bundesgesundheitsamt, Gesellschaft Deutscher Chemiker/Fachgruppe Analytik, Forschungszentrum Jülich [KfA], National Institute of Standards and Technology [NIST] Gaithersburg/USA).

Im einzelnen wurden in den asservierten Humanproben bestimmt:

Akzidentelle Spurenelemente/Schwermetalle:

Blei	Arsen	Thallium
Cadmium	Quecksilber	Silber
Antimon	Zinn	Aluminium
Strontium	Barium	Beryllium

Essentielle Spurenelemente/Schwermetalle:

Kupfer	Zink	Eisen
Mangan	Chrom	Selen
Nickel	Vanadium	

Essentielle Nichtspurenelemente:

Calcium	Magnesium	Natrium
Kalium	Phosphor	Schwefel

Physiologische organische Komponenten:

Gesamteiweiß	Kreatinin	Glucose
Harnsäure	Cholesterin	Triglyceride
Alkal. Phosphatase	LDH	sGOT
sGPT	τ-GT	Hämatokrit

Organochlorpestizide (OCP)
(Insektizide, Polychlorierte Biphenyle [PCB], Holzschutzmittel)

pp-DDT	Hexachlorbenzol
op-DDT	a-Hexachlorcyclohexan
pp-DDD	ß-Hexachlorcyclohexan
op-DDE	τ-Hexachlorcyclohexan
pp-DDE	Pentachlorphenol
PCB28	Heptachlorepoxid
PCB52	Dieldrin
PCB101	PCB153
PCB138	PCB180

Der beträchtliche analytische Aufwand führt zu einer sehr hohen Datendichte in der analytischen Charakterisierung der Proben, der Probengeber (vor allem auch im Zusammenhang mit den erhobenen anamnestischen Daten) und des Kollektivs.

So ergaben sich allein für die reinen Echtzeit-Trendanalysen (RTM) von 1977 bis 1994 bei einer Probenzahl von insgesamt 2.529 Personen ca. 240.000 verfügbare Analysenwerte für die Beurteilung der Tendenzen und Trends in der Normalbelastung des Menschen innerhalb des 17jährigen Zeitraumes.

Da der Mensch als Lebewesen mit hoher Lebenserwartung nicht kurzfristigen Belastungsschwankungen unterliegt, wird als vorgegebene Probenahmefrequenz von Human-Organproben aus Obduktionsmaterial, die als homogene Langzeitindikatoren der Bank zur Verfügung stehen, ein Intervall von 5 Jahren mit einem Probenumfang von n=10 für jede Lebensalterdekade gehalten. Unter der Voraussetzung vergleichbarer Spenderkollektive reicht nach den Erfahrungen der Pilotphase ein Einlagerungsintervall von etwa 5 Jahren aus, um bestimmte Schadstoff-Trends beim Menschen zu erkennen.

Innerhalb des Abschnitts "Probengewinnungsrhythmus" muß ausdrücklich auf die große Bedeutung der Echtzeit-Untersuchungsprogramme (Real-Time-Monitoring, RTM) als Momentaufnahme der Umwelteinflüsse auf vergleichbare Kollektive hingewiesen werden, in denen verfügbare Proben mit Kurzzeitindikationsfunktion (Haare, Blut, Speichel, Urin etc.) in kurzen Zeitintervallen von ca. 6 Monaten durch Analyse und Lagerung kurzfristige Einflüsse erkennen lassen, die im Ergebnis wesentlichen Einfluß auf Probenahmerhythmus sowie die Bewertung und Behandlung von Langzeitlagerungen haben können.

Die bisherigen insgesamt 23 durchgeführten reinen Echtzeit-Trendanalysen anamnestisch nicht spezifisch belasteter Normalkollektive sind im folgenden chronologisch und in ihrer Beprobungsintensität dargestellt (vgl. Tab. 2).

Tab. 2. Zusammenstellung aller Trendanalysen.

Trend	Datum	Probanden n	Proben n	Probenart
1	Febr 1977	100	300	Kopfhaare, Blut, Plasma
2	Dez 1977	120	450	Kopfhaare, Blut, Plasma, Spontanurin
3	Dez 1978	120	450	Kopfhaare, Blut, Plasma, 24-h-Urin
4	Juni 1981	95	750	Kopf-, Achsel, Schamhaare, Blut, Plasma, 24-h-Urin, Speichel
5	Dez 1982	120	960	Kopf-, Achsel-Schamhaare, Blut, Plasma, 24-h-Urin, Speichel
6	Nov 1983	122	950	Kopf-, Achsel-Schamhaare, Blut, Plasma, 24-h-Urin, Speichel
7	Dez 1984	148	1180	Kopf-, Schamhaare Blut, Plasma, 24-h-Urin, Speichel
8	Okt 1985	9	35	Kopfhaare, Spontanurin
9	Nov 1985	143	1140	Kopf-, Schamhaare Blut, Plasma, 24-h-Urin,
10	März 1986	23	180	Kopf-, Schamhaare Blut, Plasma, 24-h-Urin, Speichel
11	Juli 1986	109	870	Kopf-, Schamhaare Blut, Plasma, 24-h-Urin, Speichel
12	Dez 1986	140	1120	Kopf-, Schamhaare Blut, Plasma, 24-h-Urin, Speichel
13	Juli 1987	123	980	Kopf-Schamhaare Blut, Plasma, 24-h-Urin, Speichel
14	Dez 1987	120	960	Kopf-, Schamhaare Blut, Plasma, 24-h-Urin, Speichel

15	Juli 1988	127	1010	Kopf-, Schamhaare Blut, Plasma, 24-h-Urin, Speichel
16	Dez 1988	128	1020	Kopf-, Schamhaare Blut, Plasma, 24-h-Urin, Speichel
17	Juni 1989	121	970	Kopf-, Schamhaare Blut, Plasma, 24-h-Urin, Speichel
18	Nov 1989	146	1140	Kopf-, Schamhaare Blut, Plasma, 24-h-Urin, Speichel
19	Juni 1990	86	690	Kopf-, Schamhaare Blut, Plasma, 24-h-Urin, Speichel
20	Dez 1990	108	870	Kopf-, Schamhaare Blut, Plasma 24-h-Urin, Speichel
21	Juni 1991	96	770	Kopf-, Schamhaare Blut, Plasma, 24-h-Urin, Speichel
22	Jan 1992	125	1000	Kopf-, Schamhaare Blut, Plasma, 24-h-Urin, Speichel
23	Juli 1993	97	780	Kopf-, Schamhaare Blut, Plasma 24-h-Urin, Speichel

5 Auswertungsergebnisse von Untersuchungsreihen - Beispiele

Aus der Datenfülle, die entsprechend des Aufgabenbereiches der Probenbank für Human-Organproben durch Probenselektion, Probenahmefrequenzen und analytische Charakterisierung in den Jahren 1977 bis 1994 erhalten wurde, sollen im folgenden Ergebnisse von drei Untersuchungsreihen der Echtzeit-Trendanalyse (RTM) zur Schadstoffbelastung des Menschen vorgestellt werden, die paradigmatisch die Umsetzung der konzeptionellen Idee der Probenbank in erkennbare und bewertbare Resultate aufzeigen. Die Darstellung beschränkt sich auf die Belastung des Menschen durch das Insektizid DDT, das Holzschutzmittel Pentachlorphenol (PCP) und das Schwermetall Blei als Substanzen, die in den letzten Jahren weitgehender legislativer Einschränkung unterworfen wurden und deren zeitabhängige Belastungsprofile bei geringer Änderung die Empfindlichkeit des Instruments der RTM-Analysen aufzeigen.

5.1 DDT im humanen Vollblut

Die Trendanalysen des besonders langlebigen und schwer abbaubaren Insektizids DDT und dessen Biotransformationsprodukt DDE geben über den Zeitraum von 1982 bis 1986 eine kontinuierliche diskrete Verschiebung der mittleren Belastung der Normalkollektive zu niedrigen Gehalten. Neben der absoluten Verringerung der Konzentrationen gibt auch die Verschiebung des DDT/DDE-Verhältnisses deutliche Hinweise, daß nicht nur die DDT-Belastung, sondern auch die DDT-Neuaufnahme beim Menschen deutlich verringert wurde.

5.2 Holzschutzmittel Pentachlorphenol (PCP) in Blut und Urin

Nach der ersten restriktiven legislativen Maßnahme zur Reduzierung der PCP-Gehalte in Holzschutzmitteln 1979/1980 konnte noch 1982 eine log-normal-Verteilung mit deutlichem Hinweis auf besonders exponierte Probanden gesehen werden. In den folgenden Jahren erfolgte eine kontinuierliche Verschiebung der Quantilverteilung zu niedrigen Werten, wie bis Ende 1993 in 15 RTM-Trendanalysen verifiziert werden konnte (vgl. Abb. 1).

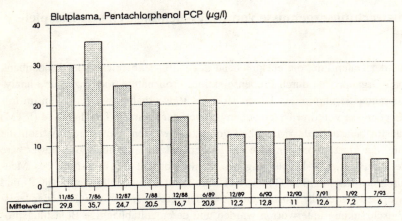

Abb. 1. PCP-Konzentration im menschlichen Blutplasma von November 1985 bis Juli 1993.

Diese geringen PCP-Gehalte scheinen bei allen Personen der untersuchten Kollektive obligatorisch. Die Konzentrationsbereiche sind für PCP als eine akzidentelle Verbindung mit sehr kurzer Verweildauer im menschlichen Organismus bemerkenswert eng. Da überdies die PCP-Konzentrationen im Serum - vor allem im unteren Konzentrationsbereich - innerhalb der üblichen biologischen Variabilität recht gut mit den Hexachlorbenzol-Gehalten korrelieren, ist zu vermuten, daß die PCP-Belastung von "normal"-belasteten Menschen - entgegen der bisher allgemein vertretenen Ansicht - nicht nur einer direkten PCP-Aufnahme entspricht, sondern bei normal exponierten Personen überwiegend als Biotransformationsprodukt von Hexachlorbenzol anzusehen ist, das als kumulierende Verbindung bei allen Personen in vergleichbaren Konzentrationen nachgewiesen werden kann.

5.3 Blei im Vollblut

Die Quantilverteilung von 14 Probenahmeterminen von 1984 bis 1994 für den Bleigehalt im Vollblut geben einen Trend zu niedrigeren Gehalten zu erkennen; vor allem ab 1986 und in den folgenden Jahren kann die Verminderung der Blut-Bleiwerte beim Menschen als Folge der Senkung der Blei-Emissionen aus Kraftfahrzeugen nachgewiesen werden (vgl. Abb. 2).

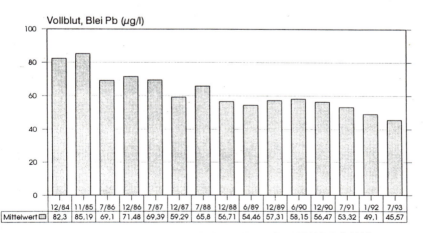

Abb. 2. Bleigehalt im menschlichen Vollblut von Dezember 1984 bis Juli 1993.

Am Beispiel des Blutbleigehaltes oder des Pentachlorphenolgehaltes zeigt sich, daß für akzidentelle Substanzen ein "Normbereich" bei Menschen eine dynamische Größe darstellt, die ständig neu überprüft werden muß. Dies gilt vor allem für Stoffe, die eine Änderung der legislativen Anwendung oder der rechtlichen Beurteilung erfahren haben (z. B. ein Herstellungs- bzw. Anwendungsverbot).

6 Zusammenfassung

Mit der "Umweltprobenbank für Human-Organproben", eingerichtet an der Universität Münster, verfügt die Bundesrepublik Deutschland über ein Instrument, das - im Sinne eines Sicherheitssystems - für Risikobewertung und Gefahreneinschätzung anthropogener Chemikalien und damit den Schutz von Gesundheit und das Wohlbefinden des Menschen wichtige Erkenntnisse liefert. Seit der Inbetriebnahme der "Umweltprobenbank für Human-Organproben" im Jahre 1980 hat die Einrichtung - dem Vorsorgeprinzip[2] gerecht werdend - wichtige Grundlagen für die Gesundheits- und Umweltpolitik der Bundesregierung geschaffen.

---

[2] Das Vorsorgeprinzip ist neben dem Verursacherprinzip und dem Kooperationsprinzip eines der drei Grundprinzipien der Umweltpolitik der Bundesregierung.

Logik des Mißlingens

Dietrich Dörner (Bamberg)

1 Das Schicksal der Moros

Abb. 1 zeigt ein Gebiet in dem westafrikanischen Staat Burkina Faso. Es handelt sich um eine Wüsten- und Savannenlandschaft am Südrande der Sahara. Das ist die Heimat der Moros, die als Halbnomaden mit ihren Rindern von Wasserstelle zu Wasserstelle ziehen. Frauen, Kinder und Jugendliche wohnen an den Wasserstellen und betreiben Hirseanbau. Hirse, Fleisch, das Blut, das den Rindern abgezapft wird, und Milch sind die Hauptnahrungsmittel der Moros. - Den Moros geht

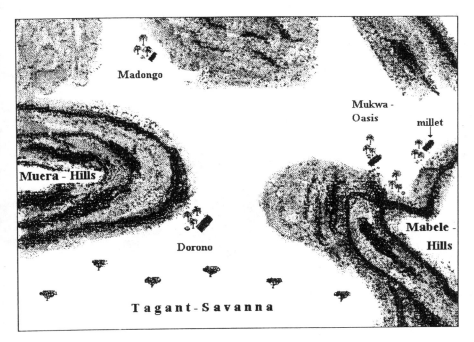

Abb. 1.   Das Land der Moros.

es schlecht. Die Säuglings- und Kindersterblichkeit ist hoch, die Lebenserwartung liegt bei knapp 30 Jahren. Oftmals herrscht Wassermangel; es gibt Mißernten aufgrund der Dürre. Die kleinen und schlecht ernährten Rinder leiden an der Rinderschlafkrankheit, die durch die Tsetse-Fliege übertragen wird.

Die schlechte Lage der Moros führte dazu, daß man vor etlichen Jahren ein Entwicklungshilfeprogramm in Gang setzte, um den Moros zu helfen. Maßnahmen gegen die Tsetse-Fliege wurden unternommen, Brunnen gebohrt und technisches Gerät für den Ackerbau angeschafft. Abb. 2 zeigt die Ergebnisse dieser Bemühungen. Man sieht, daß zunächst die Anzahl der Rinder anstieg und aufgrund der verbesserten Ernährungslage und der verbesserten medizinischen Versorgung auch die Anzahl der Moros. Dann jedoch, im 8. Jahr, kam es zu einer Katastrophe. Die Rinderzahl nahm schlagartig ab, und fast der ganze Stamm der Moros fiel einer Hungerkatastrophe zum Opfer.

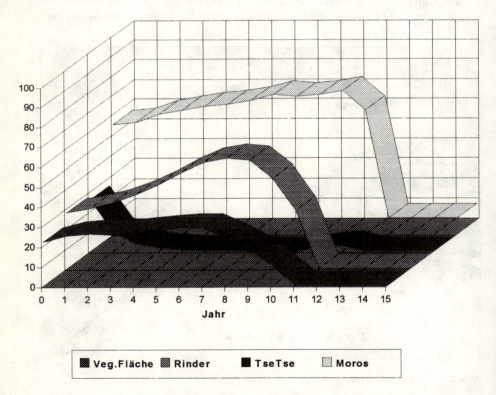

Abb. 2. Das Schicksal der Moros. Die Ordinatenskala wurde für die vier Variablen standardisiert.

Wie kam das? Hauptgrund für die katastrophale Entwicklung waren die gut gemeinten Maßnahmen. Die allzu groß gewordene Rinderherde fraß nicht nur das Gras, sondern auch noch dessen Wurzeln, verminderte auf diese Art und Weise die Vegetationsfläche und vernichtete ihre Existenzgrundlage. Es war nicht beachtet worden, daß die Anzahl von Rindern in einer bestimmten Beziehung zur Größe des Grasareals stehen muß, damit dies nicht geschädigt wird. - Zusätzlich erschöpften die mit dieselbetriebenen Pumpen versehenen neuen Tiefwasserbrunnen den Grundwasservorrat, der sich aufgrund des geringen Niederschlags am Südrand der Sahara auch nicht mehr erholen konnte.

Zum Glück ereignete sich die Katastrophe nicht tatsächlich in Burkina Faso, sondern in der Züricher Bahnhofstraße. Das "Entwicklungshilfeteam" bestand aus drei Direktoren einer großen Schweizer Firma, die sich mit Eifer und großem Bemühen daran gemacht hatten, die Lebensbedingungen der Moros zu verbessern. Die Moros lebten nur "elektronisch" in einer Computersimulation dieser Region der Sahel-Zone. Das Entwicklungshilfevorhaben war also den drei klugen Herrn gründlich mißlungen.

Warum ging es schief? Fehlten hier die speziellen Kenntnisse? Kaum, denn auf die Ursachen des Mißerfolgs hätte man auch ohne Kenntnis der Verhältnisse in der Sahel-Zone durch etwas Nachdenken oder auch durch Fragen kommen können. Warum wurden die entsprechenden Informationen nicht eingeholt, warum schafften es die intelligenten Teilnehmer an dem Simulationsspiel nicht, sich ein adäquates Bild von der Situation zu verschaffen, um die Katastrophe zu verhindern? Auf diese Frage wollen wir in diesem Beitrag eingehen.

Abb. 3 zeigt die Grobstruktur des Simulationsprogrammes, welches die Region der Moros simulierte. Man sieht in den Kästchen Variable, die in vielfältiger Weise miteinander verknüpft sind und sich wechselseitig beeinflussen. Das Moro-System ist ein dynamisches, vernetztes System relativ hoher Komplexität. Der Umgang mit solchen Systemen ist aus verschiedenen Gründen nicht einfach:

- Aus der Vernetztheit des Systems ergibt sich die Schwierigkeit, daß man nicht isoliert agieren kann. Man kann nie nur eine Sache machen, sondern man greift immer in das ganze System ein, wenn man eine Entscheidung trifft.
- Die Dynamik des Systems, also die Tatsache, daß die Entwicklung weiter läuft, während man berät und überlegt, erzeugt Zeitdruck.
- Viele der Variablen entziehen sich der unmittelbaren Beobachtung; das Moro-System ist intransparent; und das heißt, daß man manche Entwicklungen gar nicht unmittelbar "sieht". Wenn man diese Entwicklungen nicht bewußt verfolgt, wird man sie erst dann bemerken, wenn irreversible Schäden zu Tage treten. In dem Moro-System ist eine solche Entwicklung z. B. die schleichende Vernichtung des Grundwasservorrats durch die Tiefwasserbrunnen.

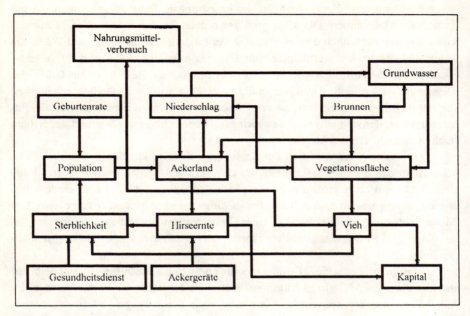

Abb. 3. Das Moro-System.

- Die Akteure haben gewöhnlich nur lückenhafte Kenntnisse über das System, mit dem sie umgehen müssen und stehen daher vor der Notwendigkeit, sich während des Handelns die zum Handeln benötigten Informationen beschaffen zu müssen. Das ist für Menschen sehr schwierig; wie soll man handeln, ohne die Voraussetzungen dafür zu haben? Und während man handelt, soll man sich der unsicheren Basis des eigenen Tuns bewußt und ständig bereit sein, die Grundlagen des eigenen Handelns in Frage zu stellen.

Mit diesen Schwierigkeiten aber ist das Land der Moros ein Beispiel für viele Handlungsbereiche, mit denen wir Menschen umgehen müssen. Ökonomische und politische Probleme und besonders die Probleme unserer Umwelt, sind von ähnlicher Beschaffenheit. Auch hier finden wir sehr viele, miteinander vernetzte Variable; wir stehen vor der Notwendigkeit, ohne vollständige Kenntnisse der Verhältnisse handeln zu müssen, wir stehen unter Zeitdruck. - Das "Ozonloch" wartet nicht, bis wir endlich vollständige Kenntnis über Chemie und Physik der Atmosphäre und deren Interaktion mit Industrieabgasen gewonnen haben. - Die Waldschäden nehmen weiter zu, und sie warten nicht so lange, bis wir über ihre Ursachen und über die Bedingungen des Wachstums von Bäumen und den Zusammenhang des Wachstums mit Luft- und Bodenschadstoffen vollkommene Klarheit gewonnen haben. Wir müssen bei allen diesen Systemen mit Unbestimmtheit und Komplexität umgehen und müssen handeln, auch ohne vollkommene Kenntnisse über das System zu haben. Wir haben in zahlreichen Untersuchungen versucht herauszufinden, welche Schwierigkeiten Menschen beim Umgang mit unbestimmten und komplexen Systemen haben (vgl. DÖRNER 1989; DÖRNER 1980, DÖRNER/REITHER 1979). In diesem Artikel wollen wir einige der Hauptschwierigkeiten beschreiben und auf die Fehler eingehen, zu denen Menschen beim Umgang mit Unbestimmtheit und Komplexität zu neigen scheinen.

2 Die Schwierigkeiten beim Umgang mit Unbestimmtheit und Komplexität

Wenn Menschen mit einem unbestimmten und komplexen System umgehen, müssen sie vielerlei leisten:
- Sie müssen sich über die Ziele klar werden, die sie verfolgen.
- Sie müssen Hypothesen über die Struktur des Systems bilden und diese Hypothesen aufgrund ihrer Erfahrungen beim Umgang mit dem System verändern.
- Sie müssen aufgrund der Hypothesen über die Struktur des Systems Vorstellungen darüber entwickeln, wie sich das System weiter entwickeln wird, wie es sich in Zukunft verhalten wird.
- Sie müssen Maßnahmen planen und sich für bestimmte Eingriffe entscheiden.
- Sie müssen die Folgen ihrer Maßnahmen überwachen und die Maßnahmen gegebenenfalls korrigieren. Auch müssen sie aufgrund des Erfolgs oder Mißerfolgs ihrer Maßnahmen ihre eigenen Strategien der Informationssammlung, ihres Planens und Entscheidens verändern.

Bei dem Versuch, diese Anforderungen zu erfüllen, machen Menschen mehr oder minder systematisch Fehler, auf die wir in den nachfolgenden Abschnitten eingehen wollen.

2.1 Zielelaboration

Beim Umgang mit einem komplizierten System verfolgt man gewöhnlich bestimmte Ziele, denn sonst würde man sich ja nicht mit dem System beschäftigen.

Unsere Moro-Direktoren wollten, daß es den Moros besser ginge. Das war ihr Ziel. Ein solches Ziel ist ziemlich vage. Was heißt denn aber "besser"? Vagheit der Ziele ist nicht untypisch für den Umgang mit komplizierten Systemen. Oftmals weiß man nur ungenau, was man eigentlich will. Man will sich um die Wohlfahrt der Einwohner der Moro-Region kümmern. Was ist aber "Wohlfahrt"? Bessere Gesundheit? Fernsehen in jedem Zelt? Mehr und größere Rinder? Ein guter Sanitätsdienst? Bessere Schulausbildung? Förderung des Tourismus?

Ziele sind oft unklar. Daher ist die erste Anforderung, die sich meist stellt, sich Klarheit über die Ziele zu verschaffen. Das bedeutet z. B. die Zerlegung eines globalen Gesamtzieles in Teilziele, die konkreter sind als das ursprüngliche Ziel. "Etablierung eines Sanitätsdienstes"; das wäre z. B. ein konkretes Teilziel, wenn man die Verbesserung des Zustandes der Moros anstrebt.

Weiterhin kann es hilfreich sein, den Weg zu einem Endziel durch Zwischenziele zu konturieren. Die Anhebung der Schulbildung der Moros wäre z. B. ein Zwischenziel für das Ziel, die Fähigkeiten der Moros für die Bedienung technischer Geräte und auch für den Sanitätshilfsdienst zu verbessern.

Es ist wohl klar, daß die Zielelaboration eine wichtige Voraussetzung effektiven Handelns ist. Und hier findet man schon die ersten typischen Fehler, die Menschen beim Umgang mit komplexen und dynamischen Systemen machen. Gedrängt von den Problemen, welche sie unmittelbar erkennen können, "wursteln sie los". Sie greifen das erste beste, sinnfällige Ziel auf, welches ihnen vor Augen kommt, ohne sich darüber Gedanken zu machen, ob dieses Ziel im Hinblick auf das Gesamtziel das wichtigste und dringlichste ist. So ging es unseren Moro-Direktoren. Wassermangel, das war das, worüber die Moros klagten. Also muß man hier Abhilfe schaffen. Die Rinderschlafkrankheit war ein anderer sinnfälliger Mißstand. Hier muß man helfen! Daß es "eigentlich" viel besser gewesen wäre, sich um den Hirseanbau zu kümmern, und daß vielleicht der Wassermangel gar nicht so groß war, wie die Moros angaben, das wurde nicht überprüft. Ohne eine kritische Zielanalyse wurden nur die unmittelbar sinnfälligen Mißstände handlungsleitend.

Es ist nicht nur wichtig, Teilziele und Zwischenziele herauszuarbeiten. Da man meist mehrere Ziele zugleich verfolgen muß, kommt es darauf an, diese gegeneinander abzugleichen, da sich diese oftmals widersprechen. So kann man bei den Moros nicht zugleich die Grundwasserreserven schonend behandeln und eine wasserverbrauchsintensive Landwirtschaft etablieren. Hier muß man "balancieren", also entweder bei beiden zurückstecken oder das eine oder andere ganz aufgeben. An der Zielbalancierung aber mangelt es oft, und so wird das eine Teilziel verfolgt und damit zugleich das andere gefährdet. Sorgt man heute für die Gesundheit der Moros, so ergibt sich daraus vielleicht morgen das Problem eines großen Wachstums der Bevölkerung (und auf die Dauer hat man damit u. U. noch nicht einmal einen dauerhaft verbesserten Gesundheitszustand, sondern eine im Elend verkommene Slum-Bevölkerung erzeugt).

Die Mängel bei der Elaboration von Zielen hängen oft mit einem mangelhaften Bild von dem Realitätsausschnitt, mit dem man es zu tun hat, zusammen. Mit den Fehlern, die Menschen beim Bilden von Hypothesen über die Struktur eines Systems machen, werden wir uns im nächsten Abschnitt beschäftigen.

2.2 Über die Bildung von Hypothesen

Auch wenn es wohl nicht möglich ist, über ein komplexes System ein vollständiges Bild zu bekommen, so ist es doch vernünftig zu versuchen, wenigstens ein holzschnittartiges Bild von der Situation, in der man Entscheidungen treffen muß, zu bekommen. Viele Menschen aber unterlassen auch das. Meist fühlt man sich ja zum Handeln gezwungen, weil ein bestimmtes Problem existiert. Die Existenz des Problems aber verhindert oft, daß man sich zunächst einmal zurücklehnt, um sich ein Bild von der Situation zu machen. Das Problem drängt, und daher meint man, keine Zeit zu haben. So löst man nur die aktuellen Probleme und übersieht dabei die Probleme, die sich in Zukunft einstellen werden. Da man ja gar keine Vorstellungen davon hat, was in dem System womit zusammenhängt, weiß man ja auch gar nichts über die möglichen Entwicklungen. Man übersieht aus diesem Grunde auch, daß man durch das eigene Handeln nicht nur Probleme löst, sondern auch neue erzeugt. Genau das geschah den Züricher Direktoren bei ihrem Versuch, den Moros zu helfen. Sie lösten das aktuelle Problem der Wasserknappheit und der Rinderschlafkrankheit, ohne an die neuen Probleme zu denken, die sich aus den Problemlösungen zwangsläufig ergaben.

Wenn man kein Gesamtbild von dem System hat, mit dem man umgeht, tendiert man dazu, die Probleme nach dem Ausmaß ihrer Sinnfälligkeit und der eigenen Sachkompetenz anzugehen. Man beschäftigt sich mit denjenigen Problemen, die besonders deutlich zu Tage treten und mit denjenigen, für die man Lösungsmöglichkeiten kennt. Man macht, was man kann, nicht das, was man eigentlich soll. Bei unseren Untersuchungen zeigten sich diese Tendenzen mitunter überdeutlich. In einer unserer Experimentalserien mußten Versuchspersonen die Rolle eines Bürgermeisters in einer kleinen Stadt übernehmen (vgl. DÖRNER et al. 1983). Einer der Bürgermeister, ein Volkswirtschaftsstudent, bemühte sich um die Altersversorgung und inspizierte zu diesem Zwecke die städtischen Altersheime. Er fand, daß die Ausstattung der Altersheime mit Telefonanlagen unzureichend war, sah aber aufgrund der Knappheit der Finanzen keine Möglichkeit, hier wirklich etwas zu ändern. Was tun? Aufgeben? Nein! - Der Student machte sich daran und maß auf dem Stadtplan mit dem Zentimetermaß den Weg von den Altersheimen und Wohnbezirken zu den öffentlichen Telefonzellen und ermittelte Mittelwert und Standardabweichung der Weglängen. Er verwendete darauf etwa eine halbe Stunde von den zwei Stunden Entscheidungszeit, die ihm zur Verfügung standen. Das entsprechende Maß war zu überhaupt nichts nütze, außer dazu, der Versuchsperson das Gefühl zu geben, daß sie in der Lage ist, etwas zu tun. Solche Berechnungen hatte der Student nämlich in dem gerade absolvierten Statistikkurs gelernt. - Dies ist vielleicht schon fast die Karikatur einer Handlungsweise, aber es ist ein Beispiel für die oft anzutreffende Tendenz von Menschen, sich die eigene Hilflosigkeit nicht einzugestehen, sondern statt des Problems, das man lösen soll, ein Problem zu lösen, das man lösen kann, auch wenn das keinen Sinn hat.

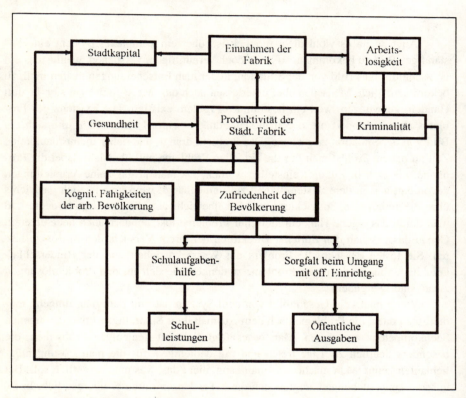

Abb. 4. Eine reduktionistische Hypothese.

Wenn aber Versuchspersonen tatsächlich den Versuch machen, Hypothesen über das System zu machen, mit dem sie umzugehen haben, dann geschieht das oft in charakteristischer Weise, nämlich "reduktionistisch". Man stellt "sternförmige" Hypothesen auf, in denen alle Mißstände auf einen Punkt reduziert werden. Dieser Punkt ist oft das gerade aktuelle Problem, das, was gerade im Blickpunkt ist. Abb. 4 zeigt eine solche sternförmige Reduktion, die eine Versuchsperson in dem Lohhausen-Versuch produzierte. So gut wie alles, was wichtig ist in Lohhausen, hängt nach

Meinung der Versuchsperson von einer zentralen Variablen ab, nämlich von der Zufriedenheit der Bewohner. Von der Zufriedenheit der Bewohner ist es abhängig, ob Kinder genügend Hilfe bei ihren Schularbeiten erfahren, ob die Bürger mit den öffentlichen Anlagen pfleglich umgehen, ob die Produktivität der stadteigenen Fabrik hoch oder niedrig ist, usw.

Solche "Zentralreduktionen" sind gefährlich. Sie verleiten dazu, die Probleme allzu einfach zu sehen und die Lösung aller Schwierigkeiten nur an einer Stelle zu suchen. Zugleich sind solche reduktionistischen Hypothesen gefährlich, weil sie im Detail nicht widerlegbar sind. Alle Teilhypothesen, die in Abb. 4 dargestellt sind, sind richtig. Daher macht man mit diesem Hypothesengerüst auch ständig bestätigende Erfahrungen. Man erfährt, daß man recht hat. Und daher fühlt man sich auch nicht bemüßigt, an der Hypothese etwas zu ändern.

Die Unzulänglichkeit dieses Hypothesengebäudes liegt nicht darin, daß es im einzelnen nicht stimmt, sondern daß es unvollständig ist. Es fehlen einfach viele Beziehungen, und daher macht man eben doch nicht unbedingt das Richtige, wenn man aufgrund einer solchen Hypothese Maßnahmen plant.

Zentralreduktionen sind verführerisch. Sie machen die Welt einfach, sie gaukeln dem Handelnden vor, daß er nur an einem Knopf drehen muß, um die Welt in Ordnung zu bringen. Und wenn eine solche Hypothese im Detail stimmt, verführt sie dazu, daß man sie beibehält und keine Versuche mehr unternimmt, sie zu verändern und zu erweitern. Die Richtigkeit im Detail verführt zum "Konservatismus"; man hat sein Bild von der Welt und weiß, daß es richtig ist.

2.3 Probleme mit Zeitabläufen

Wenn man nicht weiß, wie die Variablen eines Systems zusammenhängen, so kann man durch die Beobachtung des Verhaltens des Systems doch einiges über die Zusammenhänge erfahren. Man kann feststellen, daß diese Variable mit jener kovariiert, daß z. B. die Vermehrung der motorbetriebenen Tiefwasserbrunnen im Lande der Moros mit einer Verminderung der Ergiebigkeit der natürlichen Quellen einhergeht oder das Anwachsen der Rinderherde einhergeht mit einem Schwund der Grasfläche. Solche Feststellungen sind gute Ausgangspunkte für Hypothesenbildungen. Ausgehend von solchen Beobachtungen kann man sich Gedanken über die Ursachen der Zusammenhänge machen.

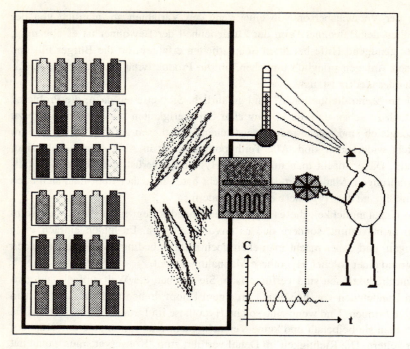

Abb.5. Das Kühlhaus.

Damit dies aber geschieht, muß man zunächst einmal ein Bild von den Veränderungen der Variablen des Systems in der Zeit bekommen. Mit der Feststellung von Entwicklungstendenzen haben aber Menschen Schwierigkeiten. Es fällt ihnen sehr schwer, die Charakteristika von Zeitabläufen zu erkennen. Dies zeigte sich deutlich in unserem "Kühlhausexperiment" (vgl. REICHERT/DÖRNER 1988).

Abb. 5 zeigt die Aufgabe, vor der die Versuchspersonen in diesem Experiment standen. Sie sollten die Temperatur in einem Kühlhaus für Molkereiprodukte auf einen bestimmten Stand bringen. Zu diesem Zwecke sollten sie den Sollwert des Klimaaggregats des Kühlhauses so einstellen, daß sich eine Temperatur von 4 Grad ergab. Die Schwierigkeit dieser Aufgabe lag darin, daß die Beziehungen zwischen Sollwert und Temperatur den Versuchspersonen vorenthalten wurden; die Versuchspersonen mußten diese Beziehung selbst ermitteln. In Abb. 5 haben wir die Beziehung zwischen der Temperatur innerhalb des Kühlhauses und dem Sollwert dargestellt; sie gleicht sich unter dem Einfluß des Klimaaggregates gedämpft sinusförmig an den jeweiligen Sollwert an. - Auch wußten die Versuchspersonen zunächst nicht, in welcher Beziehung die Sollwertskala (rechts auf Abb. 6) zur Temperaturskala (links auf Abb. 6) steht.

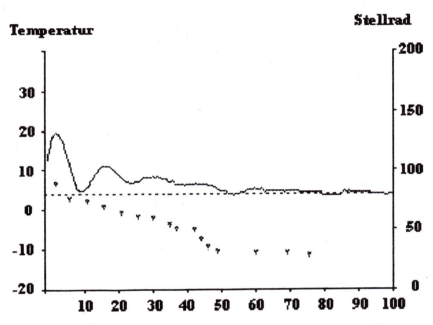

Abb. 6. Adäquates Verhalten im Kühlhaus-Problem. Verlauf der Temperatur (linke Skala) und Sollwerteinstellung (rechte Skala).

Abb. 6 zeigt ein fast optimales Verhalten bei diesem Problem. Die Versuchsperson beobachtete lange, bevor sie den Sollwert veränderte, reagierte also nicht auf die Einzelwerte der Temperaturkurve, sondern auf deren Niveau und "zog" den Sollwert langsam so herunter, daß die Temperaturkurve zum einen zur Ruhe kam und zum anderen den Zielwert von 4 Grad erreichte. An sich ist die Aufgabe sehr einfach. Unsere Versuchspersonen hatten aber im allgemeinen sehr große Schwierigkeiten damit. Sie reagierten auf die einzelnen Temperaturwerte und waren nicht in der Lage, die Gestalt der Bewegung der Temperatur in der Zeit zu erkennen. Oftmals versetzten sie durch ihr Eingriffsverhalten das System in viel stärkere Schwingungen, als wenn sie das System in Ruhe gelassen hätten. Ihr Eingreifen schadete eher, als daß es nützte.

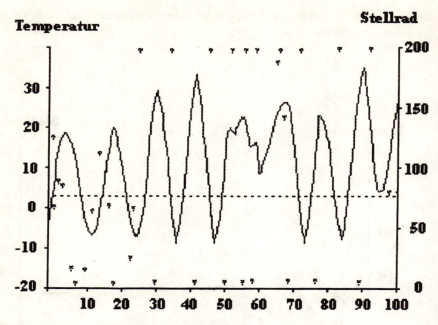

Abb. 7. Inadäquates aber "normales" Verhalten beim Kühlhaus-Problem.

Abb. 7 zeigt ein miserables aber nicht untypisches Verhalten bei diesem Problem. Die Versuchsperson reagierte ziemlich oft mit Sollwertveränderungen auf kleinste Temperaturänderungen; handelte also nicht - wie es richtig gewesen wäre - aufgrund des Temperaturniveaus über einen längeren Zeitraum hinweg, sondern aufgrund einzelner Temperaturwerte.

Es gelingt der Versuchsperson nicht, sich ein Bild von der Temperaturentwicklung in Abhängigkeit von den Sollwertveränderungen zu machen, und schließlich verfällt sie in ein ritualhaftes Hin- und Herschalten: Temperatur niedrig: Sollwert hoch! - Temperatur hoch: Sollwert niedrig!

Der einfache Grund für das schlechte Abschneiden der meisten Versuchspersonen bei dieser Aufgabe war die Tatsache, daß sie jeweils zu einem Zeitpunkt nur einen Temperaturwert wahrnehmen konnten. Die Temperaturen davor hatten sie längst vergessen, und so verhinderte das schlechte Gedächtnis ein effektives Steuerungsverhalten, da sie die verzögerte Reaktion der Temperatur auf die Sollwertveränderungen nicht erkennen konnten.

Nicht nur im Experiment zeigt sich die geringe Fähigkeit von Menschen, mit Zeitabläufen umzugehen. Abb. 8 zeigt die Entwicklung der Aids-Epidemie in der Bundesrepublik seit 1983. Die Ausbreitung von Aids folgt offensichtlich einem relativ einfachen Muster, und aufregende Veränderungen des Wachstums der Epidemie, Beschleunigungen oder Abbremsungen sucht man vergebens. - Wenn man aber nun die Presseberichte über die Ausbreitung über die letzten Jahre verfolgt, so findet man immer wieder Schlagzeilen wie: "Aids breitet sich nicht in dem Maße aus wie eigentlich befürchtet!" oder "Aidsentwicklung doch viel schneller als angenommen!".

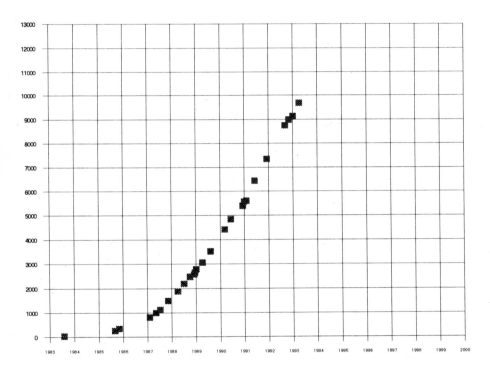

Abb. 8. Die Aids-Entwicklung in Deutschland seit 1983.

In einem Artikel des "Fränkischen Tages" (vom 06.04.1993) lese ich, daß das Bundesgesundheitsamt angegeben hätte, daß Aids nicht in dem Ausmaß zunehme "wie befürchtet". Dabei indiziert die in dem gleichen Artikel angegebene Zahl von 9.690 Aids-Kranken gegenüber der zum Jahresanfang genannten Zahl eher eine beschleunigte Entwicklung, wie man aus der Abb. 8 ersehen kann.

Bei den Stellungnahmen nicht nur der Journalisten scheint die "kleine" Zeitperspektive bedeutsam zu sein. Die einzelnen kleinen Schwankungen von Monat zu Monat oder von Halbjahr zu Halbjahr bewegen die Gemüter. Das Gesamtmuster bleibt verborgen, da die Zahlen vom letzten Jahr und vor zwei Jahren längst vergessen sind und daher nicht zu einem Gesamtbild der Entwicklung integriert werden können.

Die übliche Form, die Zukunft zu antizipieren, scheint eine mehr oder minder lineare Fortschreibung der Gegenwart bzw. der unmittelbaren Vergangenheit zu sein. Starke Beschleunigungen oder Abbremsungen, auch wenn sie eigentlich voraussehbar sind, und ganz besonders plötzliche Kehrtwendungen in der Entwicklung überraschen deshalb die Menschen gewöhnlich sehr. Das Morgen ist immer eine lineare Projektion des Heute. Ein gutes Beispiel dafür ist das nachfolgende Zitat aus einem Schulbuch: "Die Frage nach der Wiedervereinigung hat in jedem Falle hypothetischen, spekulativen Charakter. Folgende Feststellung kann als sicher gelten: Eine Wiedervereinigung wird es in absehbarer Zeit nicht geben" (GOEBEL 1990!).

2.4 Planen und Entscheiden

Hat man kein gutes Bild von der Realität, mit der man operieren muß, so wird auch eine darauf aufbauende Planungstätigkeit nicht sehr erfolgreich verlaufen können. Planen basiert darauf, daß man gute Informationen - oder zumindest doch gute Hypothesen über das Verhalten eines Systems hat. Ist das nicht der Fall, so wird es schwierig. Selbst aber mit guten Informationen bereitet das Planen vielen Menschen Schwierigkeiten. Die begrenzte Kapazität seines Gedächtnisses und die begrenzte Kapazität seines Bewußtseins verführen ihn dazu, nur wenige Informationen und dementsprechend nur wenige Entwicklungsmöglichkeiten in das Kalkül einzubeziehen.

Nicht untypisch für Menschen ist die "Rumpelstilzchen-Planung", also Planen nach der Devise "Heute back ich, morgen brau ich, übermorgen hol' ich der Königin ihr Kind!". Das Rumpelstilzchenplanen ist "dekonditionalisiert"; die Bedingungen, die gegeben sein müssen, damit eine Handlung gelingt, werden so wenig in Betracht gezogen, wie deren Folgen und Nebenwirkungen. So greift das Planen oft zu kurz.

2.5 Selbstkontrolle

Ungenügende Hypothesenbildungen, insuffizientes Planen, vorschnelle Entscheidungen, falsche Schwerpunktbildungen: all das wäre bedenklich genug. Tröstlich wäre es aber, wenn diese Tendenzen aufgehoben würden durch die Fähigkeit und das Bestreben, aus Fehlern zu lernen. Auch damit aber scheint es bei Menschen nicht allzuweit her zu sein. Gerade dann, wenn es darauf ankommt, wenn Menschen sich bei der Lösung eines Problems stark engagieren, wenn es für sie sehr wichtig ist, daß sie etwas bewirken können, ist wohl das Bedürfnis, das Gefühl zu haben, auf festem Boden zu stehen, sehr stark. Ungern werden Informationen zur Kenntnis genommen, die zeigen, daß die eigenen Hypothesen falsch waren, daß die Entscheidungen falsch waren, daß die Planungen unzureichend waren. Die Kenntnisnahme solcher Informationen würde ja eine Konfrontation mit der eigenen Inkompetenz bedeuten.

In einer Situation, in der man der Sicherheit bedarf, in der man das Gefühl braucht, daß man handeln kann, wird eine solche Konfrontation möglichst vermieden; wohl keineswegs bewußt. In einem Experiment von REITHER (1985) zeigte es sich, daß Menschen besonders dann, wenn sie in Krisensituationen geraten, überhaupt keinen Wert darauf legen, Mißerfolgsmeldungen zur Kenntnis zu nehmen. REITHER brachte seine Versuchspersonen in eine Situation, die der oben geschilderten Moro-Realität ähnlich war. Auch hier mußten die Versuchspersonen in einer computersimulierten Region der Sahel-Zone Entwicklungspolitik betreiben.

Im 10. "Jahr" der Entwicklung ereignete sich unvorhergesehenermaßen eine Krise; die Region der Dagus wurde von einer militärischen Invasion bedroht. Abb. 9 zeigt nun das Ausmaß, in dem die Versuchspersonen ihre Maßnahmen "kontrollierten", d h. nach der Entscheidung überprüften, welche Folgen die entsprechende Maßnahme mit sich bringt. Wenn also beschlossen wurde, 20 Tiefwasserbrunnen zu bohren, dann sollte man 1 oder 2 Jahre später überprüfen, wieviel zusätzliches Wasser dadurch zur Verfügung stand oder inwieweit diese Maßnahme den Grundwasserspiegel abgesenkt hat.

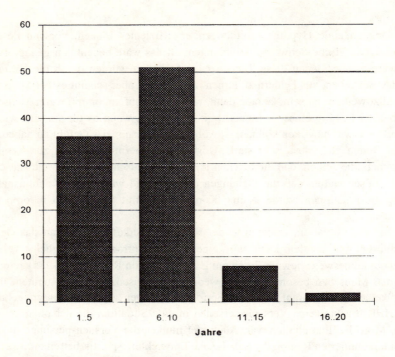

Abb. 9.   Ballistisches Handeln im REITHER-Experiment.

Wie man aus der Abb. 9 ersehen kann, kontrollieren die Versuchspersonen von REITHER in den ersten 10 Simulationsjahren knapp die Hälfte ihrer Maßnahmen; zunächst - zu Beginn des Experimentes weniger, dann mehr. Nach der Krisensituation aber, also nach dem 10. Jahr, verzichten die Versuchspersonen auf eine Kontrolle fast gänzlich. Sie "schießen" ihre Maßnahmen ab, ohne zu beobachten, wo der "Einschlag" erfolgt. Ihr Handeln wird "ballistisch"; sie verzichten darauf, ihre Maßnahmen nachzusteuern.

In dem Experiment von REITHER wurde die Kenntnisnahme möglicherweise negativer Rückmeldungen weitgehend vermieden. Wenn man aber negative Rückmeldungen zur Kenntnis nehmen muß, so ist es dennoch nicht nötig, daraus Konsequenzen zu ziehen. In unseren Experimenten konnten wir viele Mechanismen beobachten, mit deren Hilfe Versuchspersonen es vermieden, aus negativen Rückmeldungen Konsequenzen zu ziehen. Abb. 10 zeigt einige dieser Mechanismen.

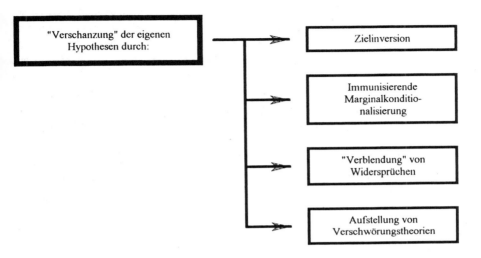

Abb. 10. Methoden zur Verschanzung der eigenen Hypothesen.

Wenn man z. B. sein Ziel nicht erreicht, so läßt sich das Ziel "invertieren"; das, was man nicht erreichen wollte, wird zum Ziel. Auf diese Art und Weise wird aus dem Mißerfolg ein Erfolg oder zumindest doch kein Fehlschlag. Wenn eine unserer Versuchspersonen in dem Moro-Experiment nach der Erzeugung einer Hungersnot zuerst betroffen, dann zynisch anmerkte: "Da sterben nur die Alten und Schwachen, und das ist gut für die Bevölkerungsstruktur!", so ist das ein allerdings schon sehr rüdes Beispiel einer Zielinversion.

"Immunisierende Marginalkonditionalisierung" ist zunächst einmal ein beeindruckendes Beispiel wissenschaftlicher Begriffsbildung. Es ist damit eine bestimmte Form der Verteidigung des eigenen Kompetenzempfindens gemeint. Man führt einen Fehlschlag auf bedauernswerte aber nicht bedeutsame - also "marginale" Umstände zurück, die man nicht beachten braucht, da sie wahrscheinlich doch nicht mehr wieder eintreten werden. Marginalien haben verhindert, daß man Erfolg hatte; sie werden nicht wieder eintreten, und daher kann man genau so fortfahren wie bislang.

Man kann den Widerspruch zwischen dem, was man erreichen wollte und dem, was man erreicht hat, auch zudecken, indem man die Widersprüche begrifflich "verkleistert". In einem unserer Experimente mußten Gruppen von jeweils drei

Versuchspersonen die Geschicke eines (computersimulierten) Staates leiten. Der Staat geriet in außenpolitische Bedrängnis und außerdem in eine ökonomische Krise, deren Folge ein hoher Grad an Arbeitslosigkeit war. Eine der Versuchspersonen kam auf die Idee, die allgemeine Wehrpflicht einzuführen, um auf diese Weise auf der einen Seite der außenpolitischen Bedrohung besser widerstehen zu können und auf der anderen Seite die Arbeitslosigkeit zu bekämpfen. Bei dieser Versuchsperson handelte es sich nun ausgerechnet um eine Person, die vorher in dem Experiment aus ihrer pazifistischen Grundhaltung keinen Hehl gemacht hatte und strikt gegen jede "militaristische" Maßnahme gewesen war. - Was tut man in einem solchen Konflikt zwischen Weltauffassung und empfundener Notwendigkeit? Man führt die "Freiwillige Wehrpflicht" ein ("das müssen die einsehen!"), vereint so das Unvereinbare und braucht sich um den Widerspruch nicht weiter zu kümmern.

Alle diese Mechanismen verhindern, daß man das tut, was eigentlich das Richtige wäre, nämlich, daß man sich Gedanken macht über die Gründe, warum der Fehlschlag eingetreten ist, warum Maßnahmen nicht denjenigen Zustand herbeigeführt haben, den man erwünschte, warum sich die eigene Weltanschauung nicht in konkretes Handeln umsetzen läßt.

Sehr häufig sind auch "Verschwörungstheorien". "Ihr habt das ja absichtlich so programmiert, daß man mit dem Problem nicht zurechtkommen kann!" Man will das Beste, kann es "eigentlich" auch, aber andere haben es einem "vermurkst". Und das konnte man leider nicht voraussehen. - Wer dächte da nicht an die "Juden, Jesuiten und Freimaurer", die dem "unbesiegten" deutschen Heer im 1. Weltkrieg den "Dolch in den Rücken" stießen?

3   Die Ursachen

Wir haben nun eine ganze Reihe von Formen des Mißlingens beim Umgang mit komplexen und dynamischen Systemen kennengelernt. Fragt man sich nun nach den Gründen für alle diese Handlungstendenzen, so enthüllt sich unseres Erachtens eine "Logik", die einfach, fast banal ist. Vier Charakteristika der Informationsverarbeitungsmaschinerie "menschlicher Geist" sind vor allem für die Fehlformen des Umgangs mit komplexen Systemen verantwortlich zu machen, nämlich
1.   Langsamkeit und geringe Kapazität des bewußten Denkens,
2.   Tendenzen zum Schutz des Kompetenzgefühls,
3.   Übergewicht der "aktuellen" Probleme und
4.   Vergessen.

Auf diese vier Ursachen wollen wir nun der Reihe nach eingehen: Der Mensch ist ein bemerkenswert leistungsfähiges Informationsverarbeitungssystem, wenn die Handlungen, die er auszuführen hat, hoch eingeübt und hoch automatisiert sind. Die "informationellen" Leistungen eines Autofahrers im Gewühl des Großstadtverkehrs sind wahrhaft bewundernswert. Das bewußte Denken von Menschen aber ist langsam und kann nur wenige Informationseinheiten zugleich behandeln. Daraus ergeben sich nach unserer Meinung mehr oder minder unbewußt "Ökonomietendenzen". Diese Ökonomietendenzen treten z. B. in der Form des "Rumpelstilzchen-Planens" auf, in der die zu betrachtende Informationsmenge durch "Dekonditionalisierung" und Weglassen der Analyse von Neben- und Fernwirkungen in handhabbare Form gebracht wird. Weiterhin zeigen sich Ökonomietendenzen in der "Zentralreduktion" beim Hypothesenbilden.

Die Tendenz zum Schutz des eigenen Kompetenzgefühls zeigt sich z. B. im "ballistischen" Handeln oder in allen "Verschanzungstendenzen", auf die wir im Abschnitt 2.5 eingegangen sind.

"Überwertigkeit des aktuellen Problems" bedeutet, daß diejenigen Probleme, die im Moment vorhanden sind, zukünftige Probleme selbst dann besiegen, wenn diese viel bedeutsamer sind als die aktuellen. Menschen leiden unter den Problemen, die sie haben, nicht unter denen, die sie (noch) nicht haben. Dies ist sehr banal und sehr verhaltenswirksam. Es verhindert in großem Maße, daß Menschen Vorsorge treffen. Das zukünftige Leiden ist abstrakt, das konkrete ist aber spürbar. Und selbst wenn das zukünftig zu erwartende Leid viel schwerer ist als das gegenwärtige; die gegenwärtigen Mißstände werden behoben, selbst wenn das auf Kosten einer Vergrößerung der zukünftigen Mißstände geht. Die Überwertigkeit des aktuellen Problems führt zu falschen Schwerpunktsetzungen, führt dazu, daß man Nebenwirkungen und Folgen, auch wenn man sie beachtet, eher gering schätzt.

Und schließlich spielt Vergessen eine große Rolle. Das schlichte einfache Vergessen, die Tatsache, daß die Dinge, kaum daß sie nicht mehr Gegenwart sind, undeutlich werden und wie hinter Milchglas verschwimmen, hindert uns daran, adäquate Vorstellungen über Zeitabläufe zu entwickeln. Wir leben in der Gegenwart und weniger in der Vergangenheit und der Zukunft. Tendenziell führen wir eine Punktexistenz. Der Fluß der Zeit ist uns als Fluß bewußt, wir tun uns aber schwer daran, seine Gestalt zu erkennen. Wir haben das, was gerade war, schon fast vergessen, und das hindert uns daran, die Gestalt zeitlicher Abläufe zu erkennen.

4 Abhilfen?

Die Fehler, die Menschen beim Umgang mit Unbestimmtheit und Komplexität machen, haben Ursachen, die wir gerade dargestellt haben. Diese Ursachen müssen aber nicht notwendigerweise die Folgen haben, die wir in diesem Artikel dargestellt haben. Man kann sich auch anders verhalten. Nur: wir lernen es nicht! Unsere gewöhnlichen täglichen Verrichtungen sind nicht mit Zeitverzögerungen oder bedeutsamen Fern- und Nebenwirkungen behaftet. Stellen wir die Herdplatte an, so erhitzt sie sich sofort, drehen wir den Wasserhahn auf, so kommt sofort Wasser heraus und nicht erst nach 5 Stunden mit sinusförmigen Druckschwankungen.

Daher tendieren wir dazu, mit komplexen zeitabhängigen Problemen so umzugehen, als wären die Probleme dem Eierkochen verwandt oder dem Händewaschen. Wenn wir die Zukunft linear extrapolierend prognostizieren, so stimmt das meistens. Wenn ich annehme, daß es gleich immer noch regnen wird, da es jetzt regnet, so stimmt dies meist. Wenn ich annehme, daß es jetzt um 5 Uhr nachmittags noch etwas heller ist als es um 5:15 oder um 5:30 sein wird, so stimmt das. Die lineare Fortschreibung von Trends ist für den Alltag so brauchbar wie unbrauchbar als Methode, um die Entwicklung von Systemen über längere Strecken vorauszusagen. Aber die Methode der linearen Extrapolation wird durch den tagtäglichen Erfolg, den man mit derartigen Prognosen erzielt, verstärkt.

Wir lernen im Alltag, daß es vernünftig ist, sich auf eine Sache zu konzentrieren und das Umfeld außer acht lassen. Auf diese Weise erwerben wir die Tendenz, außer acht zu lassen, daß man in komplexen Systemen niemals nur eine Sache machen kann, sondern daß man, ob man das will oder nicht, immer mehrere Dinge zugleich macht. Bohre ich Tiefwasserbrunnen für die Moros, so verbessere ich eben nicht nur die Wasserversorgung.

In vielen Bereichen werde ich Erfolg damit haben, wenn ich ähnliche Dinge ähnlich behandle. Das aber wird mich dazu bringen, diese Regel immer anzuwenden, auch dann, wenn sie grundfalsch ist. In komplexen Handlungsbereichen kann es nämlich vernünftig sein, sehr ähnliche Situationen sehr verschieden zu behandeln. Wenn man z. B. einen Waldbrand zu bekämpfen hat, kann es vernünftig sein, eine Feuerfront frontal zu bekämpfen. Eine geringfügige Änderung der Situation, z. B. eine geringe Zunahme der Windstärke, kann es erforderlich machen, radikal andere Methoden der Feuerbekämpfung zu wählen, also z. B. statt der Front die Flanken zu bekämpfen, da die Kapazität der Löschfahrzeuge, die bei Windstärke 3 noch gerade eben für eine frontale Bekämpfung hinreichend wäre, bei Windstärke 4 nicht mehr hinreichend ist.

Beim Handeln in komplexen Situationen ist es also manchmal erforderlich, "das Steuer herumzureißen", also bei geringfügigen Änderungen der Situation seine Strategien in hohem Ausmaß zu ändern. Der Handelnde muß sich "bifurkativ" ("gabelnd") im Sinne der Chaostheorie verhalten. (In den von der Chaostheorie betrachteten formalen Systemen kommt es vor, daß winzige Unterschiede in den Parametern gewaltige Unterschiede in den nachfolgenden Entwicklungen bedingen [vgl. z. B. BRIGGS/PEAT 1990, S.80ff.]. Komplexe Systeme haben oft "Chaoscharakter", und der Handelnde muß sich in der Wahl seiner Strategien darauf einstellen können.)

Kann man es lernen, vernünftiger mit komplexen und unbestimmten Systemen umzugehen? Sicherlich nicht in Alltagssituationen, in denen diejenigen Formen des Denkens, die sich bei komplexen und dynamischen Systemen als verheerend erweisen, erfolgreich sind. Wenn man aber lange genug mit komplexen dynamischen Situationen umgeht, kann man durchaus allgemeine Strategien erwerben, die solchen Systemen angemessen sind. Dies zeigte sich deutlich in einer Untersuchung von SCHAUB/STROHSCHNEIDER (1992). Die beiden Autoren ließen erfahrene Manager von Industriefirmen in Deutschland und der Schweiz das Moro-Problem behandeln und verglichen Erfolg und Verhalten der Manager mit dem Verhalten von Studenten. Es erwies sich dabei, daß die Manager deutlich erfolgreicher waren als die Studenten. Der größere Erfolg ließ sich nicht auf ein besseres Fachwissen zurückführen, sondern darauf, daß die Manager allgemein über bessere Strategien für den Umgang mit Unbestimmtheit und Komplexität verfügten. Abb. 11 zeigt ein Beispiel dafür.

Während die Studenten im Durchschnitt etwa 15 Fragen nach ihrem vergangenen Verhalten stellten ("Wieviele Brunnen habe ich eigentlich im Jahre 5 gebohrt?"), waren es bei den Managern nur etwas mehr als die Hälfte, nämlich ungefähr 8. Die Manager hatten also einen viel besseren Überblick über den vergangenen Fluß der Ereignisse. Ähnliche Unterschiede zeigten sich auch in anderer Hinsicht; die Manager verwendeten z. B. viel mehr Zeit auf die Zielelaboration als die Studenten.

Offensichtlich kann man also den adäquaten Umgang mit Unbestimmtheit und Komplexität lernen. Braucht man aber dafür eine 20jährige Berufserfahrung in Führungspositionen von Industrie und Handel? Das wäre ein hoher Preis!

Vielleicht lassen sich doch auch andere Methoden verwenden. Wir können heute komplexe, dynamische Systeme auf dem Rechner simulieren, und wir können das Verhalten in Unbestimmtheit an solchen Rechnermodellen von Realitäten üben lassen. Wir können Versuchspersonen im Zeitraffer zeigen, welche verheerenden Folgen die Nichtbeachtung von Nebenwirkungen haben kann und wie schlimm es ist, sich kein adäquates Bild über das Zeitverhalten von Systemen zu verschaffen.

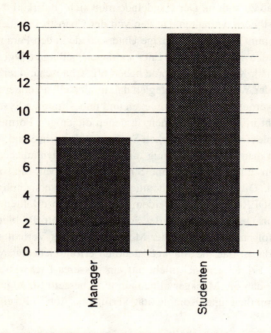

Abb. 11. Durchschnittliche Anzahl der Fragen, die das eigene, vergangene Verhalten betrafen, in dem SCHAUB-STROHSCHNEIDER-Experiment.

Wir können ihnen zeigen, daß lineare Extrapolation nur auf kurze Strecken angemessen sind, und wir können demonstrieren, daß es sehr schwerwiegende Folgen hat, wenn man die Augen vor den eigenen Mißerfolgen verschließt, indem man Ziele "invertiert", Mißerfolge "marginal konditionalisiert" oder die Folgen einer Handlung überhaupt nicht kontrolliert.

Ich glaube daher, daß es sehr vernünftig wäre, den Umgang mit komplexen Systemen, den Umgang mit Problemen in Politik, in der Ökologie, in der Wirtschaft anhand von Computersimulationen zu üben. Jenseits spezifischer Berufserfahrungen scheint mir dies das einzige Mittel zu sein, Menschen ein Gefühl für das angemessene Verhalten bei der Konfrontation mit Unbestimmtheit und Komplexität zu verschaffen.

5 Literatur

BRIGGS, J. und F.D. PEAT (1990): Die Entdeckung des Chaos. - München

DÖRNER, D. (1980): On the Difficulties People have in Dealing with Complexity in: Simulation & Games 11, S.87-106

DÖRNER, D. (1989): Die Logik des Mißlingens. - Reinbek bei Hamburg

DÖRNER, D./H.W. KREUZIG/F. REITHER und Th. STÄUDEL (Hrsg.) (1983): Lohhausen: Vom Umgang mit Unbestimmtheit und Komplexität. - Bern

DÖRNER, D. und F. REITHER (1979): Über das Problemlösen in sehr komplexen Realitätsbereichen in: Zeitschrift für experimentelle und angewandte Psychologie 25, S.527-551

GOEBEL, W. (1990): Abiturwissen - Deutschland nach 1945. - Stuttgart

REICHERT, U. und D. DÖRNER (1988): Heurismen beim Umgang mit einem "einfachen" dynamischen System in: Sprache & Kognition 7, S.12-24

REITHER, F. (1985): Wertorientierung in komplexen Entscheidungssituationen in: Sprache & Kognition 4/1, S.21-27

SCHAUB, H. und S. STROHSCHNEIDER (1992): Die Auswirkungen unterschiedlicher Problemlöseerfahrung auf den Umgang mit einem unbekannten, komplexen Problem in: Zeitschrift für Arbeits- und Organisationspsychologie 36, S.117-126

Theologische Perspektiven der Umweltkrise

Martin Honecker (Bonn)

1 Einleitung

Die Formulierung "theologische Perspektiven der Umweltkrise" kann sehr eng in dem Sinne verstanden werden, als ob danach zu fragen wäre, welchen Beitrag die theologische Fachwisssenschaft zur ökologischen Fragestellung leisten kann. Es wird sich im folgenden jedoch zeigen, daß der Begriff "theologisch" in diesem Zusammenhang strittig ist. Gemeint ist vielmehr die religiöse Dimension insgesamt, und, da Religion Teil einer Kultur ist, der Beitrag christlich-kultureller Tradition zum Verständnis der Umwelt. Jede Religion enthält Aussagen über die Welt, im Sinne der Gesamtheit der Kräfte; Dinge und Lebewesen, die als Kosmos, als "All" einer in Einheit begegnenden Vielfalt erfahren werden. Die diese Gesamtheit thematisierende Fragestellung religiöser Weltanschauung nennt man Schöpfungsvorstellungen.

Schöpfungsvorstellungen enthalten Weltbilder, mit deren Hilfe Räume und Elemente, Himmel, Erde, Meer, Unterwelt einander sowie Mensch und Kosmos zugeordnet werden. Als Urheber dieser Welt gilt eine Gottheit. Schöpfungsmythen oder Schöpfungsberichte erzählen die Weltentstehung in Form von Kosmogonien. Solche Schöpfungsmythen sind sehr verschieden. Der Sinn solcher Mythen ist es, den Bestand von Welt als sinnvoll zu erklären, den Standort des Menschen in der Welt und die Einwirkung der Umwelt auf den Menschen zu bestimmen und damit eine Grundeinstellung des Menschen zur Mitwelt zu vermitteln. Aussagen über Ursprung und Ziel der Welt sollen also nicht nur ein Wissen, ein Weltverständnis erschließen, sondern zugleich das Weltverhalten des Menschen steuern. Ob solche Kosmogonien weltbejahend oder weltverneinend sind, ob sie dualistisch einen Kampf der Schöpfungsordnung gegen eine bedrohliche Chaosmacht beschreiben, mit der Folge eines prinzipiellen Gegensatzes von Geist und Materie, oder monistisch ein Einssein von Gott, Welt und Mensch voraussetzen und bekräftigen, ob sie die Verderbtheit und Verfallenheit der Welt - wie im gnostischen Mythos und im Manichäismus - verkünden oder ob sie naturalistisch die Integrität einer heilen Welt zum Ausdruck bringen - diese Weltsicht prägt in jedem Fall die praktische Weltorientierung. Schöpfungsberichte enthalten deshalb nicht nur narrative und mythische Aspekte, sondern haben immer auch ethische Bedeutung. Wenn im folgenden das Verständnis der Schöpfung in der biblischen Tradition, welche Juden und Christen gemeinsam ist, und aus der Sicht christlicher Theologie erörtert werden soll, dann muß man sich dieses übergreifenden religiösen Hintergrundes bewußt sein. Die Leitfrage wird damit sein, ob der christliche Schöpfungsglaube orientierende Bedeutung für den menschlichen Umgang mit der nicht-menschlichen Umwelt hat, und in diesem Sinne lautet die Frage also: Gibt es theologische Perspektiven, von denen Licht auf die Umweltkrise fallen könnte? Dabei gehe ich aus von der Formel "Bewahrung der Schöpfung", wie sie im konziliaren Prozeß üblich wurde.

Begrifflich ist ferner zu unterscheiden zwischen Natur und Schöpfung. Natur bezeichnet etwas unabdingbar Vorgegebenes. Was Natur jeweils meint, wird freilich erst am Gegenbegriff zureichend klar. Gegenbegriff kann sein: Vernunft oder Freiheit oder Gnade oder Geschichte oder (bei der Gegenüberstellung von Natur und Technik) das natürlich Gewordene und das künstlich Hergestellte. Das Wort Schöpfung enthält im Unterschied zu Natur einen religiösen Bezug, etwa mit der Unterscheidung von Schöpfer und Geschöpf, Schöpfung. Die Formulierung "Bewahrung der Schöpfung" ist daher theologisch oder religiös zu deuten. An den Anfang gestellt sei daher die kirchliche Debatte.

2 Die Formel "Bewahrung der Schöpfung" im konziliaren Prozeß (KIRCHENAMT DER EVANGELISCHEN KIRCHE IN DEUTSCHLAND 1989; anonym 1987; DUCHROW/LIEDKE 1988)

Der "ökologische Schock" richtete seit 1970 den Blick auf die Bedeutung des biologischen Faktums Natur und auf die Lehrtradition der Schöpfungslehre.

Carl Friedrich von WEIZSÄCKER hat 1985 auf dem Düsseldorfer Kirchentag angesichts der Gefahr eines Atomkrieges ein Friedenskonzil aller Kirchen gefordert. Dabei berief er sich auf Dietrich BONHOEFFER als Vorbild. Der Konzilsgedanke als solcher wurde rasch ad acta gelegt, allein schon aufgrund kirchenrechtlicher Einwände. In der katholischen und der ostkirchlichen Lehre ist nämlich ein Konzil eine Bischofsversammlung. Außerdem werden Konzile zwar weltweit einberufen, sind also in diesem Sinne "ökumenisch", aber sie sind in der Geschichte keine interkonfessionellen ökumenischen Veranstaltungen gewesen. C. F. von WEIZSÄCKER dachte ferner an eine Teilnahme von Laien, Experten und Betroffenen, also an eine umfassende Versammlung. An die Stelle des Begriffs "Friedenskonzil" trat deshalb der unbestimmte Gedanke eines konziliaren Prozesses. Die Entwicklungsländer machten jedoch sogleich geltend, daß im Süden nicht die Bedrohung des

Weltfriedens durch den atomaren Krieg, sondern der Welthunger und die Weltarmut das größte Problem darstellen. Dann wurde das Leitmotiv "Gerechtigkeit" hinzugenommen und sogar an die erste Stelle der Aufgaben gesetzt. Weil schließlich die Umweltzerstörung wirtschaftliche Konsequenzen hat und den Weltfrieden gefährdet, kam als 3. Leitbegriff die "Bewahrung der Schöpfung", englisch "integrity of creation" hinzu. Zu diesem Begriff ist sogleich noch etwas zu sagen. Bei den Leitbegriffen fehlt freilich auffallenderweise das Wort Freiheit. Es kann durchaus einen Zwangsfrieden ohne Freiheit geben, wohingegen das Ziel doch immer ein Friede in Freiheit, also unter Achtung der Grundfreiheiten der Person sein muß.

Von den drei Leitbegriffen am weitesten entfaltet war und ist das Verständnis von Frieden. Unter dem Oberbegriff Gerechtigkeit werden hingegen ganz unterschiedliche Fragen zusammengefaßt. Die Erklärung von Stuttgart der Arbeitsgemeinschaft christlicher Kirchen in der Bundesrepublik Deutschland und Berlin (West) vom 22. Oktober 1988 faßt darunter: Die internationale Solidarität (kirchliche Entwicklungszusammenarbeit, Entwicklungspolitik, Schuldenkrise, Rassismus, Rüstungsexport), die Solidarität im eigenen Land (die "Fremden", ausländische Mitbürger und Mitbürgerinnen, Flüchtlinge, Aussiedler und das Problem der Arbeitslosigkeit) und schließlich die Gemeinschaft von Männern und Frauen. Dies ist eine bloße Aufzählung von Themen und Problemen. Noch disparater ist freilich der Themenkatalog unter der Überschrift "Bewahrung der Schöpfung". Ausgangspunkt ist der biblische Schöpfungsgedanke und der Schöpfungsauftrag an den Menschen, verantwortlich mit der Umwelt umzugehen. Zwei Schwerpunkte werden besonders herausgestellt: "Der Schutz des Lebens" und "Der Umgang mit Ressourcen". Unter dem "Schutz des Lebens" werden Eingriffe in das Erbgut, Eingriffe in das menschliche Leben, Abtreibung, Sterbebegleitung und Euthanasie, Arten- und Tierschutz erörtert. Der "Umgang mit Ressourcen" behandelt drei Probleme: a) Das zentrale Problem: Energie. Ein wichtiger Aspekt ist dabei die Nutzung der Kernenergie. b) Müll- und Umweltschadstoffe. c) Verkehrswesen. Bereits diese bloße Aufzählung verdeutlicht das breite Spektrum der Themen, das unter dem Oberbegriff "Bewahrung der Schöpfung" gestellt und diskutiert wird.

Die Europäische Ökumenische Versammlung "Friede und Gerechtigkeit" vom 15.-21. Mai 1989 in Basel hat das Thema "Europa" in den Mittelpunkt gestellt und die Aufgabe betont, die europäische Teilung zu überwinden - Basel fand vor dem Herbst 1989 statt - und ein gemeinsames europäisches Haus zu bauen. Die Bedrohung der Umwelt wird in diesem Zusammenhang kurz gestreift durch den Hinweis auf die Ausrottung tausender von Tier- und Pflanzenarten und die Risiken durch Energieverbrauch und Umweltverschmutzung. Die Umweltkrise kommt in Basel nur als eine der Rahmenbedingungen der Gefährdungen Europas und der Zukunft in Blick.

Während an den Versammlungen in Stuttgart und Basel sich die Katholische Kirche in aktiver Mitarbeit beteiligte, nahm sie an der Weltversammlung in Seoul/Korea vom 6. bis 12. März 1990 nicht teil, sondern war nur durch Beobachter vertreten. Das Schlußdokument der Weltversammlung von Seoul ist als solches unfertig. Das Ergebnis und der Ertrag bleiben unscharf. Seoul war sogar nicht an Ergebnissen interessiert, sondern hob lediglich auf den Prozeß des Zusammenkommens und des Austauschens ab. Bereits die Vorbereitung war unzulänglich. Im Vorbereitungsmaterial wurden drei Informationsdokumente zu den drei Leitbegriffen den Teilnehmern zugestellt: 1. Weltwirtschaft und Schuldenkrise. 2. Die Entmilitarisierung der internationalen Beziehungen. 3. Die globale Erderwärmung. Die Versammlung in Seoul machte von den Sachinformationen kaum Gebrauch. Übrig blieb ein Appell an die Christen, für die Erhaltung der Erdatmosphäre und damit für die Überlebensfähigkeit der Welt sich einzusetzen. Im Mittelpunkt stand vielmehr der Protest gegen ein ungerechtes Weltwirtschaftssystem und ein Bundesschluß der Teilnehmer, in dem sie sich zum Kampf gegen alle Ungerechtigkeit verpflichten, vor allem sich verpflichten, an die Seite der Armen zu treten. Die Bekräftigungen, daß Gott die Schöpfung liebt und daß die Erde Gott gehört, sind ganz allgemein, rein deklaratorisch und rhetorisch gehalten. Eine Reflexion darauf, was "Bewahrung der Schöpfung" eigentlich inhaltlich überhaupt bedeuten könnte, findet sich nicht. Seoul brachte faktisch das Ende des Versuches, in einem weltweiten konziliaren Prozeß sich auf sozialethische Inhalte zu verständigen. Es blieb beim Vorgang eines Prozesses.

Die Ursachen, daß dieser Prozeß konziliarer Willensbildung so ergebnislos endete, sind mannigfacher Art. Gewiß war Seoul unzulänglich vorbereitet; die Kenntnisse und Voraussetzungen der Teilnehmer waren zu unterschiedlich, als daß es überhaupt zu einem Konsens kommen konnte. Die Teilnehmer aus den verschiedenen Erdteilen, aus Industrie- und Entwicklungsländern gingen von zu unterschiedlichen Fragestellungen und Standpunkten aus. Das Mißlingen hatte freilich auch sachliche Ursachen. Drei solcher Ursachen seien kurz angesprochen.

(1) Das Verhältnis von Sachkenntnis und theologischer Überzeugung ist in der ökumenischen Diskussion immer noch ungeklärt. Die Gefährdungen des Weltfriedens, ungerechte Zustände in der Weltwirtschaft und in einer Gesellschaft sowie die Umweltkrise betreffen und bedrohen jeden Menschen. Sie stellen vor Aufgaben humaner und vernünftiger Lösungen. Im Blick auf Naturbeherrschung und Bewahrung der Schöpfung werden beispielsweise C. F. von WEIZSÄCKERs Anregungen diskutiert unter dem Gesichtspunkt der Fehlerfreundlichkeit in der Technik (von WEIZSÄCKER/von WEIZSÄCKER 1987), des Haushaltens (ALTNER 1987), des Umgangs mit Technik (RADAJ 1987) sowie der Entsprechung von natürlicher und technischer Evolution. Der richtige, ethisch verantwortbare Umgang mit Technik und Wissenschaft ist somit eine allgemeinmenschliche, eine vernünftige Aufgabe. Ob man an die Nutzung der Kernenergie, die Bio- und Gentechnik, die ökologischen Belastungen und sogar an den Tierschutz denkt - dies alles sind allgemein ethische Themen. Welchen Beitrag zur Lösung der ethischen Aufgabe spezifische, religiöse und theologische Gesichtspunkte leisten können, ist strittig und offen. Man kann sogar kritisch anfragen, ob nicht dabei theologische Aussagen nur der ideologischen

Bestätigung und Verstärkung auch ansonsten vertretener Forderungen dienen und ob sie überhaupt einen eigenen Gesichtspunkt, eine Orientierung einbringen. Auf der anderen Seite ist aber ebenso unverkennbar, daß es eine religiöse, weltanschauliche und kulturelle Grundlage jeder Weltorientierung gibt. Aber man müßte doch wohl zwischen einer religiösen Grundlegung oder übergreifenden Perspektive und einzelnen, konkreten Handlungsvorschlägen, Imperativen unterscheiden. Die Erklärungen im konziliaren Prozeß gleichen in ihrer Sammlung von Einzelempfehlungen aber eher einer Summe oder einem Katalog von Forderungen. Welche theologische und kirchliche Verbindlichkeit können freilich derartige Kataloge von Empfehlungen haben?

(2) Damit sind wir bei einem weiteren strittigen Punkt, nämlich der Frage nach der Aufgabe und Rolle der Kirche angesichts der Umweltkrise. Im konziliaren Prozeß stehen sich zwei Auffassungen vom kirchlichen Auftrag konträr gegenüber. Die friedenskirchliche oder befreiungskirchliche Auffassung fordert den nachdrücklichen prophetischen Protest. Die Aufgabe der Kirche sei es, so wird gefordert, zu mahnen, zu warnen, zu kritisieren. Sie soll Anwalt der Armen, der Leidenden, der Unterdrückten sein. Ein derartiger Protest ist zwar immer wieder notwendig. Aber kann prophetische Warnung oder religiöse Besinnung Lösungen für Sachfragen leisten? Die großkirchliche oder volkskirchliche Auffassung verweist deshalb als Gegenposition auf den Bildungsauftrag der Kirche und darauf, daß sie einen Gesprächsraum für den Dialog zwischen gegensätzlichen Überzeugungen, Interessen und Beurteilungen anbieten und schaffen sollte. Die Kirche kann dann nicht in einer Art Ersatzvornahme anstelle der Politik handeln. Sie hat überdies kein politisches Mandat zur Weltordnung. Sie kann sich aber als Dialogpartner mit einsehbaren und überprüfbaren Argumenten am allgemeinen Prozeß der Willensbildung beteiligen. Dabei geht es dann wegen sehr komplexer Sachverhalte um die Findung der relativ besten oder besseren Lösung, nicht um absolute Richtigkeiten. Der Beitrag der Kirche kann folglich, auch im Blick auf die Verantwortung in der Umweltkrise, immer nur ein begrenzter sein. Als dieser begrenzte Beitrag ist er aber notwendig.

(3) Damit komme ich zur Interpretation des Begriffs "Bewahrung der Schöpfung" oder "integrity of creation". Geläufig sind gegenwärtig auch Formeln wie "Frieden in der Schöpfung", "Versöhnung mit der Natur", "Frieden mit der Natur" und "Schöpfungsgemeinschaft" (GRAF 1990, S.219). Die Formeln als solche sind zweideutig. Sollte mit Bewahrung oder Integrität die vollständige Unantastbarkeit der Natur gemeint sein, so wäre die Konsequenz ein Programm der Naturwüchsigkeit. Jeden Eingriff in die Umwelt ablehnen zu wollen, wäre freilich illusorisch. Der Mensch hat nach 1. Mose 1,26-28 den Auftrag zum dominium terrae; "Macht euch die Erde untertan", und er darf in die nichtmenschliche Schöpfung eingreifen; allerdings sollte dies verantwortungsvoll, behutsam, rechenschaftspflichtig erfolgen. Wesentlich gewichtiger noch ist ein anderer Einwand. Nach klassischer theologischer Lehre ist die Bewahrung der Schöpfung insgesamt, die conservatio mundi, Sache der Fürsorge Gottes. Dabei bedient sich Gott zwar menschlichen

Handelns. Aber die Gesamtheit alles Geschaffenen untersteht allein Gottes Fürsorge und liegt nicht in der Hand des Menschen. Und wenn man die "Zerstörung der Schöpfung", also den Weltuntergang für eine menschliche Möglichkeit hält, dann hält man, zumindest nach der Einsicht des christlichen Glaubens, die Schöpfung für gottverlassen und versteht die Welt ohne Gott (GRAF 1990, S.220; vgl. RENDTORFF 1991, S.140). Man bestreitet dann Gottes Fürsorge, Vorsehung. Die "conservatio mundi" sollte somit keine Aussagen über die Fähigkeit des Menschen machen, die Schöpfung entweder zu bewahren oder eben auch zerstören zu können. Wer meint, die Anklage der Zerstörung der Schöpfung zum kirchlichen Leitthema erheben zu müssen, der verfällt dabei einer "gott- und glaubenslosen Uneinsichtigkeit" und damit dem Gericht. "Die ökologische Krise wird zum endzeitlichen Tribunal" (RENDTORFF 1991, S.140). Die Rede von der "Bewahrung der Schöpfung" mit ihrer Kehrseite der "Zerstörung der Schöpfung" ist theologisch somit fragwürdig. Schöpfung ist nämlich eine Bekenntnisaussage, die man ohne Anerkennung des Schöpfers überhaupt nicht durchhalten und begründen kann. Deshalb sollten Politiker sehr wohl überlegen, was sie meinen, wenn sie das sinnvolle Staatsziel Umweltschutz emphatisch in die Verfassung mit der Formulierung "Verantwortung für die Schöpfung" einbringen wollen. Wissen sie denn eigentlich, was sie damit aussagen? Und kann man im religiös neutralen Staat verfassungsrechtlich von Schöpfung sprechen, ohne dabei nur eine "Leerformel" zu gebrauchen. Denn was heißt Schöpfung? Zutreffend ist nämlich die Feststellung: "Die Geschichte neuzeitlicher Theologie läßt erkennen: kaum ein anderer Gehalt theologischer Dogmatik ist so ideologieanfällig wie der der Schöpfung" (GRAF 1990, S.206). Deshalb ist nunmehr eine dogmatische Grundlagenreflexion erforderlich.

3 Was heißt Schöpfung

In der evangelischen Theologie der Gegenwart besteht derzeit kein Einverständnis im Blick auf das Schöpfungsverständnis. Der Philosoph Johann Gottlieb FICHTE faßte zu Beginn des 19. Jahrhunderts die Verlegenheit in Worte, wenn er erklärt, "die Annahme einer Schöpfung" sei "der absolute Grundirrtum aller falschen Metaphysik und Religionslehre". "Eine Schöpfung läßt sich gar nicht ordentlich denken ... und es hat noch nie irgendein Mensch sie also gedacht. Insbesondere ist in Beziehung auf die Religionslehre das Setzen einer Schöpfung das erste Kriterium der Falschheit, das Ableugnen einer solchen ... das erste Kriterium der Wahrheit dieser Religionslehre." (FICHTE 1923, S.191). Der idealistische Philosoph FICHTE war davon überzeugt, daß spekulatives Denken nie den Gedanken eines Ursprungs denken könne. Da die Idee eines Weltursprungs nie widerspruchsfrei zu denken sei, bleibt sie folglich für philosophisches Denken eine Aporie. Die naturwissenschaftliche Erklärung der Weltentstehung und die tradierte christliche Schöpfungstheologie treten in der Neuzeit zueinander in Spannungen, ja in Gegensatz. Spätestens seit Charles DARWIN (1809-1882) die Evolutionstheorie formulierte, besteht zwischen christlichem Glauben und naturwissenschaftlichem Denken ein Konkurrenzverhältnis. Auf diese Evolutionstheorie reagierte daher die Theologie zunächst durchweg apologetisch. Je nach dem, wie man dieses Konkurrenzverhältnis deutet, bilden sich unterschiedliche Modelle der Zuordnung von theologischer und naturwissenschaftlicher Perspektive des Naturverständnisses heraus. Dabei ist außerdem die Zuordnung der Lehre von der Schöpfung zu anderen theologischen Lehrstücken strittig (RITSCHL 1983 und 1984, S.188ff.). Neben der Exegese der biblischen Schöpfungsberichte in 1. Mose 1-3 spielte die Abhängigkeit der Theologie von der jeweils geltenden Weltanschauung eine wesentliche Rolle. Dabei spielen Wandlungen des Weltbildes, im Naturbegriff, Wandlungen im Verständnis von Zeit, Materie und Kausalität eine wesentliche Rolle. Sie prägen auch das theologische Verständnis von Schöpfung. Weiterhin ist die Frage der normativen Verbindlichkeit und der Auslegung der biblischen Schöpfungsgeschichte strittig. Der Schöpfungsgedanke ist insofern eine Variable des gesamten Menschen- und Weltverständnisses wie des Gottesbildes. Zufall und Planung, Kontingenz und Notwendigkeit, artikuliert als Lehre von der Vorsehung Gottes, die Frage nach der Bedeutung der Sünde und des Bösen, ja letztlich die Grundfrage nach Ursprung und Ziel des Lebens stehen zugleich zur Debatte. Auch ist es kaum möglich, die Lehre von der Schöpfung als gesondertes Lehrstück darzustellen. Es geht in der Schöpfungslehre immer um das Ganze der Theologie. Man kann freilich eine Reihe Modelle benennen.

(1) Das klassische westliche Modell sieht Gott und Mensch als Teil eines umfassenden Ordo. Der Ordnungsgedanke ist leitend. Die sichtbare und unsichtbare Welt bilden eine Einheit. Der Mensch steht diesem Ordo, der Schöpfungsordnung, nicht als ein Außenstehender gegenüber. Er ist selbst Teil des Ordo. Der Schöpfer hat zwar die Schöpfung und ihre Ordnung geschaffen. Aber er hat auch sich selbst in diese Ordnung eingefügt. Das Böse ist ebenfalls Teil der Ordnung. AUGUSTIN erklärte das Böse mit Hilfe neuplatonischer Vorstellungen als privatio boni, Mangel an Sein und darum Mangel an Gutem. Dieses Denkmodell geht protologisch von einem guten Urzustand aus, dem Status integritatis. Dieser Urzustand ist zugleich der Idealzustand. Das Erlösungshandeln Gottes führt daher nach dem Sündenfall zur Erneuerung des Heilszustandes in der endzeitlichen Neuschöpfung, zur restitutio in integrum. Es gibt einen heilsgeschichtlichen Entwicklungsgang über die gute Schöpfung, den Sündenfall, die Erlösung als Errettung zur endzeitlichen Erneuerung. Dieses Modell ist völlig auf den Menschen und sein Heil hin ausgerichtet.

(2) Von diesem augustinischen Modell der Beziehung zwischen Gott und Mensch (beziehungsweise Gott und Seele) unterscheiden sich Bemühungen, die

Trias Gott-Mensch-Natur umgreifend zur Geltung zu bringen. Ostkirchliche Sakramentsfrömmigkeit, von FRANZ von ASSISI inspirierte franziskanische Tradition, für welche Tiere und nichtmenschliche Natur Geschwister des Menschen sind und zuletzt Albert SCHWEITZER mit seinem Grundsatz "Ich bin Leben inmitten von Leben, das leben will" repräsentieren dieses kosmisch erweiterte Modell. Der Mensch ist innerhalb der Schöpfung zugleich Mitgeschöpf wie Mitverantwortlicher, im Sinne eines Teilhabers an der göttlichen Schöpferkraft und Schöpfungsliebe. Dieses Modell kann darüber hinaus pantheistische Züge annehmen, wenn es nicht die Transzendenz, die Weltüberlegenheit Gottes, sondern die Immanenz, die Weltgegenwart von Gottes Schöpfungshandeln betont.

(3) Die reformatorische Sicht hat, im Unterschied zum klassischen Ordodenken, das von dem Bestand der Ordnung ausgeht, die Aktualität und die heilswirkende Aktivität von Gottes Schöpferhandeln betont. LUTHER verbindet Schöpfung und Erhaltung, CALVIN Schöpfung und Vorsehung (Inst. I, 1-15). Für CALVIN ist Vorsehung sozusagen "angewandte Schöpfung" (Inst. I, 16 - 18). Gottesverborgene Vorsehung sichert dem Schöpfungshandeln seine Kontinuität. LUTHER lehrt mit Nachdruck "Schaffen heißt gebieten"[1] oder auch: "creare est semper novum facere"[2]. Diese Eigenart göttlichen Schöpferwirkens kann allerdings nur der Glaube verstehen. Gott wirkt durch sein Wort. Er sagt der Schöpfung ihren Bestand zu, indem er sie auf ihre Bestimmung hin gegenwärtig anspricht. Damit ist eine Differenz zwischen wissenschaftlicher Welterklärung und Schöpfungsglaube angelegt, wenn LUTHER pointiert unterstreicht: "Der Artikel von der Erschaffung aus nichts ist schwerer zu glauben als der von der Fleischwerdung"[3]. Der Schöpfungsglaube wird zugespitzt auf die existentielle Bekenntnisaussage: "Ich glaube, daß mich Gott geschaffen hat, samt allen Kreaturen ..." (M. LUTHER, kleiner Katechismus).

(4) Angesichts des Konflikts zwischen naturwissenschaftlicher Theorie und christlichem Glauben gewinnt dieses Modell an Bedeutung und Überzeugungskraft. Es wurde folglich zur herrschenden Lehre in der deutschen evangelischen Theologie des 19. und 20. Jahrhunderts. SCHLEIERMACHER fragt im Blick auf den Schöpfungsbegriff: "Wie lange wird er sich noch halten können gegen die Gewalt einer aus wissenschaftlichen Kombinationen, denen sich niemand entziehen kann, gebildeten Weltanschauung?"[4] Veranlaßt von dieser Sorge geht SCHLEIERMACHER vom Satz von der Erhaltung der Welt aus. "Erhaltung" und "Natursächlichkeit"[5] seien dasselbe. Schöpfung ist folglich nichts anderes als existentielle Erfahrung der eigenen Geschöpflichkeit. Rudolf BULTMANN interpretiert den Schöpfungsglauben als existentiale Beschreibung der Verfaßtheit der Kreatürlichkeit des Menschen. Karl BARTH teilt BULTMANNS anthropologische Engführung

---

[1] Weimarer Ausgabe (WA) 12, 382, 16
[2] Weimarer Ausgabe (WA) 1, 563, 8
[3] Weimarer Ausgabe (WA) 39 II, 340, 21
[4] SCHLEIERMACHER, F. D.: 2. Sendschreiben an Lücke
[5] SCHLEIERMACHER; F. D.: Glaubenslehre § 46,2

zwar nicht durchgehend, deutet aber den Schöpfungsbegriff christologisch als "äußeren Grund des Bundes" Gottes mit den Menschen. Die Schöpfungslehre als Bundes- und Gnadenlehre ist nach Karl BARTH deshalb weit entfernt von allen kosmologischen und biologischen Fragen. Theologische und naturwissenschaftliche Perspektiven sind inkommensurabel, zwei völlig verschiedene Themen.

Zwischen biblischem Schöpfungszeugnis und naturwissenschaftlicher Forschung besteht gar keine Beziehung; darum kann es eben auch keine Konflikte zwischen theologischem Schöpfungsverständnis und naturwissenschaftlichem Umgang mit Natur geben.

(5) Gegen diese absolute Trennung von Theologie und Naturwissenschaft suchen neuere Konzeptionen nach Konvergenzen von Theologie und Naturwissenschaft und streben einen Dialog an. Die Ansätze sind sehr unterschiedlich und auch abhängig vom naturwissenschaftlichen Dialogpartner. Neben dem Verständnis von Schöpfung als Prozeß, wie sie auf sehr verschiedene Weise in WHITEHEADs Prozeßtheologie oder von THEILHARD DE CHARDIN gedeutet wird, könnte man Überlegungen von J. MOLTMANN, W. PANNENBERG, D. RITSCHL nennen, welche die Welt eschatologisch als "offenes System" auf Gottes neue Schöpfung hin verstehen wollen. Diese ganz verschiedenartigen Entwürfe einer neuen Schöpfungslehre stehen in engem Zusammenhang mit neuerer Wissenschaftstheorie (vgl. auch WÖLFEL 1981).

Der summarische Überblick über Modelle der Schöpfungstheologie endet in einer Aporie. Die Intention dieses Überblicks war es, entgegen des gängigen ethisch-politischen Gebrauchs der Formel von der "Bewahrung der Schöpfung", auf theologische Schwierigkeiten mit der Schöpfungslehre überhaupt hinzuweisen. Dabei wurde die fundamentalistische Theorie eines Kreationismus bewußt nicht erwähnt, welche die wörtliche Verbindlichkeit der Schöpfungsgeschichte am Anfang der Bibel postuliert. Aus den biblischen Schöpfungsberichten ist, um dies kritisch wenigstens festzuhalten, keine Welterklärungstheorie zu entnehmen. Orientierend sein können biblische Schöpfungsaussagen jedoch dann, wenn man den dem Menschen gegebenen Auftrag zur Verwaltung der Erde (1. Mose 1,28) also als Verpflichtung bedenkt, die an anderer Stelle mit "bebauen und bewahren" (1. Mose 2,15) wiedergegeben wird.

Auch die theologische Formel von der Schöpfung aus dem Nichts ("creatio ex nihilo") ist nicht im Sinne einer Weltentstehungserklärung zu verstehen (2. Makkabär 7,28 "ouk ex onton"; vgl. WEBER 1955, S.952). Die klassische Dogmatik der altprotestantischen Orthodoxie hat das nihil der Schöpfung als "nihil negativum" interpretiert, um zu vermeiden, daß über den Inhalt des nihil spekuliert wird. Die Formel betont vielmehr die Freiheit von Gottes Schaffen. Gott ist nicht an einen vorgegebenen Stoff gebunden - auch nicht im Widerspruch. "Aus nichts" ist also ausschließlich Gottesprädikat, anhand dessen Gottes Transzendenz, Gottes Welt-Überlegenheit wie seine Welt-Zugewandtheit festgehalten wird: Gott ist weder Weltgrund noch Weltbaumeister, sondern der je frei Schaffende und Erlösende der dem

Menschen Begegnende (vgl. GLOEGE 1961, Sp.1985). In diesem Sinne ist die Rede von der "creatio ex nihilo" ein "nicht auflösbarer Grenzbegriff" (WEBER 1955, S.553). Der Schöpfungsglaube enthält als solcher kein spezifisches Naturverständnis. Es ist lediglich Ausdruck einer Beziehung Gottes auf den Menschen wie auf die nichtmenschliche Natur. Aus dem Schöpfungsbegriff lassen sich daher unmittelbar keine Anweisungen für ein Handeln in der Umweltkrise ableiten. Schöpfung betont vielmehr die Differenz zwischen Gott und Menschen. Für Handlungskriterien kann deshalb theologische Ethik nicht unmittelbar auf den Schöpfungsbegriff zurückgreifen. "In der ethischen Debatte wird eine rationale Plausibilität des Redens von der Schöpfung unterstellt, für die es kein zureichendes dogmatisches Fundament gibt" (GRAF 1990, S.222f.). Auf der anderen Seite bewirkt die ethische Funktionalisierung des Schöpfungsbegriffs einen Handlungsdruck, der gerade das Grundvertrauen in die Fürsorge und das erhaltende Handeln des Schöpfers zerstört. "Was die alte Metaphysik geleistet hat, das handlungssinntranszendente Gutsein der Welt auszulegen und eben darin dem Menschen ein vertrauenswürdiges Fundament seiner Existenz zu geben, läßt sich im Rahmen einer durchgehend ethischen Rede von Gottes Schöpfung überhaupt nicht mehr zur Darstellung bringen." (GRAF 1990, S.221). In diesem Zusammenhang ist nochmals der Begriff Schöpfungsordnung zu bedenken.

4   Schöpfungsordnung

Hinter das Wort Schöpfungsordnung ist zunächst einmal ein Fragezeichen zu setzen. Schöpfungsordnungen nannte man nämlich in der lutherischen und reformierten Theologie des 19. und 20. Jahrhunderts die natürlichen, biologischen Voraussetzungen menschlichen Lebens und Handelns. Ehe und Familie, Volk und Staat, Recht und Wirtschaft, vor allem Eigentum, sind "natürliche" soziale Gebilde, Institutionen, in die der Mensch von Natur hineingeboren wird. Katholische Theologie spricht statt von Schöpfungsordnungen vom Naturrecht. Der theologische Ursprung der evangelischen Lehre von den Schöpfungsordnungen ist die reformatorische Überzeugung, daß zwischen dem Reich Christi und dem weltlichen Reich zu unterscheiden ist. Im weltlichen Bereich gibt es Ordnungen, die Gottes Schöpfer- und Erhaltungswillen entsprechen und in denen der Christ darum Gott dienen soll. Mit der Lehre von den Schöpfungsordnungen, die im 19. Jahrhundert angesichts der Krise des Gemeinschaftsbewußtseins begrifflich neu formuliert wurde, stellten sich damals drei grundsätzliche theologische Fragen. Einmal: Gibt es in der gefallenen Schöpfung nach dem Sündenfall intakte von der Sünde und dem Bösen unberührte

Strukturen? Die Aufgabe gerade des Staates ist es doch, dem Bösen zu wehren. Gibt es also eine Objektivität der Naturordnung, die nicht vom Sündenfall verändert und beeinträchtigt ist? Deshalb redete man vorsichtiger von Erhaltungsordnungen, von Ordnungen, mit deren Hilfe Gott die Welt erhält, bewahrt gegen die Mächte des Bösen, als von Schöpfungsordnungen. Einzig die Ehe galt als Schöpfungsordnung. Zum anderen blieb die Wandelbarkeit und Geschichtlichkeit dieser Ordnung weitgehend unberücksichtigt. Die Berufung auf Schöpfungsordnungen diente vielmehr der Erhaltung des status quo und der theologischen Sanktion bestehender Ordnungen. Schließlich blieb strittig, ob die Schöpfungsordnungen Gottes Willen offenbaren, kundtun. Spricht Gott aus der Natur und natürlichen Gegebenheiten, dem Naturlauf. Wenn man natürliche Phänomene als Offenbarungsquellen anerkennt, dienen sie paradoxerweise zugleich einer Geschichtstheologie. Die Berufung auf die Offenbarungsqualität von Volkstum und Rasse ("Blutszusammenhang" beispielsweise) hat im Dritten Reich die Lehre von einer Schöpfungsoffenbarung diskreditiert und theologisch fragwürdig werden lassen. In der Tat trägt die Identifikation von bestimmten vorfindlichen Gegebenheiten sowie die Auszeichnung bestimmter sozialer Gebilde der Geschichtlichkeit und Ambivalenz der Zweideutigkeit sozialer und natürlicher Sachverhalte theologisch nicht angemessen Rechnung. Spricht man jedoch nicht von Schöpfungsordnungen im Plural, die einzelne bestimmte soziale Gebilde und Institutionen bezeichnen sollen, sondern von Schöpfungsordnung in der Einzahl, so hat die Rede einen guten Sinn (HERMS 1992, S.441). Schöpfungsordnung beschreibt dann die geschöpfliche Verfaßtheit des Menschen und seiner Welt als solche und die Endlichkeit menschlicher Handlungsmöglichkeiten. Die Praxissituation des Menschen ist stets die einer endlichen Freiheit. "Endliche Freiheit ist bedingte Freiheit" (HERMS 1992, S.441). Die Bedingungen, Handlungsgegenstände sind dem Menschen immer schon vorgegeben und relativ (Natur ist also vorgegebene Lebenswirklichkeit). Die Handlungsmöglichkeiten des einzelnen sind ursprünglich begrenzt. Nur in Kooperation und Interaktion können zudem viele Aufgaben angegangen und gelöst werden. Dies gilt gerade für die Umweltkrise. Die Schöpfungsordnung erlaubt und verlangt also geradezu die Wahrnehmung von Aufgaben, die nur gemeinsam zu lösen sind. Sie enthält Mandate, Aufforderungen zu einem die natürlichen Vorgegebenheit achtenden Handeln. Die konkrete Ausführung und Strukturierung dieser Mandate in politischer Interaktion, in wirtschaftlicher Interaktion, in der zwischenmenschlichen Interaktion, in Ehe und Familie, in der geistigen, wissenschaftlichen Interaktion (in der Kultur) ist damit allerdings nicht vorgezeichnet und zeitlos festgelegt. Die Orientierung an der Schöpfungsordnung als Vorgabe respektiert somit die geschöpfliche Verfaßtheit des Menschen und gründet in einem Ethos des Glaubens. Ein derartiges Ethos des Glaubens hält am Bekenntnis zu Gott dem Schöpfer fest und gewinnt aus dieser Glaubensgewißheit des Vertrauens in die Treue des Schöpfers die Kraft und Fähigkeit, Verantwortung für konkrete Aufgaben zu übernehmen und Krisen standzuhalten.

5 Ethische Aspekte der Umweltkrise

Beim Gebrauch der Formel und zur Schöpfungsordnung "Bewahrung der Schöpfung" zeigen sich weitreichende theologische Probleme. Nach diesen grundsätzlichen Überlegungen dogmatischer Art seien ethische Fragen aufgenommen. Dabei müssen zunächst zwei fundamentale Probleme der Umweltkrise wenigstens kurz erwähnt und angesprochen werden, nämlich (1) die Bevölkerungsentwicklung und (2) das Verhältnis von Umweltpolitik und Entwicklungspolitik. Bedenkt man die Bevölkerungsentwicklung und die Interdependenz von Entwicklung und Umwelt als Rahmenbedingungen und Gegebenheiten nicht, dann gerät die Umweltkrise leicht unter eine moralisierende Perspektive. Es scheint dann die Umweltkrise eine Folge moralischen Versagens einer "Innenwelt" zu sein, während es doch faktisch globale Probleme sind, welche die Krise verursachen.

(1) Die Bevölkerungsentwicklung führt zu vermehrtem Ressourcenverbrauch und zu erhöhter Umweltverschmutzung. Der Mensch, seine Bedürfnisse und sein Verhalten scheinen zur größten Belastung und Gefahr für die Umwelt zu werden. Ein niedriges Bevölkerungswachstum, wenn nicht sogar eine Stabilisierung der Bevölkerungszahl ist daher wünschenswert und angebracht. Nur: Wie ist diese Verringerung des Bevölkerungswachstums überhaupt zu erreichen? Die Versuche, mit Zwang und technischen Mitteln, Verhütungsmitteln, eine Veränderung des menschlichen Reproduktionsverhaltens zu erreichen, sind fehlgeschlagen. Die Annahme, weniger Kinder führten zu mehr Wohlstand, ist zudem falsch. Vielmehr sind soziale Sicherheit und Bildung Voraussetzung für das Sinken der Kinderzahl. Solange nämlich viele Kinder am ehesten eine Versorgung der älteren Generation sicherstellen, bleibt die Kinderzahl hoch. Armutsbekämpfung und Bildung sind deshalb Vorbedingung eines veränderten generativen Verhaltens. Außerdem spielen kulturelle und religiöse Voraussetzungen eine zentrale Rolle bei der Fortpflanzung. Bevölkerungspolitische Maßnahmen haben häufig diese kulturelle und religiöse Dimension übersehen und die Steuerung des Bevölkerungswachstums lediglich als technische Aufgabe betrachtet und mußten deshalb notwendig scheitern. Der Zusammenhang zwischen Bevölkerungsentwicklung und Umweltzerstörung und -verbrauch ist zudem nicht zu übersehen.

(2) Ebenso besteht zwischen Umweltpolitik und Entwicklung ein Wechselverhältnis, auf das der "Erdgipfel von Rio" im Juni 1992 aufmerksam machte. Auf der Rio-Konferenz wurden nämlich entwicklungspolitische und Umweltthemen zugleich diskutiert und miteinander verknüpft. Die Klima-Konvention, die Konvention zum Schutz der biologischen Vielfalt und die Wald-Erklärung bringen zumindest verbal zum Ausdruck, daß diese Probleme nicht mehr national, sondern nur noch global zu lösen sind. Jedoch konnte die Rio-Konferenz die Zuordnung von Umwelt und Entwicklung nicht klären (vgl. BROCK 1992; HERMLE 1992). Idealtypisch kann man das Zuordnungsverhältnis als zwei Seiten eines globalen Wand-

lungsprozesses oder als Widerspruch oder als bloßes Nebeneinander, also additiv, deuten. Der Brundtland-Bericht "Unsere Gemeinsame Zukunft" (HAUFF 1987) hat bereits eine Interdependenz von Entwicklung und Umwelt behauptet. Sein Leitmotiv ist die Forderung nach Dauerhaftigkeit der Entwicklung (sustainable development) . Der Begriff "dauerhaft" oder "nachhaltig" ist jedoch strittig. Entwicklungsländer haben bekanntlich gegen die Konsequenzen der internationalen Umweltpolitik drei Vorbehalte und Einwände geltend gemacht.

a) Entwicklungsländer befürchten als Folge der internationalen Umweltpolitik einen Souveränitätsverlust (BROCK 1992, S.17). Die Entwicklungsländer haben deshalb ein besonderes Interesse daran, "daß ihre, schon in wirtschaftlicher Hinsicht prekäre Souveränität nun nicht auch noch durch umweltpolitische Maßnahmen weiter eingeschränkt wird" (BROCK 1992, S.17). Sie wollen darum die Weltgemeinschaftsgüter ("global commons") - Luft, Meere, Artenvielfalt - nicht der Kontrolle durch die wirtschaftliche Macht der Industrieländer ausliefern.

b) Entwicklungsländer befürchten, daß die Einführung von Umweltstandards ihre noch ausstehende Industrialisierung beeinträchtigt. Insbesondere befürchten sie von der Klimaschutzkonvention Nachteile für die Industrialisierung. In Rio wurde dieses Bedenken als ein Vorwurf des "Öko-Kolonialismus" artikuliert (BROCK 1992, S.22).

c) Schließlich wird ein "Grüner Protektionismus" befürchtet. Außerdem gibt es Stimmen, die davor warnen, zwei unterschiedliche Lebensstile festzuschreiben, "einen Lebensstil der Verschwendung für den Norden, eine Art Ghandische Lebensweise, sprich: eine als Nachhaltigkeit gefeierte Kärglichkeit für den Süden" (BROCK 1992, S.34).

Eine rückblickende kritische Bewertung der Rio-Konferenz führt also zu einem zwiespältigen Ergebnis: Eine Sache ist es, einzusehen, daß es relevante Interessen gibt, die für eine Integration von Umwelt und Entwicklung in einer Welterhaltungspolitik sprechen, eine andere Sache ist es, diese Interessen wirksam durchzusetzen (BROCK 1992, S.38). Die Rio-Konferenz hat, so der Eindruck vieler Beobachter, eher Umwelt und Entwicklung taktisch miteinander verknüpft und entwicklungspolitische und umweltpolitische Belange eher addiert als ineinander integriert.

Am Begriff der Nachhaltigkeit ("sustainable development") kann man die Schwierigkeiten und Kontroversen veranschaulichen (GRAF 1992). Bereits am Titel: "Our common Future" üben Stimmen aus den Entwicklungsländern Kritik. Die Forderung nach "sustainable development", nach Nachhaltigkeit der Entwicklung, diene nur dazu, die globale ideologische Hegemonie des Nordens zu bekräftigen und rational zu begründen. Denn mit der Forderung nach einer umweltverträglichen Entwicklung werde die internationale Arbeitsteilung im Sinne des Status quo festgeschrieben. Den armen Entwicklungsländern werde damit unter Begriffen wie "gegenseitige Interessen", "Raumschiff Erde" oder eben "Unsere gemeinsame Zukunft" die Last der künftigen Weltentwicklung auferlegt. Sie könnten damit nicht selbst freibestimmen, sondern würden fremdbestimmt. Ihnen werde in einer Situation nach E.F. SCHUMACHERs Programmschrift "Small is beautiful" (1977) heute mit der Forderung der Nachhaltigkeit zugemutet, in noch nicht vollindustrialisierten Ländern auf technische Fortschritte zu verzichten. Die bisherigen Opfer der Entwicklung sollen also zusätzlich die Lasten der Lösung der Umweltkrise tragen, da Armut als Grund der globalen Umweltverschmutzung ausgemacht werde. Die Kritiker des Konzepts "sustainable development" fordern daher statt dessen die politische Beteiligung der Entwicklungsländer und deren Bevölkerung und eine Änderung des Lebensstils und der Politik in den Industrieländern. Soweit die Einwände.

Diese Einwände benennen in der Tat ein ungelöstes politisches Problem: Die politischen Voraussetzungen für eine Weltinnenpolitik, für eine Orientierung am internationalen Gemeinwohl fehlen bislang. Auch die Rio-Deklarationen blieben darum weitgehend unverbindliche Absichtserklärungen. Dieser politische Mangel setzt Handlungsmöglichkeiten und vor allem deren Erfolg erkennbare und vorhersagbare Grenzen. Mit "theologischen Perspektiven" hat diese Feststellung zwar unmittelbar wenig zu tun. Aber sie ist notwendig, weil dieser Tatbestand die gesamte ökumenische Diskussion prägt und beherrscht. Dazu kommt, wie gesagt, daß politische Handlungsmöglichkeiten abhängig sind von Einstellungen, von kulturellen, ethischen und religiösen Verhaltensmustern und Motivationen. Diese Fragestellung sei in ihren ethischen Konsequenzen zum Abschluß noch wenigstens angedeutet. Wie sind programmatische Aussagen wie "Verantwortung wahrnehmen für die Schöpfung" und "Einverständnis mit der Schöpfung" der Analyse thematisch zuzuordnen?

6 Einverständnis mit der Schöpfung

Unter der Überschrift "Einverständnis mit der Schöpfung" hat die EKD 1991 einen "Beitrag zur ethischen Urteilsbildung im Blick auf die Gentechnik" veröffentlicht. An diesem Beitrag kann man exemplarisch vorgehen, aber auch Schwierigkeiten eines theologischen Versuches ethischer Urteilsbildung verdeutlichen. Der Text orientiert zunächst über den Sachstand in der Gentechnik. Bei der Diskussion des Anwendungsfeldes der Gentechnik steht im allgemeinen der Risikoaspekt im Vordergrund.

Hier geht es um Folgeabschätzung, Bewertung von Risiken und der Eintrittswahrscheinlichkeit von Risiken, um ein Abwägen von Kosten und Nutzen (KIRCHENAMT DER EVANGELISCHEN KIRCHE IN DEUTSCHLAND 1991, S.68ff.). Viel fundamentaler als solches Abwägen ist freilich die ethische Frage, "wie das Verhältnis des Menschen zur Natur beschaffen sei und in welcher Richtung es sich verändern soll" (KIRCHENAMT DER EVANGELISCHEN KIRCHE IN DEUTSCHLAND 1991, S.10). Im Blick auf die durch die Entwicklung der Gentechnik ausgelösten Fragen gibt es dazu jedoch noch keine befriedigenden Antworten. "Gerade auch in der theologischen Tradition kann nicht an ausgearbeitete ethische Perspektiven angeknüpft werden, die zeigen, wie eine Nutzung der Natur auszusehen hätte, die im Einverständnis mit der Schöpfung geschieht." (KIRCHENAMT DER EVANGELISCHEN KIRCHE IN DEUTSCHLAND 1991, S.13) Deshalb kann und will der kirchliche Beitrag auch nicht eine Problemlösung vorlegen, sondern lediglich eine Problembeschreibung und Richtungsangabe geben. Auf die Informationen über den Sachstand der Gentechnik ist an dieser Stelle nicht einzugehen. Ebensowenig sind die anhand der Gentechnik manifest werdenden Veränderungen im Verhältnis von Wissenschaft und Gesellschaft, etwa die Aufhebung der Unterscheidung von Grundlagenforschung und technischer Anwendung, die Infragestellung des Wertfreiheitspostulats, die Verflechtung von wissenschaftlicher Entdeckung und wirtschaftlicher Verwertung, beispielhaft sichtbar an Bemühungen um die Patentierung gentechnischer Verfahren und Produkte, zu erörtern. Auch die Politisierung und Vergesellschaftlichung der gentechnischen Diskussion braucht hier nur erwähnt werden. Bei der Risikobewertung konkurrieren außerdem ein additives und synergistisches Modell (KIRCHENAMT DER EVANGELISCHEN KIRCHE IN DEUTSCHLAND 1991, S.45ff.). Das synergistische Modell befürchtet eine Potenzierung des Risikopotentials durch ein Zusammentreffen mehrerer Risikofaktoren.

Der erste weiterführende Vorschlag der Studie besteht deswegen im Hinweis auf die Komplexität der Sachverhalte und Lebenszusammenhänge und in der damit begründeten Empfehlung, falsche und einfache Alternativen zu vermeiden. (KIRCHENAMT DER EVANGELISCHEN KIRCHE IN DEUTSCHLAND 1991, S.49ff.). Solche vereinfachenden Alternativen sind: Evolution ohne Menschen oder Evolution durch Menschen; Anthropozentrik oder Physiozentrik; Fortschrittsverweigerung oder Fortschrittsförderung; universelle Verantwortung oder prinzipieller Handlungsverzicht und schließlich: Ja zur Gentechnik oder Nein zur Gentechnik. Jedoch undeutlicher bleibt der weitere Vorschlag, der für ein neues Verhältnis zur Natur plädiert. Dabei wird an Elemente in der christlichen Tradition erinnert, vor allem in Kirchenliedern, in denen vom Schöpfungsglauben her Schönheit und Zweckmäßigkeit der Natur in Bewunderung und Dank gerühmt werden. Voraussetzung verantwortlichen Umgangs mit der Vielfalt des Lebens und des Lebendigen ist nämlich, daß man diese Vielfältigkeit in ihrer Eigenart zunächst überhaupt wahrnimmt. Daran schließt sich als Grundsatzüberlegung die Aussage an: "Gott will die Fülle des Lebens; er will, daß nicht nur der Mensch sei; darum darf der Mensch die Natur nicht auf ein menschliches Maß reduzieren und ihr in ihren verschiedenen Lebensformen nicht jeden eigenen Sinn und Wert nehmen." (KIRCHENAMT DER EVANGELISCHEN KIRCHE IN DEUTSCHLAND 1991, S.61) Solche Sicht der

Natur im Licht des Schöpfungsglaubens fordert den Respekt vor dem Gegebenen und die Solidarität mit den Mitgeschöpfen. Vor allem ist der Eigenwert und das Eigenrecht der Mitgeschöpfe zu erkennen und zu achten (KIRCHENAMT DER EVANGELISCHEN KIRCHE IN DEUTSCHLAND 1991, S.74-76; vgl. ferner RAT DER EVANGELISCHEN KIRCHE IN DEUTSCHLAND/KATHOLISCHE BISCHOFSKONFERENZ 1985). Das Stichwort heißt deswegen heute Mitkreatürlichkeit, Mitgeschöpflichkeit. Je nach der Eigenart von Pflanzen und Tieren ist die Mitgeschöpflichkeit sodann ethisch zu gestalten. Der kirchliche Beitrag kann in dieser Hinsicht Einstellungen und Lebensweisen mitformen. Die Prägung von Einstellungen und Lebensweisen erfolgt jedoch vorrangig in Bildung und Erziehung, aber auch in der Verkündigung. Ein kirchlicher Beitrag sollte deshalb zu einem Leben in der Schöpfung mit Dankbarkeit, Ehrfurcht und Barmherzigkeit anleiten. Die Achtung gegenüber allem Lebendigen könnte dann zu einem Einverständnis mit der Schöpfung führen.

Nur im Einverständnis ist Verantwortung sachgerecht wahrzunehmen. Zur Übernahme von Verantwortung bedarf es jedoch einer Bereitschaft und eines Grundvertrauens, das sich nicht von selbst versteht. Was kann eine theologische Perspektive hier einbringen? Theologisch ist hier an den alten Satz des apostolischen Glaubensbekenntnisses zu erinnern: "credo im deum, patrem, omnipotentem, creatorem coeli et terrae". Martin LUTHERs Auslegung dieses Satzes ist dabei unverändert ein Zeugnis des Vertrauens in Gottes Schöpfermacht: "Ich glaube, daß mich Gott geschaffen hat, samt allen Kreaturen". Ich glaube, daß er mich erhält "und vor allem Übel behütet und bewahrt und das alles aus lauter göttlicher Güte und Barmherzigkeit ohne all mein Verdienst und Würdigkeit, des alles ich ihm zu danken und zu loben und dafür zu dienen und gehorsam zu sein schuldig bin".

7. Literatur

ALTNER, G. (1987): Macht euch die Erde untertan - Haushalten als Empfangen und Feilen in: anonym (1987): Das Ende der Geduld: Carl Friedrich von Weizsäckers "Die Zeit drängt" in der Diskussion. - München-Wien, S.102-107

anonym (1987): Das Ende der Geduld: Carl Friedrich von Weizsäckers "Die Zeit drängt" in der Diskussion. - München-Wien

BROCK, L. (1992): Nord-Süd-Kontroversen in der internationalen Umweltpolitik Von der taktischen Verknüpfung zur Integration von Umwelt und Entwicklung? - HSFK-Report 7

DUCHROW, U. und G. LIEDKE (1988): Der Schöpfung Befreiung, den Menschen Gerechtigkeit, den Völkern Frieden. - Stuttgart (2. Aufl.)

FICHTE, J.G. (1923): Anweisung zum seligen Leben [1806]; hrsg. von Fritz Medicus. - Leipzig (2. Aufl.)

GLOEGE, G. (1961): Artikel Schöpfung in: Religion in Geschichte und Gegenwart, Bd. 5. - Tübingen (3. Aufl.), Sp.1985

GRAF, F.-W. (1990): Von der "creatio ex nihilo" zur Bewahrung der Schöpfung in: Zeitschrift für Theologie und Kirche 87, S.206-223

GRAF, W.D. (1992): Sustainable ideologies and interests: beyond Brundtland in: Third World Quarterly 13/3, S.553-559

HAUFF, V. (Hrsg.) (1987): Unsere gemeinsame Zukunft. - Greven

HERMLE, R. (1992): Vor allem die Industrieländer sind gefragt. Perspektiven für eine Umwelt- und Entwicklungspolitik nach Rio in: Herderkorrespondenz 46, S.419-424

HERMS, E. (1992): Die Lehre von der Schöpfungsordnung in: HERMS, E.: Offenbarung und Glaube. Zur Bildung des christlichen Lebens. - Tübingen, S. 431-456

KIRCHENAMT DER EVANGELISCHEN KIRCHE IN DEUTSCHLAND (1989): Frieden in Gerechtigkeit für die ganze Schöpfung. - EKD-Texte 27

KIRCHENAMT DER EVANGELISCHEN KIRCHE IN DEUTSCHLAND (1991): Einverständnis mit der Schöpfung. Ein Beitrag zur ethischen Urteilsbildung im Blick auf die Gentechnik und ihre Anwendung bei Mikroorganismen, Pflanzen und Tieren. Vorgelegt von einer Arbeitsgruppe der Evangelischen Kirche in Deutschland. - Gütersloh

RADAJ, D. (1987): Machtfeld der Technik und Bewahrung der Schöpfung in: anonym (1987): Das Ende der Geduld: Carl Friedrich von Weizsäckers "Die Zeit drängt" in der Diskussion. - München-Wien, S.108-128

RAT DER EVANGELISCHEN KIRCHE IN DEUTSCHLAND und KATHOLISCHE BISCHOFSKONFERENZ (1985): Verantwortung wahrnehmen für die Schöpfung. Gemeinsame Erklärung. - Gütersloh

RENDTORFF, T. (1991): Bewahrung der Schöpfung als Ethik der Technik in: Vielspältiges (1991), S.139-144

RITSCHL, D. (1983): Artikel Schöpfung in: Ökumenelexikon. - Frankfurt/Main, S. 1070-1073

RITSCHL, D. (1984): Zur Logik der Theologie. Kurze Darstellung der Zusammenhänge theologischer Grundgedanken. - München

SCHUMACHER, E.F. (1977): Small is Beautiful. Die Rückkehr zum menschlichen Maß. - Reinbek bei Hamburg

WEBER, O. (1955): Grundlagen der Dogmatik, Bd. I. - Neukirchen

WEIZSÄCKER, C. und E.-U. WEIZSÄCKER (1987): Fehlerfreundlichkeit? in: anonym (1987): Das Ende der Carl Friedrich von Weizsäckers "Die Zeit drängt" Diskussion. - München-Wien, S.97-101

WÖLFEL, E. (1981): Die Welt als Schöpfung. - München

Umwelt und Recht

Jürgen Salzwedel (Bonn)

1 Der Begriff Umweltrecht

Umweltrecht ist die geläufige Oberbezeichnung für alle verfassungs-, verwaltungs-, straf- und privatrechtlichen Gesetze, Rechtsverordnungen und Verwaltungsvorschriften, zu deren Regelungsgegenstand der Umweltschutz im weitesten Sinne gehört. Der Begriff Umweltrecht ist gerade zwei Jahrzehnte alt. Heute ist das Umweltrecht - was die Zahl seiner Rechtsvorschriften betrifft - eines der größten Rechtsgebiete überhaupt und befindet sich in einem ständigen Wachstum.

2 Historische Grundlagen

Auch wenn das Umweltrecht als eigenständiges Rechtsgebiet noch relativ jung ist, bedeutet dies nicht, daß es früher keine gesetzlichen Regelungen zum Schutze der Umwelt gab. Das Bemühen des Menschen, die Umwelt zu schützen, von der er abhängt, ist uralt. So wurden bereits im Mittelalter von den Territorialfürsten mit Forstpflanzen bestockte Flächen zu Bannwaldungen erklärt, Jagdverbote ausgesprochen usw. Verstöße dagegen wurden mit schärfsten Sanktionen (bis hin zur Todesstrafe) geahndet. Hinter derartigen Verboten stand natürlich noch nicht ein Umweltdenken in unserem modernen Sinne. Vielmehr dienten sie in erster Linie der Erhaltung landesherrlicher Privilegien. Wenn z. B. den einfachen Untertanen das Jagen verboten wurde, dann geschah dies nicht unmittelbar zum Schutz der wildlebenden Tierarten. Vielmehr sollte damit gewährleistet werden, daß die jagdbegeisterten Fürsten und Monarchen der damaligen Zeit stets über genug jagdbares Wild verfügen konnten. Andererseits beweisen aber Bannwaldungen, Jagdverbote usw., daß sich bereits im Mittelalter (wahrscheinlich sogar noch früher) die Erkennntnis durchgesetzt hatte, daß die natürlichen Ressourcen nicht unerschöpflich sind, sondern der regelmäßigen Erholung und Erneuerung bedürfen.

Im 19. Jahrhundert wurde dann eine Reihe von Gesetzen mit umweltschützendem Charakter eingeführt, die z. T. heute noch Geltung haben. So enthielt z. B. die Gewerbeordnung (GewO) von 1869, die zunächst für den Norddeutschen Bund und später für das Deutsche Reich galt, eine größere Anzahl von Vorschriften zum Schutze vor übermäßigen Geruchs- und Lärmeinwirkungen durch Gewerbebetriebe; das Bürgerliche Gesetzbuch (BGB) von 1896 gewährt dem Grundstücksinhaber einen Abwehranspruch gegen Immissionen, die von Nachbargrundstücken ausgehen. Auch hier handelt es sich noch um Gesetze, für die die Umwelt nicht das unmittelbare Schutzgut ist. Vielmehr geht es bei diesen Vorschriften in erster Linie um den Schutz der menschlichen Gesundheit. Aber sie beweisen, daß sich bereits im 19. Jahrhundert die Erkenntnis durchgesetzt hatte, daß der Mensch und seine Gesundheit nicht losgelöst von der Umwelt betrachtet werden können.

Seit den 30er Jahren dieses Jahrhunderts kann eine Gesetzgebungstätigkeit beobachtet werden, die mehr oder weniger ausdrücklich die Umwelt als solche (bzw. Teile von ihr) zum Schutzziel erklärt. Zunächst wurden nur sehr vereinzelt derartige Gesetze erlassen. Seit Anfang der 70er Jahre ist jedoch ein bedeutender Anstieg umweltrechtlicher Vorschriften zu beobachten. Ein gewandeltes Umweltbewußtsein ließ Zweifel daran aufkommen, ob mit den zunächst nur wenigen Rechtsvorschriften den immer größeren Umweltproblemen erfolgreich begegnet werden könnte. Ein Ende der Gesetzesflut ist nicht abzusehen; im Gegenteil: die Europäische Gemeinschaft, deren Bedeutung für alle Bereiche des innerstaatlichen Zusammenlebens ständig zunimmt, wird den Ausstoß umweltrechtlicher Vorschriften durch den Erlaß von EG-Richtlinien, die alle in deutsches Recht umgesetzt werden müssen, in den nächsten Jahren noch einmal spürbar anheben.

3 Rechtsquellen

Das Umweltrecht der Bundesrepublik Deutschland ist nicht in einem einheitlichen Gesetz geregelt. Es gibt auch kein Gesetz, daß ähnlich dem BGB für das Privatrecht oder dem Strafgesetzbuch (StGB) für das Strafrecht auf dem Gebiet des Umweltrechts eine dominierende Rolle eingenommen hat, so daß die anderen Gesetze nur als "Nebengesetze" bezeichnet werden könnten. Der Schutz der Umwelt wird vielmehr durch eine Vielzahl von Gesetzen geregelt, die alle im wesentlichen gleichberechtigt nebeneinander stehen. Ein den gesamten Umweltschutz regelndes Umweltgesetzbuch ist zwar geplant, wird es in naher Zukunft aber wohl nicht geben. 1991 wurde der mit Motiven versehene Allgemeine Teil eines Umweltgesetzbuches der Öffentlichkeit vorgelegt (KLOEPFER et al. 1991). Die Arbeiten an dem "Besonderen Teil" sind zur Zeit in vollem Gange. Auch wenn diese abgeschlossen sein sollten, wird es noch einige Zeit dauern, bis ein entsprechendes Gesetzeswerk von Bundestag und Bundesrat beschlossen werden kann. Zu groß, und oftmals auch zu unversöhnlich, sind die politischen Gegensätze bei Fragen des Umweltschutzes, als daß mit raschen Kompromißlösungen gerechnet werden könnte.

Das Bundes-Immissionsschutzgesetz (BImSchG) von 1974 regelt die Errichtung und den Betrieb bestimmter gewerblicher und industrieller Anlagen, von denen schädliche Umwelteinwirkungen (insbesondere Luftschadstoffe und Lärmbeeinträchtigungen) ausgehen können. Das BImSchG verwendet eine ganze Reihe unbestimmter, d. h. im hohen Maße abstrakter Rechtsbegriffe, die ihrem Wortsinn nach sehr verschiedene, teilweise sogar gegensätzliche Auslegungen zulassen. Um diese unbestimmten Rechtsbegriffe näher zu konkretisieren und so eine einheitliche Anwendungspraxis des BImSchG zu gewährleisten, ist die Bundesregierung ermächtigt, Rechtsverordnungen und Verwaltungsvorschriften zu erlassen. So ist im Laufe der Jahre ein ganzer Komplex von Bundes-Immissionsschutzverordnungen und Verwaltungsvorschriften um das BImSchG herum entstanden. Diese sind für die Praxis oftmals bedeutsamer als das BImSchG selbst. Denn erst mit den dort verwandten klar umrissenen Rechtsbegriffen bzw. exakt festgelegten Schadstoff- oder Lärmgrenzwerten kann einigermaßen sicher entschieden werden, ob ein bestimmtes gewerbliches oder industrielles Vorhaben genehmigungsfähig ist oder nicht.

Die wichtigsten auf Grund des BImSchG ergangenen Rechtsverordnungen und Verwaltungsvorschriften: Die 4. Verordnung zur Durchführung des BImSchG von 1985 (4. BImSchV) enthält einen umfangreichen Katalog aller Anlagen, für die eine Genehmigung nach dem BImSchG erforderlich ist. In der 12. BImSchV (der sog. Störfall-Verordnung) von 1991 werden den Betreibern besonders gefahrenträchtiger Industrieanlagen umfangreiche Sicherheitspflichten auferlegt, um zu vermeiden, daß beim Eintritt eines Störfalles die Allgemeinheit gefährdet wird. Die 13. BImSchV (die sog. Großfeuerungsanlagen-Verordnung) regelt für Feuerungsanlagen mit einer Wärmeleistung von 50 Megawatt und mehr die zulässigen Grenzwerte bestimmter Luftschadstoffe (wie z. B. Kohlenmonoxid, Stickstoffoxide, Schwefeloxide) in den Abgasen dieser Anlagen. Von großer praktischer Bedeutung sind auch die Technische Anleitung Lärm (TA Lärm) und die Technische Anleitung Luft (TA Luft). Hierbei handelt es sich um Verwaltungsvorschriften, die für die nach dem BImSchG genehmigungspflichtigen Anlagen Luftschadstoff- und Lärmgrenzwerte sowie das Meßverfahren zu ihrer Ermittlung festlegen.

Das Abfallgesetz (AbfG, früher Abfallbeseitigungsgesetz) von 1986 regelt die Errichtung und Inbetriebnahme von Abfallentsorgungsanlagen. Auf Grund des AbfG sind die Technische Anleitung Abfall (TA Abfall) und die Technische Anleitung Siedlungsabfall (TA Siedlungsabfall) ergangen. Ähnlich wie die TA Lärm und die TA Luft sind auch die TA Abfall und die TA Siedlungsabfall Verwaltungsvorschriften. Sie erfüllen auch im wesentlichen den gleichen Zweck, nämlich die Konkretisierung der im AbfG verwendeten unbestimmten Rechtsbegriffe.

Das WHG regelt das Gewässerschutzrecht. Es beinhaltet Rechtsvorschriften, die die Gewässer vor Verunreinigungen und sonstigen Belastungen schützen sollen. Nicht vom WHG erfaßt wird das Wasserwegerecht, also jene Rechtsvorschriften, die bestimmen, ob und inwieweit Gewässer als Transportwege (z. B. von der Schiffahrt) genutzt werden können. Das WHG ist ein sog. Rahmengesetz. Hierunter versteht man ein Bundesgesetz, das eine bestimmte Rechtsmaterie nicht abschließend regelt, sondern noch der Ausfüllung durch den Landesgesetzgeber bedarf. Erst das Rahmengesetz des Bundes und das Ausführungsgesetz des jeweiligen Bundeslandes zusammen ergeben ein in sich geschlossenes und vollziehbares Gesetzeswerk. Daher sind im Bereich des Gewässerschutzrechts neben dem WHG die Landeswassergesetze zu beachten.

Weitere für den Gewässerschutz wichtige Gesetzeswerke sind das Abwasserabgabengesetz (AbwAG) von 1990 (ebenfalls ein Rahmengesetz des Bundes), welches die Gebührenpflicht gewerblicher Abwassereinleiter regelt, das Wasserverbandsgesetz von 1991, das das Organisationsrecht der ca. 10.000 öffentlich-rechtlichen Wasser- und Bodenverbände regelt und die auf Grund des Bundes-Seuchengesetzes und des Lebensmittelgesetzes ergangene Trinkwasser-Verordnung von 1986, die Vorschriften über die Beschaffenheit des Trinkwassers enthält.

Das 1985 neuverkündete AtG regelt die Errichtung und Inbetriebnahme kerntechnischer Anlagen. Auf Grund des AtG ist die Strahlenschutzverordnung (StrlSchV) von 1989 ergangen, die die bei dem Betrieb einer kerntechnischen Anlage zulässigen Strahlendosisgrenzwerte festlegt.

Das Bundesnaturschutzgesetz (BNatSchG) von 1987 schützt im Gegensatz zu den vorgenannten Gesetzen nicht einzelne Umweltmedien (z. B. Wasser, Luft) und ist auch nicht gegen bestimmte Gefährdungen der Umwelt (z. B. durch Lärm, Strahlung) gerichtet, sondern erklärt die Natur und die Landschaft als solche zum Schutzobjekt. Das BNatSchG ist, wie das WHG, ein Rahmengesetz. Ergänzend sind daher stets die Naturschutzgesetze der Bundesländer zu berücksichtigen.

4 Grundbegriffe des Umweltrechts

Das deutsche Umweltrecht beruht auf bestimmten umweltpolitischen Prinzipien, die sich bereits im Umweltprogramm der Bundesregierung von 1971 (Bundestagsdrucksache VI/2710, S.9ff.) und in dessen Fortschreibung, dem Umweltbericht 1976 (Bundestagsdrucksache VII/5684, S.8f.), finden. Es handelt sich hierbei um das Vorsorgeprinzip, das Verursacherprinzip und das Kooperationsprinzip. Aus dieser als fundamental zu bezeichnenden Prinzipientrias können weitere Umweltprinzipien abgeleitet werden, die teils Konkretisierungen, teils Ausnahmen der genannten Hauptprinzipien darstellen. Zu erwähnen sind hier vor allem das Gemeinlastprinzip, das Bestandsschutzprinzip und das Cradle-to-grave-Prinzip.

4.1 Das Vorsorgeprinzip

Das Vorsorgeprinzip besagt im Kern nichts anderes, als daß alle möglichen Umweltgefahren zu vermeiden sind, so daß Umweltschäden erst gar nicht entstehen können. Unter Zugrundelegung dieser Kurzdefinition kann man das Vorsorgeprinzip in die nachfolgend beschriebenen "Unterprinzipien" unterteilen.

Gefahrenvorsorge: Die volle Bedeutung des Begriffes der Gefahrenvorsorge erschließt sich erst, wenn man ihn in Abgrenzung zu dem polizeirechtlichen Begriff der Gefahrenabwehr sieht. Die Polizeibehörden sind auf Grund der Polizei- und Ordnungsbehördengesetze der Länder zur Gefahrenabwehr verpflichtet, d. h. Situationen, die bei ungehindertem Geschehensablauf mit einer gewissen Wahrscheinlichkeit zu einer Verletzung von bestimmten Rechtsgütern, wie z. B. Leben, Gesundheit, Eigentum, führen können, zu vermeiden oder zu beseitigen. Dagegen bedeutet Gefahrenvorsorge die Vermeidung und Beseitigung von Risiken, also Situationen, in denen trotz der Möglichkeit eines Schadenseintritts eine Gefahr im Sinne des Polizeirechts nicht gegeben ist. Daß die Möglichkeit eines Schadens nicht als Gefahr i. S. d. Polizeirechts einzustufen ist, kann verschiedene Gründe haben, z. B. weil mit ihrer Verwirklichung erst in ferner Zukunft zu rechnen ist oder die Eintrittswahrscheinlichkeit extrem niedrig ist. Aber auch in derartigen Fällen können u. U. Maßnahmen zur Schadensvorbeugung bzw. -vermeidung erforderlich sein. Dies gilt insbesondere für den Bereich des Umweltschutzes. Ist ein Umweltschaden erst einmal eingetreten, hat er häufig weitreichende Konsequenzen für Leib und Leben des einzelnen wie der Allgemeinheit. Außerdem ist seine Beseitigung oftmals gar nicht oder doch nur sehr langfristig möglich. Daß eine Schädigung der Umwelt erst für spätere Generationen spürbar wird oder nur mit geringer Wahrscheinlichkeit zu erwarten ist, rechtfertigt es daher nicht, ihn einfach zu ignorieren. Aus diesem Grund verpflichtet das Vorsorgeprinzip in Form der Risikovorsorge den Staat, Maßnahmen zur Vermeidung oder Beseitigung von bestimmten Schadensmöglichkeiten zu ergreifen, auch wenn diese die Gefahrenschwelle noch nicht überschreiten. Das Prinzip der Gefahrenvorsorge gilt allerdings nicht unbegrenzt. Das sog. Restrisiko, also die allgemeine oder generelle Gefährlichkeit einer Technologie, die auch dann noch gegeben ist, wenn Schäden nach jeder praktischen Vernunft ausgeschlossen sind, muß dagegen von jedermann grundsätzlich hingenommen werden.

Ressourcenvorsorgeprinzip: Eine eher bewirtschaftungsrechtliche Interpretation des Vorsorgeprinzips verfolgt das Ressourcenvorsorgeprinzip. Danach ist das Vorsorgeprinzip Ausdruck einer umweltplanerischen Grundentscheidung des Gesetzgebers, Umweltressourcen im Interesse künftiger Nutzungen zu schonen. Bei den hierdurch geschaffenen "Freiräumen" kann es sich sowohl um künftige Lebensräume, d. h. Räume für Besiedelung und Erholung, Land- und Forstwirtschaft, Naturschutz und Landschaftspflege, aber auch um Belastbarkeitsreserven für zukünftige Industrieansiedlungen handeln.

Bestandsschutzprinzip: Ein weiteres Teilprinzip des Vorsorgeprinzips ist das Bestandsschutzprinzip (oder Verschlechterungsverbot). Es besagt, daß ein weiteres Anwachsen der Umweltbelastungen auszuschließen ist und die vorhandene Umweltqualität in ihrem Bestand garantiert werden muß. Auf den ersten Blick scheint damit das Bestandsschutzprinzip die untere Grenze des Vorsorgeprinzips zu markieren, dessen andere Unterprinzipien eher auf eine Umweltverbesserung abzielt. Eine solche Betrachtungsweise wäre jedoch verfehlt. Bei striktem Verständnis des Bestandsschutzprinzips könnte sogar jede Genehmigung einer industriellen oder gewerblichen Anlage versagt werden, weil diese fast immer zusätzliche Immissionen verursachen und daher zu einer Verschlechterung der Umweltbedingungen führen wird.

Cradle-to-grave-Prinzip: Das Cradle-to-grave-Prinzip ist eine besondere Steigerung des Vorsorgeprinzips. Man kann es sinngemäß als das Prinzip der Überwachung gefährlicher Stoffe von ihrer Entstehung bis zu ihrer Beseitigung ("von der Wiege bis zur Bahre") übersetzen. Das Cradle-to-grave-Prinzip meint also die (staatliche) Kontrolle eines bestimmten Problemstoffes während seines gesamten Produktions-, Verwaltungs- und Beseitigungsprozesses. Dieses äußerst anspruchsvolle Prinzip einer vollkommenen staatlichen Überwachung ist bisher nur in einigen wenigen umweltrechtlichen Vorschriften und auch dort nur beschränkt verwirklicht worden. Zu erwähnen ist hier z. B. § 11 Abs. 3 AbfG, wonach der Erzeuger, Einsammler und Beförderer gefährlicher Sonderabfälle sowie der Betreiber einer Abfallentsorgungsanlage verpflichtet ist, über seine Tätigkeit und die dabei entstandenen, transportierten und behandelten Stoffe ein lückenloses Nachweisbuch zu führen und es der zuständigen Behörde vorzulegen. Einer umfassenden, wenngleich nicht immer lückenlosen staatlichen Kontrolle unterliegen auch die Kernbrennstoffe nach dem AtG.

Anwendbarkeit des Vorsorgeprinzips: Das Vorsorgeprinzip gilt nicht für das gesamte Umweltrecht, sondern nur dort, wo der Gesetzgeber seine Beachtung angeordnet hat. Die wichtigsten Bereiche, in denen dies geschehen ist, sind das Atomrecht und das Immissionsschutzrecht. Nach § 5 Abs. 1 Nr. 2 BImSchG sind genehmigungsbedürftige Anlagen so zu errichten und zu betreiben, daß Vorsorge gegen schädliche Umwelteinwirkungen getroffen ist. Das gleiche gilt gemäß § 7 Abs. 2 Nr. 3 AtG für Errichtung und Betrieb kerntechnischer Anlagen.

4.2 Das Verursacherprinzip

Das Verursacherprinzip findet sich in zahlreichen umweltrechtlichen Rechtsvorschriften (z. B. im Abwasserabgabengesetz, Abfallgesetz). Er besagt, daß hinsichtlich der Kosten für die Beseitigung einer Umweltbelastung oder eines Umweltschadens ausschließlich der Verursacher der Umweltbelastung oder des Umweltschadens in Anspruch zu nehmen ist. Den Gegensatz zum Verursacherprinzip stellt das Gemeinlastprinzip dar. Dieses besagt, daß die Kosten des Umweltschutzes über den Staatshaushalt finanziert und primär über das Steuersystem auf die Bürger umverteilt werden. Maßnahmen zur Beseitigung konkreter Umweltbeeinträchtigungen oder -schäden werden von staatlichen Stellen getroffen. Grundsätzlich gilt, daß die Kosten zur Beseitigung von Umweltschäden dem Verursacher auferlegt werden sollten. Das Gemeinlastprinzip hat aber dort seine Berechtigung, wo bestimmte schädliche Umweltfolgen nur schwer oder gar nicht bestimmten Verursachern zugerechnet werden können oder es um die Beseitigung akuter Notstände geht.

4.3 Das Kooperationsprinzip

Das Kooperationsprinzip besagt, daß der Umweltschutz nicht allein eine Sache des Staates ist, die er unabhängig von seinen Bürgern und der Wirtschaft betreibt. Vielmehr hat er auf diesem Gebiet mit allen betroffenen oder interessierten gesellschaftlichen Kräften (Unternehmen, Industrieverbänden, Umweltschutzverbänden usw.) zusammenzuarbeiten. Das Kooperationsprinzip ist somit ein an sich selbstverständlicher allgemeiner Grundsatz der Aufgabenverteilung und des Führungsstils in einem demokratischen Rechtsstaat. Seine Vorteile liegen auf der Hand. Umweltgesetze, die auf einem gemeinsamen Konsens der durch sie Betroffenen beruhen, können leichter vollzogen werden. Durch die Zusammenarbeit mit Bürgern und Unternehmen kann der Staat sich deren Sachverstand zunutze machen. Dies gilt vor allem für jene Bereiche des Umweltschutzes, in denen modernste Technologien eingesetzt werden müssen. Durch sog. "Branchenabsprachen" oder einseitige "Branchenzusagen" können die von bestimmten Herstellungsverfahren oder Produkten ausgehenden Umweltbelastungen gesenkt werden (z. B. durch die Zusage, bestimmte Grenzwerte einzuhalten bzw. zu beachten), ohne daß es einer vorherigen gesetzlichen Anordnung bedarf, die erst noch in einem zeit- und arbeitsaufwendigen Gesetzgebungsverfahren erlassen werden müßte.

Einige Teilaspekte des Kooperationsprinzips sind ausdrücklich gesetzlich verankert. Hierzu gehören z. B. die nach einigen Umweltgesetzen vorgesehenen Umweltschutzbeauftragten, die Beteiligung der Öffentlichkeit im Planfeststellungs-

oder förmlichen Genehmigungsverfahren, die Anhörung der beteiligten Kreise vor Erlaß bestimmter Rechtsverordnungen und Verwaltungsvorschriften aufgrund des BImSchG, Bundeswaldgesetzes, BNatSchG.

5 Einzelne Teilgebiete des Umweltrechts

5.1 Immissionsschutzrecht

Der Immissionsschutz in der Bundesrepublik Deutschland wird im wesentlichen durch das BImSchG und die hierauf ergangenen Rechtsverordnungen und Verwaltungsvorschriften geregelt. Die Zielsetzung des BImSchG wird bereits durch seine amtliche Bezeichnung angesprochen: "Gesetz zum Schutz vor schädlichen Umwelteinwirkungen durch Luftverunreinigungen, Geräusche, Erschütterungen und ähnliche Vorgänge". Im Vordergrund steht also der Schutz vor Luftverschmutzungen und Lärmbeeinträchtigungen. Das BImSchG ist ein Bundesgesetz. Daneben verfügen fast alle Bundesländer über eigene Landes-Immissionsschutzgesetze. Diese regeln den Schutz vor Luftverunreinigungen und Geräuschen, die nicht durch gewerbliche oder industrielle Anlagen i. S. d. BImSchG hervorgerufen werden, wie z. B. Tonwiedergabegeräte, Feuerwerkskörper, Tiere.

Ein zentraler Begriff des BImSchG sind die schädlichen Umwelteinwirkungen. Das Gesetz verwendet diesen Terminus an verschiedenen Stellen. So muß nach § 5 Abs. 1 Nr. 1 BImSchG eine genehmigungspflichtige Anlage so errichtet werden, daß schädliche Umwelteinwirkungen für die Nachbarschaft und die Allgemeinheit nicht hervorgerufen werden können. Des weiteren kann die Behörde gemäß § 17 Abs. 1 BImSchG auch noch nach der Erteilung einer Genehmigung Anordnungen treffen, wenn von der Anlage schädliche Umwelteinwirkungen ausgehen können.

§ 3 Abs. 1 BImSchG definiert schädliche Umwelteinwirkungen als Immissionen, die nach Art, Ausmaß oder Dauer geeignet sind, Gefahren, erhebliche Nachteile oder erhebliche Belästigungen für die Allgemeinheit oder die Nachbarschaft herbeizuführen. § 3 Abs. 2 BImSchG beschreibt Immissionen als auf Menschen, Tiere und Pflanzen, den Boden, das Wasser, die Atmosphäre sowie Kultur- und sonstige Sachgüter einwirkende Luftverunreinigungen, Geräusche, Erschütterungen, Licht, Wärme und ähnliche Umwelteinwirkungen. Luftverunreinigungen, als für das BImSchG wichtigster Fall der schädlichen Umwelteinwirkungen, werden noch einmal in § 3 Abs. 4 BImSchG als Veränderungen der natürlichen Zusammensetzung der Luft, insbesondere durch Rauch, Ruß, Staub, Gase, Aerosole, Dämpfe oder Geruchsstoffe definiert.

Immissionen sind nur dann schädliche Umwelteinwirkungen, wenn sie nach Art, Ausmaß oder Dauer geeignet sind, Gefahren, erhebliche Nachteile oder erhebliche Belästigungen herbeizuführen. Eine Gefahr liegt vor, wenn ein Schaden für ein gesetzlich geschütztes Gut - vor allem Leben oder Gesundheit eines Menschen oder ein erheblicher Sachschaden - mit hinreichender Wahrscheinlichkeit zu erwarten ist. Der erforderliche Wahrscheinlichkeitsgrad hängt dabei maßgeblich vom Rang des betroffenen Rechtsgutes und dem Ausmaß des zu erwartenden Schadens ab. Geht es um ein bedeutendes Rechtsgut, genügt schon eine geringe Wahrscheinlichkeit eines Schadenseintritts, um eine Gefahr annehmen zu müssen. Geht es dagegen nur um ein unbedeutendes Rechtsgut, muß die Wahrscheinlichkeit eines Schadenseintritts erheblich höher sein, um eine Gefahr bejahen zu können. Das Restrisiko (s. o. 4.1) ist allerdings grundsätzlich hinzunehmen.

Unter Nachteile werden vor allem Vermögensschäden (z. B. Aufwendungen für schallhemmende Fenster) oder Einschränkungen des persönlichen Lebensraumes verstanden. Belästigungen sind Einwirkungen auf das körperliche und seelische Wohlbefinden unterhalb der Gefahrenschwelle, die noch keinen Gesundheitsschaden verursachen können (z. B. unangenehme Gerüche). Bei der Frage, ob Nachteile oder Belästigungen erheblich sind, müssen Art, Ausmaß oder Dauer der Immissionen berücksichtigt werden. Mit Ausmaß ist die Intensität der Einwirkung gemeint (z. B. wird ein lautes Geräusch eher als störend empfunden als ein leises). Die Dauer bezieht sich zum einen auf den zeitlichen Umfang der Einwirkung (ist sie langanhaltend oder nur kurz?), zum anderen auf ihre zeitliche Verteilung (für die Erheblichkeit von Lärmimmissionen kann es einen großen Unterschied machen, ob sie tagsüber oder nachts stattfinden). Auch die Art der Einwirkung spielt eine wichtige Rolle für die Erheblichkeit, so wird z. B. Musik regelmäßig weniger störend empfunden als Betriebsgeräusche, auch wenn Ausmaß und Dauer im wesentlichen gleich sein sollten.

Das Bemühen des Gesetzgebers in § 3 BImSchG, den Rechtsbegriff schädliche Umwelteinwirkungen näher zu konkretisieren, kann Auslegungsprobleme allerdings nur zum Teil beseitigen. Die Anwendung komplexer und sprachlich vieldeutiger Termini wie "Gefahr", "erhebliche Belästigungen", "erhebliche Nachteile" bereitet in der Genehmigungspraxis der Verwaltungsbehörden naturgemäß Schwierigkeiten. Da sie sehr viel Raum für individuelle Wertungen zulassen, besteht stets die Gefahr, daß die Genehmigungsbehörden bei verschiedenen Antragstellern zu unterschiedlichen Ergebnissen gelangen können, obwohl die geplanten Anlagen durchaus vergleichbar sind. Daher überprüfen die Behörden das beantragte Vorhaben meist an Hand der TA Luft und TA Lärm (s. o. 3), um festzustellen, ob von ihm schädliche Umwelteinwirkungen ausgehen können oder nicht. Sind die dort festgelegten Grenzwerte für Luftschadstoffe und Geräusche eingehalten, wird davon ausgegangen, daß keine schädlichen Umwelteinwirkungen drohen. Es ist allerdings immer noch umstritten, inwieweit die TA Luft und die TA Lärm für Behörden und Gerichte verbindliche Umsetzungen des Rechtsbegriffes schädliche Umwelteinwirkungen darstellen und ihre Beachtung für die Genehmigung einer Anlage ausreichend ist (vgl. hierzu KLOEPFER 1989, S.404ff.).

Die Anlagen, die vor ihrer Errichtung und Inbetriebnahme einer immissionsschutzrechtlichen Genehmigung bedürfen, werden abschließend in der 4. Verordnung zur Durchführung des BImSchG vom 24.7.1985 (Verordnung über genehmigungsbedürftige Anlagen) aufgezählt. Es handelt sich hierbei um industrielle Großanlagen, von denen Umweltbeeinträchtigungen und Luftverunreinigungen, Geräusche oder Erschütterungen in einem besonderen Maße zu erwarten sind, wie z. B. Kraftwerke, Feuerungsanlagen ab einer bestimmten Wärmeleistung, Anlagen der chemischen Industrie, Großtierhaltungen. Die Genehmigung ist für Vorhaben dieser Art zu erteilen, wenn sie alle Voraussetzungen des § 5 BImSchG erfüllen.

Die Voraussetzungen des § 5 Abs. 1 BImSchG im einzelnen: Die Anlage darf nur so errichtet und betrieben werden, daß schädliche Umwelteinwirkungen nicht hervorgerufen werden können (§ 5 Abs. 1 Nr. 1 BImSchG, zum Begriff der schädlichen Umwelteinwirkungen s. o.). Zweck dieser Regelung ist es, von einer Anlage ausgehende bekannte Gefahren erst gar nicht entstehen zu lassen. Nach § 5 Abs. 1 Nr. 2 BImSchG sind Anlagen so zu errichten und zu betreiben, daß Vorsorge gegen schädliche Umwelteinwirkungen getroffen wird, insbesondere durch die dem Stand der Technik entsprechenden Maßnahmen zur Emissionsbegrenzung. Der Immissionsschutz wird damit über den Schutzgrundsatz des § 5 Abs. 1 Nr. 1 BImSchG hinaus geführt. Vorsorgepflicht meint hier Risikovorsorge unterhalb der Schädlichkeitsschwelle wie auch unterhalb des Restrisikos und erfaßt somit im Gegensatz zu § 5 Abs. 1 Nr. 1 BImSchG auch lediglich potentielle oder sogar noch unbekannte Gefahrenherde (KLOEPFER 1989, S.414f.; von MÜNCH/SCHMIDT-ASSMANN 1992, S.485). Voraussetzung für die Anwendung des § 5 Abs. 1 Nr. 2 BImSchG ist allerdings, daß die Risikovorsorge nach dem Stand der Technik möglich ist. Der Begriff Stand der Technik wird in § 3 Abs. 6 BImSchG definiert als der Entwicklungsstand fortschrittlicher Verfahren, Einrichtungen oder Betriebsweisen, der die praktische Eignung einer Maßnahme zur Begrenzung von Emissionen gesichert erscheinen läßt. Der Betreiber ist also regelmäßig zur Verwendung fortschrittlicher (nicht jedoch nur experimenteller) Methoden verpflichtet. Allerdings darf das Verhältnis von Aufwand und Nutzen bei der Auswahl der einzusetzenden Technik berücksichtigt werden. Schließlich muß nach § 5 Abs. 1 Nr. 3 BImSchG die Anlage so betrieben werden, daß bei der Produktion das Entstehen von Abfallstoffen (Reststoffen) vermieden werden, es sei denn, sie werden ordnungsgemäß und schadlos verwertet oder, wenn Vermeidung und Verwertung technisch nicht möglich oder unzumutbar sind, als Abfälle ohne Beeinträchtigung des Wohls der Allgemeinheit beseitigt.

Die Genehmigung kann unter bestimmten Voraussetzungen erlöschen (§ 18 BImSchG), widerrufen oder zurückgenommen (§ 48 Verwaltungsverfahrensgesetz

-VwVfG-) werden. Außerdem besteht die Möglichkeit, den Betrieb der genehmigten Anlage ganz oder teilweise zu untersagen (§ 20 Abs. 1 BImSchG). Die Genehmigung erlischt, wenn innerhalb einer von der Genehmigungsbehörde gesetzten angemessenen Frist nicht mit der Errichtung oder dem Betrieb der Anlage begonnen worden ist oder die Anlage seit mehr als drei Jahren nicht mehr betrieben wird. Eine fehlerhaft erteilte und damit rechtswidrige Genehmigung kann nach dem für alle Verwaltungsakte geltenden allgemeinen Prinzipien des § 48 VwVfG zurückgenommen werden. Nach § 20 Abs. 1 u. 3 BImSchG darf der Betrieb der Anlage untersagt werden, wenn der Betreiber seinen Pflichten nach dem BImSchG nicht nachkommt. Die Behörde darf eine bereits erteilte Genehmigung auch noch nachträglich mit Anordnungen und sonstigen Nebenbestimmungen versehen, z. B. indem sie den Einbau zusätzlicher Filteranlagen verlangt.

5.2 Abfallrecht

Das Abfallrecht wird im wesentlichen durch das AbfG und die hierauf ergangenen Verwaltungsvorschriften TA Abfall und TA Siedlungsabfall (s. o. 3) geregelt. Nach § 1a AbfG hat die Abfallvermeidung Vorrang vor der Abfallentsorgung. Ist eine Vermeidung nicht möglich, sind Abfälle zu verwerten, d. h. als (aufbereitete) Rohstoffe in den Wirtschaftskreislauf zurückzuführen oder, wenn auch dies nicht möglich ist, so abzulagern oder zu beseitigen, daß die Umwelt nicht gefährdet wird.

Eine allgemeine Definition des Begriffs Abfall findet sich in § 1 AbfG: Abfälle sind bewegliche Sachen, deren sich der Besitzer entledigen will oder deren geordnete Entsorgung zur Wahrung des Wohls der Allgemeinheit, insbesondere des Schutzes der Umwelt, geboten ist. Das AbfG kennt also zwei Formen des Abfalls, die man herkömmlich als subjektiven Abfall (oder auch gewillkürten Abfall) und objektiven Abfall (oder auch Zwangsabfall) bezeichnet. Subjektiver Abfall sind Sachen und Stoffe, deren sich der Besitzer entledigen will; objektiver Abfall sind Sachen und Stoffe, deren geordnete Entsorgung für das Wohl der Allgemeinheit oder zum Schutze der Umwelt unbedingt erforderlich ist, und zwar auch dann, wenn der Besitzer sie behalten und nutzen will. Ob eine Sache als gewillkürter Abfall oder als Zwangsabfall zu betrachten ist, hängt im wesentlichen vom Einzelfall ab. Bei einer entsprechenden Klassifizierung sind verschiedene Einzelfaktoren zu berücksichtigen, wie z. B. die objektive Gefährlichkeit der Sache, der Lagerort, die fachliche Kompetenz des Besitzers. So sind Altbatterien, die zum Zwecke ihres Verkaufs an ein Wiederverarbeitungsunternehmen gelagert werden, kein Abfall, es sei denn, im konkreten Einzelfall geht von ihnen eine Gefahr für das Grundwasser aus (OLG Frankfurt NuR 1990, S.405). Dagegen stellt das Verbrennen von Altreifen zur Wärmeerzeugung die Behandlung von Zwangsabfall dar und bedarf daher einer entsprechenden Genehmigung (OLG Oldenburg, Nds.Rpfl. 1984, S.242). Betriebsabfälle, wie z. B. Ölfässer, Autoreifen, Holzpaletten, Kartonagen, Styroporreste, die auf einem gewerblich genutzten Gelände gelagert werden, um sie alle vier Wochen zu einer Entsorgungsanlage zu bringen, sind in der Regel keine Abfälle i. S. v. § 1 AbfG (BayObLG NuR 1982, S.114). Ungeordnet abgelagerte Fell- und Lederreste und sonstige Gerbereistoffe sind hingegen Abfälle (VGH München GewArch 1981, S.233). Fixierflüssigkeitten, die zur Rückgewinnung der Silberbestandteile gelagert werden, sind wiederum keine Abfälle (VGH Kassel NJW 1987, S.393). Hausmüll bleibt auch dann Abfall, wenn er zur Verfüllung einer Grube verwendet wird (OVG Hamburg DÖV 1975, S.862), ebenso Ölfässer, Altreifen und Kraftfahrzeugteile, wenn sie zu dem gleichen Zweck verwendet werden (BayObLG GewArch 1983, S.247). Ölverseuchter Boden, der gereinigt werden soll, ist stets Abfall (OVG Lüneburg, NuR 1990, S. 180). Schrott, der zur Verwertung gesammelt, gelagert und bearbeitet wird, ist i. d. R. kein Abfall (OLG Koblenz GewArch 1975, S.347). Diese der Rechtsprechung entnommenen Beispiele zeigen deutlich, daß es kaum möglich ist, für eine bestimmte Sache oder einen bestimmten Stoff eindeutig und abschließend festzustellen, ob er Zwangsabfall ist oder nicht. Vielmehr kommt es stets auf den Einzelfall an. Verhältnismäßig gefährliche Stoffe müssen nicht unbedingt Abfall sein, wenn sie ordnungsgemäß, d. h. ohne Gefahren für die Umwelt, gelagert und später als Rohstoff dem Wirtschaftskreislauf zugeführt werden sollen. Dagegen können auch verhältnismäßig umweltverträgliche Stoffe als Abfall betrachtet werden, wenn eine ordnungsgemäße Entsorgung nicht gesichert erscheint, wie z. B. Altpapier, das so gelagert wird, daß es Ungeziefer anlockt.

Die Zulassung der Errichtung und des Betriebs einer Abfallentsorgungsanlage erfolgt grundsätzlich durch den ein Planfeststellungsverfahren abschließenden Planfeststellungsbeschluß (§ 7 Abs. 1 AbfG). Das Planfeststellungsverfahren ist ein besonderes ausgestaltetes Genehmigungsverfahren unter Beteiligung der Öffentlichkeit, das sich oftmals über mehrere Jahre erstrecken kann. In Ausnahmefällen, insbesondere wenn es sich um eine Abfallentsorgungsanlage unbedeutender Größe handelt, darf die Genehmigung in einem erheblich einfacher ausgestalteten Verfahren (z. B. unter Verzicht auf eine Öffentlichkeitsbeteiligung) erteilt werden.

Die materiellen Genehmigungsvoraussetzungen für eine Abfallentsorgungsanlage finden sich in § 8 Abs. 3 AbfG. Dabei werden die einfache abfallrechtliche Anlagengenehmigung und der Planfeststellungsbeschluß vom Gesetzgeber gleich behandelt. In § 8 Abs. 3 werden enumerativ die Tatbestände aufgezählt, in denen die Abfallentsorgungsanlage auf jeden Fall versagt werden muß. Liegt nur einer der Versagungstatbestände vor, darf die Behörde die Genehmigung nicht erteilen. Liegt dagegen keiner der Versagungsgründe vor, ist die Behörde allerdings nicht verpflichtet, die Genehmigung zu erteilen. Vielmehr ist sie befugt, ihr Ermessen zu betätigen, mit der Folge, daß sie die Genehmigung auch verweigern darf. Die Ausübung des Ermessens darf jedoch nicht willkürlich erfolgen, sondern nur auf Grund sachgerechter Erwägungen. § 8 Abs. 3 AbfG nennt vier Versagungstatbestände:

- Die Abfallentsorgungsanlage läuft den für verbindlich erklärten Feststellungen eines Abfallentsorgungsplanes zuwider. Nach § 6 Abs. 1 AbfG stellen die Bundesländer für ihr Gebiet Abfallentsorgungspläne auf. In diesen Plänen sind vor allem die für Abfallentsorgungsanlagen geeigneten Standorte sowie die jeweils zulässige Entsorgungstechnik festzulegen.
- Von dem Vorhaben sind Beeinträchtigungen des Allgemeinwohls zu befürchten, die auch durch Nebenbestimmungen (d. h. behördliche Beschränkungen des beantragten Vorhabens) nicht verhütet oder ausgeglichen werden können. Für das Eingreifen dieses Versagungstatbestandes ist es nicht erforderlich, daß Beeinträchtigungen mit Sicherheit zu erwarten sind. Es genügt, wenn Beeinträchtigungen mit einem gewissen Wahrscheinlichkeitsgrad eintreten können. Wie hoch dieser Wahrscheinlichkeitsgrad sein muß, hängt von der Qualität und Quantität der betroffenen Rechtsgüter ab. Je höher das Rechtsgut in seinem Wert einzustufen ist, desto geringer darf die Wahrscheinlichkeit eines Schadenseintritts sein, um die beantragte Genehmigung zu versagen.
- Von dem Vorhaben drohen nachteilige Wirkungen auf einen anderen (z. B. einen Grundstücksnachbarn) auszugehen, die durch Nebenbestimmungen nicht verhütet oder ausgeglichen werden können. Allerdings ist erforderlich, daß der betroffene Dritte der geplanten Abfallentsorgungsanlage gegenüber der Genehmigungsbehörde ausdrücklich widerspricht. Nachteilige Wirkungen i. S. d. § 8 Abs. 3 AbfG sind ähnlich auszulegen wie die schädlichen Umwelteinwirkungen nach dem BImSchG, insbesondere sind hierunter Luftverunreinigungen oder Lärmeinwirkungen, die die Richtwerte der TA Luft und der TA Lärm übersteigen, zu verstehen.

Nebenbestimmungen: Nach § 8 Abs. 1 u. 2 AbfG darf die Genehmigungsbehörde die Genehmigung mit Nebenbestimmungen versehen, soweit dies zur Wahrung des Wohls der Allgemeinheit erforderlich ist. Dies kann auch noch nach Erteilung der Genehmigung geschehen. Ob und mit welchen Nebenbestimmungen die Behörde die Genehmigung verbinden will, steht in ihrem Ermessen. Zumeist handelt es sich um Auflagen. Mit ihnen können die zur Ablagerung zugelassenen Abfälle festgelegt werden, ihre Überwachung angeordnet werden, der Betreiber zur Beseitigung anfallender Abwässer verpflichtet werden usw.

Rücknahme und Widerruf einer abfallrechtlichen Anlagengenehmigung: Der Planfeststellungsbeschluß oder die Genehmigung einer Abfallentsorgungsanlage können gemäß § 48 VwVfG zurückgenommen werden, wenn sie rechtswidrig sind (z. B. weil die Abfallentsorgungsanlage nicht die Richtwerte der TA Lärm oder der TA Luft einhält). Allerdings muß dem Unternehmer im Falle der Rücknahme sein Schaden, den er dadurch erlitten hat, daß er auf Bestand des Verwaltungsaktes vertraute, ersetzt werden (§ 48 Abs. 3 VwVfG). Meist wird es sich hierbei um den Ersatz sinnlos getätigter Investitionen handeln. Ein Anspruch auf Schadensersatz entfällt, wenn das Vertrauen des Unternehmers auf den Bestand der Genehmigung unter

Abwägung mit dem öffentlichen Interesse nicht schutzwürdig ist. Dies ist dann der Fall, wenn er den Verwaltungsakt mittels arglistiger Täuschung, Drohung oder Bestechung erwirkt hat, den Verwaltungsakt durch Angaben erwirkt hat, die in wesentlicher Hinsicht unrichtig oder unvollständig waren oder die Rechtswidrigkeit des Verwaltungsaktes kannte oder infolge grober Fahrlässigkeit nicht kannte.

Ausnahmsweise darf unter den Voraussetzungen des § 49 Abs. 1 und 2 VwVfG auch eine rechtsmäßige Anlagengenehmigung widerrufen werden. Der Widerruf ist zulässig,
- wenn er in einer Rechtsvorschrift zugelassen oder die Behörde ihn sich in der Genehmigung ausdrücklich vorbehalten hat,
- wenn der Unternehmer die mit der abfallrechtlichen Genehmigung verbundenen Auflagen nicht erfüllt,
- wenn die Behörde auf Grund nachträglich eingetretener Tatsachen berechtigt wäre, die Genehmigung nicht zu erlassen und ohne den Widerruf das öffentliche Interesse gefährdet würde,
- wenn zwischenzeitlich eine Rechtsänderung eingetreten ist und die Behörde auf Grund der neuen Rechtsvorschriften berechtigt oder verpflichtet wäre, die Genehmigung zu verweigern.

Auch im Falle des Widerrufs einer Genehmigung hat der Unternehmer grundsätzlich einen Anspruch auf Entschädigung.

5.3 Atomrecht

Das AtG regelt die Erteilung von Genehmigungen zur Errichtung, zum Betrieb und zur wesentlichen Änderung von Anlagen, die der Erzeugung, Bearbeitung und Verarbeitung von Kernbrennstoffen dienen. Erfaßt werden vom AtG demnach alle Kernkraftwerke unabhängig von ihrem Reaktortyp, Anreicherungsanlagen, Brennelementfabriken sowie Wiederaufbereitungsanlagen. Für die Anwendbarkeit des AtG spielt es keine Rolle, ob die kerntechnische Anlage ortsfester oder ortsveränderlicher Natur (wie z. B. bei Schiffsreaktoren) ist. Nach § 7 Abs. 3 AtG bedürfen auch die Stillegung, der Einschluß und der Abbau von Anlagen und Anlagenteilen einer Anlagengenehmigung.

§ 7 Abs. 2 AtG regelt die Voraussetzungen, unter denen eine kerntechnische Anlage genehmigt werden darf. Die Anlagengenehmigung ist zu versagen, wenn nur eine der in § 7 Abs. 2 AtG genannten Genehmigungsvoraussetzungen nicht erfüllt ist. Sind sie erfüllt, so hat der Antragsteller dennoch keinen Rechtsanspruch auf Erteilung der Genehmigung. Vielmehr ist die Entscheidung hierüber in das Ermessen der Behörde gestellt, die auf Grund sachgerechter Erwägungen die

Genehmigung versagen darf. - Die Genehmigungsvoraussetzungen des § 7 Abs. 2 AtG lauten im einzelnen:

Es dürfen keine Tatsachen vorliegen, aus denen sich Bedenken gegen die Zuverlässigkeit des Antragstellers und der für die Errichtung, Leitung und Beaufsichtigung des Betriebs der Anlage verantwortlichen Personen ergeben. Des weiteren müssen diese Personen sowie die sonst bei dem Betrieb der Anlage tätigen Personen über die hierfür erforderliche Fachkunde verfügen.

Gemäß § 7 Abs. 2 Nr. 3 AtG muß die nach dem Stand von Wissenschaft und Technik erforderliche Vorsorge gegen Schäden bei Errichtung und Betrieb der Anlage beachtet werden. Diese Voraussetzung des § 7 Abs. 2 AtG wird näher konkretisiert durch die Strahlenschutzverordnung. § 7 Abs. 2 Nr. 3 AtG ist Ausfluß des Vorsorgeprinzips (s. o. 4.1). Bei der Entscheidung, ob eine Anlagengenehmigung erteilt werden kann, müssen daher auch solche Schadensmöglichkeiten in Betracht gezogen werden, die sich deshalb nicht ausschließen lassen, weil nach dem derzeitigen Wissensstand bestimmte Ursachenzusammenhänge weder bejaht noch verneint werden können und insoweit nur ein "Gefahrenverdacht" besteht. Schutzmaßnahmen dürfen daher nicht allein erst aufgrund "vorhandenen ingenieurmäßigen Erfahrungswissens" ergriffen, sondern müssen schon anhand "bloß theoretischer" Überlegungen und Berechnungen in Betracht gezogen werden (BVerwGE 72, S.300 und S.314). Art und Ausmaß der erforderlichen Schadensvorsorge haben sich nach dem Stand von Wissenschaft und Technik zu richten. Die Bezugnahme auf den Stand der Technik bedeutet, daß nur solche Anlagen genehmigt werden dürfen, die den gegenwärtig erreichten technischen Standards entsprechen. Mit der Bezugnahme auf den Stand der Wissenschaft wird die Genehmigungsmöglichkeit ein weiteres Mal eingeschränkt. Es muß diejenige Vorsorge gegen Schäden getroffen werden, die nach den neuesten wissenschaftlichen Erkenntnissen für erforderlich gehalten wird. Läßt sie sich technisch noch nicht verwirklichen, darf die Genehmigung nicht erteilt werden. Die erforderliche Vorsorge wird also nicht durch das technisch gegenwärtig Machbare begrenzt (BVerfGE 49, S.89 und S.136). Das nach Durchführung der so für notwendig erachteten Vorsorgemaßnahmen noch verbleibende Restrisiko muß allerdings hingenommen werden.

§ 7 Abs. 2 Nrn. 4 u. 5 AtG nennen als weitere Genehmigungsvoraussetzungen, daß die erforderliche Vorsorge für die Erfüllung gesetzlicher Schadensersatzverpflichtungen getroffen ist und der erforderliche Schutz gegen Einwirkungen Dritter (z. B. Terroranschläge) gewährleistet ist. Bei den Genehmigungsvoraussetzungen des § 7 Abs. 2 Nrn. 3 - 5 AtG handelt es sich um drittschützende Normen, d. h., daß jedermann gegen die Erteilung einer Anlagengenehmigung Klage vor dem Verwaltungsgericht erheben darf, wenn er behaupten kann, in seinen Rechten aus § 7 Abs. 2 Nrn. 3 - 5 AtG verletzt zu sein.

Die Anlagengenehmigung kann als Vollgenehmigung ergehen. Wie im Immissionsschutzrecht ist aber auch die Erteilung eines Vorbescheides (§ 7a AtG) oder einer Teilgenehmigung (§§ 7b AtG, 18. Atomrechtliche Verfahrensverordnung) möglich. Gemäß § 17 Abs. 1 AtG darf die Anlagengenehmigung - auch nachträglich - inhaltlich beschränkt und mit Auflagen verbunden werden. Die rechtswidrig erteilte Anlagengenehmigung darf zurückgenommen werden (§ 17 Abs. 2 AtG). Die Entscheidung hierüber steht im Ermessen der Behörde. Unter den strengen Voraussetzungen des § 17 Abs. 3 AtG kann auch eine rechtmäßig erteilte Anlagengenehmigung widerrufen werden.

5.4 Gewässerschutzrecht

Zentrales Regelungswerk für das Gewässerschutzrecht ist, auch wenn es sich hierbei nur um ein Rahmengesetz handelt, das WHG. Sein Ziel ist der Schutz der oberirdischen Gewässer (z. B. Ströme, Teiche, Weiher), der Küstengewässer und des Grundwassers (§ 1 Abs. 1 WHG). Keine Gewässer i. S. d. WHG sind dagegen Wasser- und Abwasserleitungen sowie sonstiges in Behältnisse gefaßtes Wasser, das den natürlichen Zusammenhang mit dem Wasserhaushalt verloren hat (z. B. Schwimmbecken) (KLOEPFER 1989, S.606; BREUER 1987a, S.28). Nach § 1a Abs. 1 WHG sind die Gewässer als Bestandteil des Naturhaushalts so zu bewirtschaften, daß sie dem Wohl der Allgemeinheit und, im Einklang hiermit, auch dem Nutzen einzelner dienen, wobei jede vermeidbare Beeinträchtigung zu unterbleiben hat. Bewirtschaftung in diesem Zusammenhang bedeutet demnach also nicht nur eine möglichst ökonomische Ausnutzung der vorhandenen Ressourcen, sondern auch und vor allem die planende Vorsorge für einen auf Dauer geordneten Wasserhaushalt (KLOEPFER 1989, S.607). Die wichtigsten Instrumente der staatlichen Gewässerbewirtschaftung nach dem WHG sind das generelle Verbot der Gewässerbenutzung (von dem als Erlaubnisse oder Bewilligungen bezeichnete Ausnahmen erteilt werden dürfen), Mindeststandards für das Einleiten von Abwasser sowie die Festsetzung von Wasserschutzgebieten auf Grund von Rechtsverordnungen.

Das wohl wichtigste Instrument zur Bewirtschaftung oberirdischer Gewässer ist das Erlaubnis- und Bewilligungserfordernis nach § 2 WHG. Danach bedarf jede Benutzung eines Gewässers einer behördlichen Erlaubnis oder Bewilligung. Gewässerbenutzungen sind z. B. das Entnehmen und Ableiten von Wasser, das Aufstauen oder Absenken von Gewässern, das Einleiten und Einbringen von Stoffen in Gewässer. Die staatliche Vorwegkontrolle der Gewässerbenutzung ist damit nahezu umfassend. Nur noch wenige Benutzungen von wasserwirtschaftlich geringer Bedeutung sind heutzutage noch zulassungsfrei, wie z. B. das Baden, das Schöpfen von Wasser in geringen Mengen mit Handgefäßen, das Tränken von Vieh. Mit der Erlaubnis oder Bewilligung erhält der Unternehmer ein subjektiv-öffentliches Recht, das Gewässer zu dem im Bescheid näher bezeichneten Zweck zu benutzen.

Eine Erlaubnis ist die widerrufliche Befugnis, ein Gewässer zu einem bestimmten Zweck in einer nach Art und Maß bestimmten Weise zu benutzen. Sie darf grundsätzlich befristet werden (§ 7 Abs. 1 WHG). Die Bewilligung gewährt das Recht, ein Gewässer in einer nach Art und Maß bestimmten Weise zu benutzen (§ 8 Abs. 1 WHG) . Die Unterscheidung von Befugnis und Recht ist charakteristisch für das WHG und findet sich in einer Reihe von Vorschriften. Grundsätzlich kann jede Genehmigung einer Gewässerbenutzung in der Form der Erlaubnis oder der Bewilligung ergehen. Bewilligung und Erlaubnis unterscheiden sich im wesentlichen dadurch, daß die Bewilligung dem Nutzungsberechtigten eine stärker gegen späteren Entzug gesicherte Rechtsposition vermittelt als die Erlaubnis. Während § 7 WHG die Erlaubnis generell für widerruflich erklärt (ohne daß dies in der Genehmigung ausdrücklich angeordnet werden müßte) und für diesen Fall dem Unternehmer auch keinen Entschädigungsanspruch gegenüber dem Staat gewährt, sieht das WHG für die Bewilligung nur ausnahmsweise und oftmals auch nur unter Zahlung einer angemessenen Entschädigung eine Widerrufsmöglichkeit vor.

Hinsichtlich der Voraussetzungen, die erfüllt sein müssen, damit eine der beiden Genehmigungsformen erteilt werden können, bestehen zwischen Bewilligung und Erlaubnis keine Unterschiede. Gemäß § 6 WHG sind die Erlaubnis oder die Bewilligung zu versagen, wenn von der beabsichtigten Gewässerbenutzung eine Beeinträchtigung des Wohls der Allgemeinheit, insbesondere eine Gefährdung der öffentlichen Wasserversorgung, zu erwarten ist, die nicht durch Auflagen oder andere Maßnahmen verhütet werden kann.

Ist eine Beeinträchtigung des Gemeinwohls durch die beantragte Genehmigung nicht zu erwarten, folgt daraus keine Verpflichtung der Behörde, eine Erlaubnis oder Bewilligung zu erteilen. Vielmehr steht ihr auch bei Vorliegen der Voraussetzungen des § 6 WHG ein weites und umfassendes Bewirtschaftungsermessen zu (BVerwGE Bd. 78, S.44; Bd. 81, S.348; BVerwG ZfW 1988, S.346). Ohne ein solches Bewirtschaftungsermessen wäre eine geordnete Wasserwirtschaft, d. h. Schonung des Wassers als wesentlicher Teil des Naturhaushalts, gar nicht möglich (BVerfGE Bd. 58, S.347). Die Behörde könnte nicht mehr rasch genug auf die veränderlichen allgemeinen Wirtschaftsverhältnisse und die damit verbundene wasserwirtschaftliche Entwicklung reagieren. So kann die zuständige Behörde die Erteilung einer wasserrechtlichen Genehmigung z. B. dann verweigern, wenn die Gefahr besteht, daß andere Interessenten unter Berufung auf die Entscheidung ebenfalls eine Genehmigung begehren und dadurch eine wasserwirtschaftlich bedenkliche Entwicklung einleiten würden oder die beantragte Wasserfördermenge in voraussehbarer Zukunft nicht benötigt wird (VGH Mannheim ZfW 1981, S.29; OVG Münster ZfW 1979, S.59; OVG Münster ZfW 1986, S.397). Auch subjektive Aspekte - wie etwa die Zuverlässigkeit des Unternehmers - darf die Behörde im Rahmen ihres Ermessens berücksichtigen (GIESEKE et al. 1992; § 6 WHG, Rdnr. 8).

Der Schutz des Grundwassers vor potentiellen Verunreinigungen geht über den oben beschriebenen Schutz oberirdischer Gewässer noch weit hinaus und wird durch das WHG auf drei Ebenen gewährleistet: durch das Grundsatzverbot des § 34 Abs. 2 WHG, durch die §§ 19a ff. WHG, welche den Umgang mit wassergefährdenden Stoffen regeln und schließlich durch die Einrichtung von Wasserschutzgebieten nach § 19 WHG.

Das Einleiten von Stoffen in das Grundwasser kann gemäß § 34 Abs. 1 WHG nur mittels einer Erlaubnis genehmigt werden und auch nur dann, wenn eine schädliche Verunreinigung des Grundwassers oder eine sonstige nachteilige Veränderung seiner Eigenschaften nicht zu besorgen ist.

§ 34 Abs. 2 WHG verbietet die Lagerung an der Ablagerung von Stoffen oder die Beförderung von Flüssigkeiten und Gasen durch Rohrleitungen, soweit dadurch eine schädliche Verunreinigung des Grundwassers zu besorgen ist. Die Begriffe "schädliche Verunreinigungen" und "nachteilige Veränderungen" sind (wie auch in § 34 Abs. 1 WHG) weit zu verstehen. Erfaßt wird jede äußerlich erkennbare nachteilige Veränderung des Grundwassers, wie z. B. Trübungen, Schaumbildungen, Ölspuren. Lediglich belanglose oder neutrale Veränderungen des Grundwassers sind von § 34 Abs. 2 WHG ausgeschlossen. Eine schon vorhandene Verunreinigung schließt eine weitere nachteilige Veränderung grundsätzlich nicht aus. Da § 34 Abs. 2 WHG alleine für den Schutz des Grundwassers nicht ausreichend ist, hat der Gesetzgeber mit den §§ 19a bis 19l WHG ein umfangreiches Recht des Schutzes vor wassergefährdenden Stoffen entwickelt. Diese Vorschriften gehen als Sonderregelungen dem § 34 Abs. 2 WHG vor.

Nach § 19a WHG bedürfen die Errichtung und der Betrieb von Rohrleitungsanlagen (Pipelines) zum Befördern wassergefährdender Stoffe der Genehmigung der Wasserbehörde. Für die Frage, welche Stoffe als wassergefährdend einzustufen sind, ist zunächst § 19a Abs. 2 WHG einschlägig. Wassergefährdend sind danach Rohöle, Benzine, Diesel-Kraftstoffe und Heizöle. Darüber hinaus wird die Bundesregierung ermächtigt, durch Rechtsverordnung andere flüssige oder gasförmige Stoffe, die geeignet sind, Gewässer zu verunreinigen oder sonst nachteilig zu verändern, als wassergefährdende Stoffe zu deklarieren. Dies ist mit Erlaß der Verordnung über wassergefährdende Stoffe bei der Beförderung in Rohrleitungsanlagen von 1973, die einen Katalog von wassergefährdenden Stoffen enthält, geschehen.

Gemäß § 19b Abs. 2 WHG ist die Genehmigung für eine Rohrleitungsanlage zum Transport wassergefährdender Stoffe zu verweigern, wenn durch ihre Errichtung oder ihren Betrieb eine schädliche Verunreinigung der Gewässer oder eine sonstige nachteilige Veränderung ihrer Eigenschaften zu besorgen ist und auch durch Auflagen nicht verhütet oder ausgeglichen werden kann. Die Genehmigung einer Anlage nach § 19a WHG darf grundsätzlich mit Auflagen und Bedingungen versehen sowie zeitlich befristet werden (§ 19b Abs. 1 WHG). Allerdings dürfen gemäß § 19c WHG nachträgliche Beschränkungen grundsätzlich nur gegen Entschädigung angeordnet werden.

Von ebenfalls großer praktischer Bedeutung sind die Vorschriften über Anlagen zum Lagern, Abfüllen, Umschlagen, Herstellen und Behandeln wassergefährdender Stoffe (§§ 19g ff. WHG). Als wassergefährdende Stoffe erwähnt § 19g WHG Jauche, Gülle, Silagesickersäfte, Säuren, Laugen, Alkalimetalle, Siliciumlegierungen, metallorganische Verbindungen, Halogene, Säurehalogenide, Metallcarbonyle, Beisalze, Mineral- und Teerölprodukte, flüssige oder wasserlösliche Kohlenwasserstoffverbindungen, Alkohlele, Aldehyde, Ketone, Ester sowie halogen-, stickstoff- und schwefelhaltige organische Verbindungen. Im übrigen wird der Bundesumweltminister ermächtigt, mit Zustimmung des Bundesrates allgemeine Verwaltungsvorschriften zu erlassen, in denen auch andere Stoffe als wassergefährdend klassifiziert werden können. Dies ist mit der Verwaltungsvorschrift über wassergefährdende Stoffe vom 9.3.1990 geschehen.

Der Begriff der Anlage ist, wie auch sonst im WHG, weit auszulegen. Unter Anlage ist jede zum Umgang mit wassergefährdenden Stoffen bestimmte, (auch nur vorübergehend) ortsfeste Einrichtung zu verstehen. Auf das Vorhandensein baulicher Anlagen, technischer Geräte, maschineller oder sonstiger Teile kommt es nicht an (SALZWEDEL/REINHARDT 1991). Anlagen sind daher z. B. Lagerplätze holzverarbeitender Betriebe, in denen Holzschutzmittel verwendet werden, chemische Reinigungsanlagen, aber auch Tankfahrzeuge, Eisenbahnkesselwagen oder Aufsetztanks, wenn sie nur für eine gewisse Dauer abgestellt worden sind (GIESEKE 1992; § 19g WHG, Rdnr. 2).

Anlagen nach § 19g WHG dürfen gemäß § 19h WHG nur in Betrieb genommen werden, wenn ihre Eignung für die geplante Verwendung von der zuständigen Behörde festgestellt worden ist. Auch wenn der Gesetzgeber diesen Begriff vermeidet, handelt es sich bei der Eignungsprüfung faktisch um eine Genehmigung, ähnlich der für eine Rohrleitungsanlage i. S. d. § 19a Abs. 1 WHG. Allerdings sind die Anforderung für eine Eignungsfeststellung i. d. R. weniger streng als die für eine Genehmigung nach § 19b WHG. Soweit Anlagen oder Anlagenteile i. S. d. § 19g Abs. 1 WHG serienmäßig hergestellt werden, kann an die Stelle der Eignungsprüfung eine Bauartzulassung für den Anlagentyp treten. Nimmt ein Unternehmer eine Anlage in Betrieb, die dem zugelassenen Anlagentyp nachgebaut ist, braucht eine individuelle Eignungsprüfung nicht mehr durchgeführt werden.

§ 19 WHG ermächtigt die Wasserbehörden, Wasserschutzgebiete einzurichten, insbesondere um das Grundwasser als intaktes Reservoir für die öffentliche Wasserversorgung zu erhalten. In den Wasserschutzgebieten können bestimmte Handlungen verboten und die Eigentümer und Nutzungsberechtigten der in dem fraglichen Gebiet gelegenen Grundstücke zur Duldung oder Vornahme bestimmter Maßnahmen verpflichtet werden, wenn dies zum Schutz des Grundwassers erforderlich ist.

5.5 Bodenschutzrecht

Der Begriff "Boden" wird in zahlreichen Gesetzen erwähnt. Eine allgemeinverbindliche normative Begriffsbestimmung gibt es indes nicht. Nach bodenkundlichen Erkenntnissen wird der Boden definiert als Naturkörper, der in einer dünnen Schicht einen Teil der Erdoberfläche bedeckt. Er stellt sich als dynamisches System dar, das mit Wasser, Luft und Lebewesen durchsetzt ist und in dem mineralische und organische Substanzen enthalten sind, die durch physikalische, chemische und biologische Prozesse umgewandelt wurden und werden. Unter Bodenverschmutzung versteht man die Anreicherung des Bodens mit Schadstoffen. Die Ursachen hierfür sind unterschiedlicher Natur. Bodenverschmutzungen können durch das ungesicherte Ablagern von Abfällen und Produktionsrückständen entstehen. Schadstoffe gelangen auch aus der Luft (z. B. durch Regen) in das Erdreich. Die Versauerung der Waldböden und damit das Waldsterben sind zumindest teilweise auf die Einwirkung von Luftschadstoffen zurückzuführen. Schließlich können Schadstoffe auch infolge von Überdüngung mit Klärschlamm oder anderen Düngemitteln in den Boden gelangen und das Erdreich kontaminieren.

Baden-Württemberg und Sachsen haben 1992 als erste Bundesländer eigene Bodenschutzgesetze erlassen. Andere Bundesländer werden folgen. Mit einem Bundesbodenschutzgesetz muß in nicht allzu ferner Zukunft ebenfalls gerechnet werden. Dieses wird aller Wahrscheinlichkeit nach ein Rahmengesetz sein, das ähnlich dem WHG bestimmte Grundfragen des Bodenschutzes regelt und die nähere Ausgestaltung den Landesbodenschutzgesetzen überläßt. Der Schutz der anderen Umweltmedien, insbesondere der Atmosphäre, des Wassers und der Natur, durch hierfür bestimmte Gesetze hat eine verhältnismäßig lange Tradition, die z. T. bis in die frühen 50er Jahre zurückreicht. Auf den ersten Blick mag diese etwas stiefmütterliche Behandlung des Bodenschutzes in der Gesetzgebung des Bundes und der Länder überraschen. Verständlicher wird die diesbezügliche Abstinenz des Gesetzgebers jedoch, wenn man bedenkt, daß der Boden durch das Immissionsschutz-, Naturschutz- und Wasserrecht weitgehend mitgeschützt wird (MINISTERIUM FÜR UMWELT, RAUMORDNUNG UND LANDWIRTSCHAFT DES LANDES NORDRHEIN-WESTFALEN 1991, S.79). Im übrigen standen schon immer das Baurecht und das Polizeirecht bereit, gefährlichen Bodenbeeinträchtigungen zu begegnen. So verfolgt z. B. das BImSchG zwar in erster Linie die Reduzierung der Schadstoffe in der Luft, was aber zur Folge hat, daß dann auch weniger Schadstoffe über den Regen in den Boden gelangen. Das Naturschutzrecht und das Baugesetzbuch enthalten Vorschriften, die die Zersiedelung der Landschaft und damit sinnlosen Bodenverbrauch verhindern sollen. Das Polizeirecht ermöglicht es, Personen, die auf einem Grundstück bodengefährdende Stoffe abgelagert haben, bzw. den Eigentümer des belasteten Grundstücks, zur Beseitigung zu verpflichten. Von besonderer Bedeutung für den Bodenschutz ist das Wasserrecht, und hier wiederum die

Vorschriften zum Schutz des Grundwassers. Schutz des Grundwassers bedeutet auch Schutz des Bodens. Ein nicht unerheblicher Teil der Schadstoffe, die sich im Grundwasser finden, sind aus dem Boden durch das Regenwasser herausgeschwemmt worden und so in das Grundwasser gelangt. Wer das Grundwasser schützen will, kommt nicht umhin, auch den Boden zu schützen.

Der Begriff der "Altlast" steht für eines der Hauptprobleme in der aktuellen Diskussion zum Bodenschutz. Unter Altlasten versteht man üblicherweise solche Abfallablagerungen und Standorte von stillgelegten Gewerbe- und Industriebetrieben, die durch eine Schadstoffanreicherung im Boden, evtl. verbunden mit einer Gewässergefährdung oder -schädigung, gekennzeichnet und noch vor dem Inkrafttreten der Abfallgesetze des Bundes und der Länder entstanden sind (BENDER/SPARWASSER 1990, Rdnr. 1048; BREUER 1987b, S.751-752). Das Bundes-Abfallgesetz (AbfG) bezeichnet die solchermaßen betroffenen Grundstücksflächen in § 9 als "ortsfeste Abfallentsorgungsanlagen, die vor dem 11. Juni 1972 betrieben wurden". Auf sie ist daher das AbfG nur in beschränktem Maße anwendbar. Hinzu kommt, daß es sich bei vielen Altlasten auch nicht um Abfälle i. S. d. § 1 Abs. 1 AbfG handelt. Nach dieser Vorschrift können nur bewegliche Gegenstände Abfälle sein. Grundstücke werden somit nicht erfaßt. Zum Teil wird unter einer Altlast schlechthin jede in der Vergangenheit begründete Verunreinigung von Böden mit umweltgefährdenden Stoffen verstanden (sog. weiter Altlastenbegriff).

Da hinsichtlich der Altlasten i. d. R. weder das WHG noch das AbfG einschlägig sind, bestimmt sich die Frage, ob eine Sanierung durchgeführt werden muß und welcher Personenkreis die hierfür erforderlichen Kosten zu tragen hat, meist nach dem Polizeirecht der einzelnen Bundesländer. Ein Grundstück, das mit gefährlichen Schadstoffen kontaminiert ist, stellt eine Gefahr für die öffentliche Sicherheit dar. Die Ordnungsbehörden sind daher berechtigt - und bei erheblichen Gesundheitsgefahren - auch verpflichtet, die zur Sanierung erforderlichen Maßnahmen zu treffen. Üblicherweise geschieht dies dadurch, daß einer Person durch Ordnungsverfügung aufgegeben wird, auf ihre Kosten die Dekontamination des Grundstücks durchzuführen.

Besonders problematisch wird hierbei die Frage empfunden, welche Person zur Sanierung herangezogen werden soll. Zur Auswahl stehen grundsätzlich der Grundstückseigentümer als Zustandsstörer und derjenige, der die Ablagerungen vorgenommen hat, als Verhaltensstörer. Im Polizeirecht gilt der Grundsatz, daß sich die zuständige Behörde bei ihren Maßnahmen ausschließlich von Gesichtspunkten einer effektiven Gefahrenabwehr zu leiten hat. Dies kann jedoch gerade im Hinblick auf die Altlastenproblematik zu Härten führen. Häufig ist eine Inanspruchnahme des Verhaltensstörers aussichtslos, sei es, weil er nach all den Jahren nicht mehr bekannt ist, sei es, weil er zur Sanierung finanziell nicht mehr in der Lage ist. Betrachtet man als Maßstab für das behördliche Handeln eine möglichst effektive Gefahrenabwehr, bleibt in einer solchen Situation nur noch die Verpflichtung des Eigentümers zur Grundstückssanierung. Oftmals hat aber dieser sein Grundstück gutgläubig, d. h. in

Unkenntnis der Altlast erworben. Zahlreiche Stimmen in der rechtswissenschaftlichen Literatur halten es in einer solchen Situation für unbillig, den Eigentümer mit nicht selten millionenteuren Sanierungskosten zu belasten. Daher soll die polizeirechtliche Zustandshaftung ausgeschlossen sein, wenn der Eigentümer die Bodenverunreinigung weder verursacht noch gebilligt oder erkannt hat (vgl. SEIBERT 1992, S.664-673; BREUER 1987b, S.751-752). Diese Auffassung hat nunmehr eine gesetzliche Regelung in § 21 Abs. 1 Satz 1 Nr. 5 des hessischen Abfallgesetzes erfahren.

Neben den Altlasten ist die landwirtschaftliche Nutzung ein weiterer wichtiger Problempunkt des Bodenschutzrechts. Im Rahmen der landwirtschaftlichen Nutzung kann der Boden sowohl durch übermäßige Düngung (insbesondere durch die Verwendung von Klärschlamm) als auch durch den Einsatz von Pflanzenschutzmitteln gefährdet oder geschädigt werden. Als besonders problematisch für den Boden hat sich die Aufbringung des stark schadstoffhaltigen Klärschlamms erwiesen. 29% des Klärschlammaufkommens in der Bundesrepublik wird in der Landwirtschaft verwendet (KLOEPFER 1989, S.829). Die Verwendung von Klärschlamm in der Forst- und Landwirtschaft darf gemäß § 15 Abs. 1 AbfG den Boden nicht gefährden und unterliegt der behördlichen Überwachung nach § 11 Abs. 1 AbfG. Näheres regelt die Klärschlammverordnung von 1982. Nicht vergessen werden darf schließlich die Bodengefährdung durch Pflanzenschutzmittel. Als wichtigstes Gesetzeswerk ist in diesem Bereich das Pflanzenschutzgesetz (PflSchG) von 1986 zu erwähnen.

5.6 Naturschutzrecht

Die größte Herausforderung des Naturschutzrechts in Deutschland ist in dem schleichenden und weithin irreversiblen Verlust pflanzlicher und tierischer Arten infolge übermäßigen Flächenverbrauchs und intensiver landwirtschaftlicher Nutzung zu erblicken. Hauptaufgabe des Naturschutzes ist es daher, flächendeckend ein breites Spektrum höherwertiger pflanzlicher und tierischer Arten wiederherzustellen. Zur Bewältigung dieser schwierigen Aufgabe hat der Bundesgesetzgeber den zuständigen Behörden das BNatSchG zur Verfügung gestellt, das, wie das WHG, ein Rahmengesetz ist. Der Bundesgesetzgeber hat im BNatSchG nur die Ziele des Naturschutzes abstecken sowie den Behörden einige wenige Instrumente zu ihrer Verwirklichung an die Hand geben können. Die Konkretisierung des Naturschutzes ist weitestgehend den Gesetzgebern in den einzelnen Bundesländern überlassen. Diese sind mit dem Erlaß der verschiedenen Landschaftsgesetze in den einzelnen Bundesländern auch entsprechend tätig geworden.

Die wichtigsten behördlichen Instrumente zum Naturschutz nach dem BNatSchG sind die Landschaftsprogramme, Landschaftsrahmenpläne und Landschaftspläne. Die Landschaftsprogramme und Landschaftsrahmenpläne werden von dem jeweils zuständigen Minister eines Bundeslandes aufgestellt. In diesen Plänen werden die überörtlichen Erfordernisse und Maßnahmen zur Verwirklichung der Ziele des Naturschutzes und der Landschaftspflege unter Beachtung der Grundsätze und Ziele der Raumordnung und Landesplanung dargestellt. Dabei betreffen die Landschaftsprogramme jeweils ein ganzes Bundesland, die Landschaftsrahmenpläne großflächige Teile eines Bundeslandes (§ 5 Abs. 1 BNatSchG).

Während die Landschaftsprogramme und Landschaftsrahmenpläne durch die Verpflichtung der Länder zur Schaffung eines flächendeckenden Biotopsystems dem überörtlichen Naturschutz dienen, soll mit den Landschaftsplänen der kleinräumige örtliche Naturschutz verwirklicht werden. Zentrale bundesrechtliche Vorschrift für die Erstellung der Landschaftspläne ist § 6 BNatSchG. Danach sind die örtlichen Erfordernisse und Maßnahmen zur Verwirklichung der Ziele des Naturschutzes und der Landschaftspflege in den Landschaftsplänen mit Text, Karte und zusätzlicher Begründung näher darzustellen. Der Landschaftsplan enthält daher Darstellungen des vorhandenen, aber auch des angestrebten Zustandes von Natur und Landschaft sowie der hierfür erforderlichen Maßnahmen. Zuständig für die Aufstellung der Landschaftspläne sind i. d. R. die Kreise und kreisfreien Städte, also die Behörden, denen auch die Bauleitplanung obliegt.

Die Rechtsnatur, und damit die rechtliche Verbindlichkeit, der Landschaftspläne ist im Landesrecht unterschiedlich geregelt und oftmals eher schwach ausgebildet. Meist sprechen sie nur politische Zielvorstellungen aus, die nach Möglichkeit zu einem bestimmten Zeitpunkt verwirklicht sein sollten. Allerdings darf der Wert der Landschaftspläne für den Naturschutz nicht allein nach dem Grad ihrer Verbindlichkeit bewertet werden. Es genügt, daß die Schutzwürdigkeits- und Gefährdungsprofile deutlich hervortreten. Dann werden sich im Laufe der Zeit daraus Umweltstandards entwickeln, die als normkonkretisierende Verwaltungsvorschriften, ähnlich der TA Luft und der TA Lärm, für die Verwaltung verbindlich sind.

6 Literatur

BENDER, B. und R. SPARWASSER (1990): Umweltrecht. - Heidelberg (2. Aufl.)

BREUER, R. (1987a): Öffentliches und privates Wasserrecht. - München (2. Aufl.)

BREUER, R. (1987b): Rechtsprobleme der Altlasten in: Neue Zeitschrift für Verwaltungsrecht 6, S.751-761

GIESEKE, P./W. WIEDEMANN und M. CZYCHOWSKI (1992): Wasserhaushaltsgesetz. - München (6. Aufl.)

KLOEPFER, M. (1989): Umweltrecht. - München

KLOEPFER, M./E. REHBINDER und E. SCHMIDT-ASSMANN (1991): Umweltgesetzbuch: Allgemeiner Teil. - Berlin

MINISTERIUM FÜR UMWELT, RAUMORDNUNG UND LANDWIRTSCHAFT DES LANDES NORDRHEIN-WESTFALEN (Hrsg.) (1991): Grundfragen des Bodenschutzrechts. - Düsseldorf

MÜNCH, I. von und E. SCHMIDT-ASSMANN (Hrsg.) (1992): Besonderes Verwaltungsrecht. - Berlin (9. Aufl.)

SALZWEDEL, J. und M. REINHARDT (1991): Neuere Tendenzen im Wasserrecht in: Neue Zeitschrift für Verwaltungsrecht 10, S.946-952

SEIBERT, M.-J. (1992): Altlasten in der verwaltungsgerichtlichen Rechtsprechung in: Deutsches Verwaltungsblatt 107, S.664-673

Die Allianz Stiftung. Ein Beispiel für gesellschaftliche Verantwortung zum Schutz der Umwelt

Lutz Spandau (München)

1   Einleitung

Aus Anlaß ihres 100jährigen Jubiläums hat die Allianz im Jahre 1990 eine Stiftung bürgerlichen Rechts errichtet. Sie führt den Namen Allianz Stiftung zum Schutz der Umwelt und hat ihren Sitz in München. Mit einem von den Allianz Gesellschaften aufgebrachten Stiftungskapital von 100 Mio. DM gehört die Allianz Stiftung zu den größten Einrichtungen Deutschlands, die sich zum Ziel gesetzt haben, zu einem lebenswerten Dasein in einer sicheren Zukunft beizutragen.

Mit der Allianz Stiftung will das Unternehmen ein Zeichen für sein Verständnis gesellschaftlicher Verantwortung setzen. So werden seit 1990 Projekte mit einem Fördervolumen von 25 Mio. DM unterstützt. Die Projekte sind Beleg für das Bemühen, den Stiftungsauftrag so fachkundig wie möglich zu erfüllen, der nicht ein mehr oder weniger unverbindliches Umweltsponsoring zum Ziel hat, sondern die Förderung unmittelbar wirksamer Maßnahmen im Mensch-Umwelt-System. Planung, Organisation, Durchführung und Kontrolle sämtlicher umweltbezogener Aktivitäten sind denn auch die Hauptaufgaben der Stiftung. In den folgenden Ausführungen werden nach der Darstellung von Grundsätzen für ökologische Sponsorships ausgewählte Förderprojekte der Allianz Stiftung vorgestellt.

2   Ökologische Sponsorships

Für ein Umweltengagement können in Abhängigkeit von den Erwartungen an die Leistungen und Gegenleistungen sowie dem eigenen Selbstverständnis der Förderer drei Typen von "Ökosponsoren" unterschieden werden (nach BRUHN 1994):

a. Altruistische Ökomäzene
Diese zeichnen sich dadurch aus, daß ökologische Organisationen oder Vorhaben unterstützt werden, ohne daß konkrete Gegenleistungen erwartet werden und der Ökomäzen in der Öffentlichkeit genannt wird. Diese Form ist am häufigsten bei ökologischen Engagements von Stiftungen oder bei vermögenden Privatpersonen zu beobachten. Der kommunikative Nutzen für die Ökomäzene bleibt bewußt relativ gering.
b. Mäzenatische Ökosponsoren
Bei dem Engagement der mäzenatischen Ökosponsoren dominiert das Fördermotiv. Mäzenatische Sponsoren möchten bei den Sponsorships genannt werden, dies ist aber nicht zwingend. Die Mittel für die Sponsorships kommen sowohl aus Spenden als auch aus Kommunikationsetats. Die mäzenatischen Ökosponsoren erhalten in der Regel kommunikative Gegenleistungen von den Gesponserten. Sie selbst kommunizieren sehr intensiv im Rahmen ihrer Umweltkommunikation über ihre Sponsorships.
c. Kommerzielle Ökosponsoren
Die kommerziellen Ökosponsoren engagieren sich nur für ökologische Aufgabenfelder unter der Bedingung, konkrete Gegenleistungen für ihr Umweltengagement zu erhalten. Das Prinzip des Aushandelns von Leistung und Gegenleistung steht eindeutig im Vordergrund. Die Mittel kommen überwiegend aus Kommunikations- oder Sonderfonds.

3 Begründung für ökologische Sponsorships

Die Legitimations- und Glaubwürdigkeitsproblematik eines ökologischen Sponsorships verlangt eine widerspruchsfreie Begründung für ein ökologisches Engagement, um von den Zielgruppen akzeptiert zu werden. Nach BRUHN (1994) können drei grundlegende Begründungen unterschieden werden:

a. Ein ethisch begründetes Ökosponsoring zielt auf die Verpflichtung eines Unternehmens ab, Verantwortung für Umweltprobleme zu übernehmen. Die Verpflichtung entspricht zumeist einer Verantwortungsethik.
b. Ein kommunikativ begründetes Ökosponsoring sucht den Dialog mit ökologisch relevanten Zielgruppen. Die Maßnahmen des Ökosponsoring sehen nicht nur eine Förderung von im Umweltschutz aktiven Organisationen vor, sondern auch die Beratung des Unternehmens durch die jeweils geförderte Organisation.

c. Eine dritte Ausrichtung stellt ein sachlich begründetes Ökosponsoring dar. Diese basiert auf der Begründung, ökologische Förderung aus der Geschäftstätigkeit des Unternehmens abzuleiten. Für eine sachliche Begründung gibt es unterschiedliche Ausgangssituationen. So kann es sich z. B. um einen direkten oder indirekten Produktbezug handeln, wenn die angebotenen Produkte bei der Herstellung oder Wiederverwertung ökologische Probleme hervorrufen.

Bestimmten Branchen fällt es aufgrund ihres Betroffenheitsgrades mit ökologischen Fragestellungen "leichter" bzw. "schwerer", die Begründung eines ökologischen Sponsorships glaubwürdig zu vermitteln. Umfragen belegen, daß in der Meinung der Bevölkerung "unbedenkliche Branchen" (z. B. Banken, Versicherungen, Verlage) als Ökosponsor eher akzeptiert, während "vorbelastete Branchen" von vielen abgelehnt werden. Diese Situation begründet eine wesentliche Problematik des ökologischen Umweltengagements.

4 Problematik eines Umweltengagements

4.1 Aus der Sicht des Gesponserten

Eine große Problematik für die "Gesponserten" besteht darin, daß viele Unternehmen ein ökologisches Umweltengagement als "Modethema" verstehen. Aufgrund der Aktualität der Themenstellung glauben viele Führungskräfte, daß sie mit kurzfristigen Aktionen eine hohe Medienresonanz erzielen können. Die Sensibilität des Themas Umweltschutz birgt für die Gesponserten zudem das Risiko, mit eventuellen Umweltsünden seines Förderers identifiziert zu werden und damit seine Glaubwürdigkeit in Frage zu stellen. So führt J. FLASBARTH (Präsident des Naturschutzbundes Deutschland, NABU) aus: Unsere Glaubwürdigkeit ist letztlich das einzige Kapital, das ein Verband neben seinem Know-how anzubieten hat. Die Umweltschutzorganisationen verfügen bei der Bevölkerung über ein Vertrauenspotential, das sie nicht gefährden dürfen, um weiterhin Unterstützung zu erhalten. Ein Engagement im Umweltbereich stellt demnach an die beteiligten Partner eine größere Herausforderung dar, als dies bei klassischen Sponsoringformen der Fall ist.

4.2 Problematik aus der Sicht des Sponsors

Die gegenwärtige Situation unserer Umwelt ist durch einen immer größer werdenden Gegensatz zwischen den Zielen und dem tatsächlichen Zustand von Umwelt- und Naturschutz gekennzeichnet. Eine Ursache dieser Situation ist, daß trotz des gestiegenen Umweltbewußtseins "Umwelt" und "Natur" relativ unbestimmte Begriffe geblieben sind, die oft mit einem sehr selektiven Inhalt verwendet werden (SRU 1987).

Folgendes Beispiel soll die unterschiedlichen Auffassungen im Umwelt- und Naturschutz verdeutlichen: In einem hier nicht näher bezeichneten Gebiet gibt es vielfältige Aktivitäten zum Schutz vitaler Storchenpopulationen. So werden Nisthilfen aufgestellt, Schutzvorrichtungen an Überlandleitungen angebracht oder Wiesen, die von den Störchen als Nahrungshabitate genutzt werden, durch Maßnahmen der Landschaftspflege erhalten. Gleichzeitig gibt es in diesem Gebiet Maßnahmen zum Schutz der Kröten während der Laichzeit. Schutzzäune sollen die Kröten auf ihrem Weg zu den Laichplätzen begleiten, um sie vor dem Verkehrstod zu retten. Der Storch jedoch fand sehr schnell die "Krötensammelplätze" und statt Futter zu suchen, bediente er sich an diesem reich gedeckten Tisch. Daraufhin forderten die "Krötenschützer", sofort alle Maßnahmen zum Schutz der Störche einzustellen und die Population zu reduzieren, was natürlich heftigste Proteste der "Storchenschützer" hervorrief. Wer bei dieser Diskussion miterlebte, wie Umwelt- und Naturschützer untereinander in Streit geraten, weil jeder "seine Tierart" in den Vordergrund seiner Argumentation stellte und alle anderen Interessen beiseite schob, dem kommen Zweifel an der Ernsthaftigkeit des Naturschutzes (vgl. HABER 1992).

5 Förderprinzipien der Allianz Stiftung zum Schutz der Umwelt

Die verschiedenen Auffassungen und vielfältigen Interpretationen von Umwelt und Natur erschweren die Formulierung von Förderprinzipien für ein umfassendes Umweltengagement, belegen aber gleichzeitig die Notwendigkeit, klar definierte Prinzipien der Fördertätigkeit festzulegen.

Für die Fördertätigkeit der Allianz Stiftung wurde ein allgemeines, sektorübergreifendes und in sich geschlossenes Förderprogramm entwickelt. Dieses ist untergliedert in die Bereiche "Sektoren des Umweltschutzes" und "Umweltschutz in ausgewählten Politikfeldern" (vgl. SRU 1987).

Zu dem ersten Bereich gehören
- Naturschutz und Landschaftspflege,
- Arten- und Biotopschutz,
- Gebietsschutz,
- Belastung und Schutz der Böden,
- Klima, Luftbelastung und Luftreinhaltung sowie
- Gewässerzustand und -schutz.

Zu den ausgewählten Politikfeldern zählen:
- Umwelt und Land-, Forstwirtschaft,
- Umwelt und Tourismus,
- Umwelt und Siedlungsentwicklung,
- Umwelt und Verkehr,
- Umwelt und Energie sowie
- Umwelt und Gesundheit.

Zur Operationalisierung des Förderprogramms wurden eindeutige Förderprinzipien festgeschrieben, die die Grundlage für die Bewilligung von Förderprojekten darstellen.

Folgende Prinzipien für die Förderung werden festgelegt:
- unmittelbar wirksame Maßnahmen im Mensch-Umwelt-System,
- in sich geschlossene Projekte,
- Projekte mit tatsächlich erreichbaren Resultaten als Beitrag zum präventiven Umweltschutz,
- Projekte mit Modellcharakter (Pilotprojekte), die andere institutionelle Träger zur Fortsetzung und Nachahmung anregen,
- angewandte, planungs- und umsetzungsorientierte Forschungen.

Nicht gefördert werden sollen:
- Grundlagenforschungen,
- Projekte, die nur Wirkungen negativer Einflüsse auf das Mensch-Umwelt-System mildern, ohne die Ursachen zu beseitigen,
- Projekte aus dem Bereich "Technischer Umweltschutz",
- Projekte, bei denen das Verursacher- oder Vorsorgeprinzip zur Anwendung kommt oder in die Verantwortlichkeit eines Dritten eingegriffen wird,
- Projekte, bei denen eine Staatstätigkeit ersetzt werden soll.

Neben diesen beiden Bestandteilen des Förderprogramms kann die Stiftung gemäß ihres z. Z. geltenden Förderschwerpunktes auch in den Bereichen Umweltbildung (Umweltverhalten, Umweltbewußtsein), Umweltbeobachtung (Monitoring) und (Umwelt-)Forschungsvorhaben aktiv werden.

6 Beispiele für ein Umweltengagement: Förderprojekte der Allianz Stiftung

Vorrangige Zielsetzung ist es, Projekte mit Modellcharakter zu fördern, die den neuesten Erkenntnissen und Entwicklungen im Umwelt- und Naturschutz entsprechen. Wie wichtig es ist, den aktuellen Wissensstand zu berücksichtigen, zeigt sich besonders deutlich im Artenschutz. In diesem Bereich wurde in Deutschland früher lediglich eine Art "Krisenmanagement" betrieben - erst nach Verdrängen oder bei akuter Gefährdung von Pflanzen und Tieren wurden Maßnahmen zu ihrem Schutz oder ihrer Wiedereinbürgerung vorgenommen. In den neuen Ländern ist die Ausgangssituation jedoch ganz anders, denn hier gibt es zum Teil noch viele vitale Populationen von Pflanzen- und Tierarten, die in den alten Bundesländern stark gefährdet sind. Hier kommt es nun darauf an, Maßnahmen zur Sicherung dieser Arten einzuleiten, noch bevor sie akut gefährdet sind. Ein Beispiel dafür ist das Förderprogramm "Schutz von See- und Fischadler in Mecklenburg-Vorpommern".

Es soll aufzeigen, daß der Schutz und die Entwicklung des Lebensraumes der Adler die wesentliche Grundlage zur Sicherung dieser Population ist. Der Adler ist also "Indikator" für eine Landschaftsentwicklung im Sinne eines umfassenden Naturhaushaltsschutzes.

Das Projekt "Sanierung des Flusses Duwenbeek auf Rügen" beruht ebenfalls auf dem umfassenden Schutz des Naturhaushalts. Die Duwenbeek ist durch die Einleitung ungeklärter Abwässer, durch Dünger und Pestizide aus den angrenzenden großflächig genutzten Landwirtschaftsbereichen sowie durch jahrzehntelange Vernachlässigung der Gewässerpflege ökologisch schwerwiegend belastet, teilweise sogar zur Kloake degradiert. Eine Renaturierung der Kulturlandschaft setzt daher an dem Fließgewässer an. Dabei fungiert die Duwenbeek als "Meßinstrument" für das von ihr durchflossene Kulturland und seine ökologische Qualität, die durch Maßnahmen zum Boden-, Gewässer- sowie Arten- und Biotopschutz verbessert werden soll.

Beispiele für Projekte der Stiftung, die den heutigen Erkenntnissen zum Schutz des Naturhaushaltes entsprechen, erstrecken sich von Rügen bis Bad Tölz. So wird im Landkreis Erding gezeigt, wie gemeinsame Wege von Landwirtschaft und Naturschutz gestaltet werden können; in Bad Tölz wird die Wiederherstellung eines bisher landwirtschaftlich genutzten Hochmoores gefördert. Und nicht zuletzt zeigen die Projekte "Bau des Mauerparks" in Berlin und "Renaturierung des Neckarufers" in Stuttgart, daß die Einbeziehung des Menschen ein wesentlicher Bestandteil des Förderprogramms zum Schutz des Naturhaushalts ist. Diesen Aspekt verdeutlicht auch das Engagement der Allianz Stiftung in den Biosphärenreservaten Deutschlands. Aufgabe der Biosphärenreservate ist es, die Natur- und Kulturlandschaft, in der der Mensch eine wesentliche Rolle spielt, zu schützen, zu pflegen und zu entwickeln. Im Rahmen ihrer Patenschaft für das Biosphärenreservat Spreewald unterstützt die Allianz Stiftung vielfältige Projekte, die diesem Auftrag entsprechen.

Das Biosphärenreservat Spreewald hat durch die Aktivitäten der Stiftung eine führende Rolle unter den Biosphärenreservaten Deutschlands eingenommen. Die Tatsache, daß der für diese Gebiete zuständige Bundesminister für Umwelt, Naturschutz und Reaktorsicherheit - in Abstimmung mit den beteiligten Ministerien der Länder - die Allianz Stiftung in die Projektgruppe zur Erarbeitung von "Leitlinien zu Schutz, Pflege und Entwicklung der Biosphärenreservate in Deutschland" berufen hat, belegt den hohen Stellenwert, den man der Arbeit der Stiftung beimißt. Mittlerweile hat die Allianz Stiftung ihr Engagement vom Spreewald auf das Biosphärenreservat Mittlere Elbe ausgedehnt. Das Biosphärenreservat Rhön soll zukünftig ebenfalls in die Förderkonzeption einbezogen werden.

Ein weiterer Förderschwerpunkt ist die Umweltbildung. Damit soll in der Bevölkerung Problembewußtsein entwickelt und die Verantwortung aufgezeigt werden, die der Mensch für den Schutz und die Erhaltung der Natur hat. Auf dieser Grundlage sind Maßnahmen zur Umweltbildung und -information, beispielsweise Informationspavillons oder Schautafeln, fester Bestandteil aller Projekte der Stiftung. Im Biosphärenreservat Spreewald und im Deutsch-Luxemburgischen Naturpark werden überdies als Schwerpunkte der Umweltbildung moderne Besucherzentren eingerichtet.

Dieser Überblick über die Förderprinzipien und Projekte der Allianz Stiftung verdeutlicht, daß hier eine sachliche, fachkundige und von Umweltideologie freie Fördertätigkeit verwirklicht wird. Damit werden Beispiele gesetzt, die nicht nur kurzfristig eine nachhaltige Wirkung entfalten, sondern Vorbilder für eine überzeugende Umweltverbesserung sind.

7   Literatur

ALLIANZ STIFTUNG ZUM SCHUTZ DER UMWELT (1993): Die Projekte der Allianz Stiftung. Bericht zur Arbeit der Stiftung 1992. - München

BRUHN, M. (1994): Umweltsponsoring - Ein neuer Weg zur langfristigen Imagebildung in: ROLKE, L./B. ROSEMA und H. AVENARIUS (Hrsg.): Unternehmen in der ökologischen Diskussion. - Opladen, S.142-171

HABER, W. (1992): Erfahrungen und Kenntnisse aus 25 Jahren der Lehre und Forschung in Landschaftsökologie: kann man ökologisch planen? in: DUHME, F./ R. LENZ und L. SPANDAU (Hrsg.): 25 Jahre Lehrstuhl für Landschaftsökologie in Weihenstephan. - Landschaftsökologie Weihenstephan Heft 6, S. 1-28

HABER, W. (1993): Ökologische Grundlagen des Umweltschutzes. Umweltschutz, Band 1. - Bonn

RAT VON SACHVERSTÄNDIGEN FÜR UMWELTFRAGEN (SRU) (1987): Umweltgutachten 1987. - Stuttgart

SPANDAU, L. (1993): Allianz Foundation three years on - an example of social responsibility in: Allianz International Journal 3/93, S. 13-15

SPANDAU, L. (1993): Neue Perspektiven einer Umweltentwicklung auf der Insel Rügen in: Allianz Journal 3/93, S. 26-27

SPANDAU, L. und G. HEILMAIER (1992): Konzeption einer Betriebsgesellschaft für das Biosphärenreservat Spreewald in: Berichte der Bayerischen Akademie für Naturschutz und Landschaftspflege 16, S.99-104

STÄNDIGE ARBEITSGRUPPE DER BIOSPHÄRENRESERVATE IN DEUTSCHLAND (AGBR) (1995): Biosphärenreservate in Deutschland. Leitlinien für Schutz, Pflege und Entwicklung. - Berlin-Heidelberg u. a.

Die Verantwortung der Philosophie für Mensch und Umwelt

Ludger Honnefelder (Bonn)

1   Einleitung

Daß die uns umgebende Natur vor den ins Unermeßliche gewachsenen Eingriffsmöglichkeiten des Menschen geschützt werden muß, steht außer Zweifel. Doch welche Natur wollen und sollen wir schützen? Meinen wir mit "der Natur" den gegenwärtig erreichten Zustand? Oder ist die Erhaltung der Überlebensbedingungen des Menschen diejenige "Natur", die wir schützen wollen? Oder meinen wir mit "der Natur" eine verlorengegangene "heile Natur" vor allen Eingriffen des Menschen? Von welcher "Natur" sprechen wir, wenn es um die Unantastbarkeit des menschlichen Lebens geht? Auf diese Fragen können wir von den Naturwissenschaften allenfalls begrenzt Antworten erhalten, denn ihrer methodischen Einstellung entsprechend verstehen sie unter der Natur alles, was der Fall ist. In diesem Sinn gehören aber auch das Ozonloch und das AIDS-Virus zur Natur. Mit Hilfe der Naturwissenschaften können wir bestimmte Gleichgewichte in der Natur beschreiben, Schwellenwerte für bestimmte Wirkungen feststellen und in Form von "Wenn-dann-Sätzen" angeben, welche Risiken mit welchen Prozessen für den Menschen oder das ihn umgebende System einhergehen. Um ein bestimmtes Gleichgewicht in der Natur zu erhalten oder um die Minimalbedingungen des Überlebens zu sichern, reichen diese Erkenntnisse in der Regel aus. Doch Fragen, die sich mit Artenschutz, Landschaftspflege oder einer humanen Lebenswelt beschäftigen, setzen Zielvorstellungen voraus, bei denen ein rein deskriptiver naturwissenschaftlicher Naturbegriff zu kurz greift. In welcher Weise verbinden sich in der Antwort auf die Frage naturwissenschaftliche, sozio-kulturelle, ethische und ästhetische Gesichtspunkte? Der Schutz der Natur - so die These dieses Beitrags - zeigt sich nur in einer komplexen praktischen Überlegung, in die sehr unterschiedliche Prämissen eingehen. Daher ist ökologische Ethik nicht nur Abschätzung möglicher Folgen, sondern auch Beurteilung möglicher Ziele. Da die Natur als praktische Orientierungsgröße nicht eindeutig ist und die Teilziele einander widerstreiten, ist die konkret zu schützende Natur stets Resultat einer Güterabwägung, für die sich Vorzugsregeln (Ranghöhe, Reversibilität, Reichweite) formulieren lassen. Da solche

Regeln zu keiner vollständigen Präferenzordnung führen, hat jede praktische Überlegung zum Schutz der Natur den Charakter eines Kompromisses, der unter den Bedingungen einer Pluralität von Wertüberzeugungen und Lebensformen nur durch einen Diskurs der gesellschaftlichen Gruppen zu erreichen ist. In dem Maß, in dem es beim Schutz der Natur nicht nur um das Überleben, sondern um das sinnerfüllte Leben der Menschen geht, wird der Diskurs in einem gesellschaftlichen Streit münden, über dessen Rahmenbedingungen durch rechtliche Regelungen und politische Zielsetzungen entschieden werden muß.

Immer schon hat der Mensch sich in ein Verhältnis zu der ihn umgebenden Welt, zu den mit ihm lebenden anderen Menschen und zu sich selbst gesetzt. Wie wir aus den Funden und Quellen wissen, geschah dies über den größten Teil der Menschheitsgeschichte hinweg implizit und vermittelt: durch die Formen der Daseinsfristung und des Zusammenlebens, durch sprachliche Symbole, Bilder und Mythen, durch Recht und Religion, also durch all das, was wir in einem umfassenden Sinn die Kultur des Menschen nennen.

Erst im 7. - 5. Jahrhundert v. Chr. kommt es innerhalb der griechischen Kultur zu dem Versuch, sich dieser primären Formen des Selbst- und Weltverhältnisses durch Philosophie, nämlich durch eine methodisch betriebene Reflexion der Vernunft zu vergewissern. Dieser Versuch hat das Verhältnis des Menschen zur Welt und zu sich selbst tiefgreifend verändert. Denn in seinem Zusammenhang entdeckt der Mensch die beiden Mittel, die Voraussetzung der anderen mit der Philosophie eng verbundenen Größe, der Wissenschaft, sind, nämlich den Begriff des Allgemeinen und die formale Begründung von Sätzen. Sie sind der Grund, daß aus Philosophie und Wissenschaft auf einem verwinkelten Weg diejenigen Momente entstehen, die das Weltverhältnis des modernen Menschen bestimmen: die technische Veränderung der Natur und die Rationalisierung und Differenzierung der Gesellschaft. Doch während Philosophie und Wissenschaft am Anfang dieses Prozesses noch eng aufeinander bezogen sind, treten sie in seinem weiteren Verlauf immer stärker auseinander. Dies läßt die Folgen des Prozesses ambivalent werden: Durch die Differenzierung von Wissenschaft, Technik und Ökonomie eröffnen sich dem Menschen in einem bis dahin unbekannten Maß neue Möglichkeiten des Erkennens und Handelns. Zugleich aber geht ihm mit der Trennung der Wissenschaft von der Philosophie und der Dominanz eines bestimmten Typs wissenschaftlichen Wissens der Zugang zu dem Orientierungswissen verloren, das er zum Umgang mit diesen neuen Möglichkeiten braucht.

Mit besonderer Deutlichkeit zeigt sich der Wandel im Verhältnis des Menschen zur Natur. Lange war die ihn umgebende Natur der Widerstand, dem der Mensch sein Leben abringen mußte und an dessen Gegenhalt sich sein Handeln orientieren konnte. Erst allmählich erfolgte der Übergang von einem Jäger- und Sammlerverhältnis zur Natur zu einem Verhältnis des Eingreifens in die Natur in Form von Ackerbau und Viehzucht. Bei dieser Weise des Anbaus blieb es, bis die technische Anwendung des naturwissenschaftlichen Wissens in raschem Tempo völlig neue Möglichkeiten des Eingreifens in die Natur eröffnete, deren ambivalente Wirkungen zu Grenzsetzungen zwangen. Damit aber änderte sich das Verhältnis von Mensch und Natur grundlegend: Wollte er nicht in weiten Bereichen ohne den gewohnten Gegenhalt der Natur ins Stolpern geraten, mußte er sich selbst den verlorenen Widerstand entgegensetzen und seinem Handeln Grenzen ziehen. Aus der Frage "Was schützt den Menschen vor der Natur?" wurde die Frage "Was schützt die Natur vor dem Menschen?" Doch wenn es etwas gibt, was die Natur vor dem Menschen schützen soll, dann kann dies nur der Mensch selbst sein. Aber welche Natur ist es, auf die sich der Schutz des Menschen beziehen soll? Ist die Antwort auf diese Frage nicht selbstverständlich, dann kommt der Philosophie eine besondere Aufgabe für das Verhältnis des Menschen zur Natur zu, nämlich die, auf den Charakter der Frage "Welche Natur sollen wir schützen?" zu reflektieren und die Kriterien zu klären, an die sich eine Verständigung über die vom Menschen zu schützende Natur zu halten hat. Im nachfolgenden haben wir uns deshalb zuerst zu fragen, in welcher Weise die Frage überhaupt problematisch sein kann, welche Natur zu schützen ist, um dann zu prüfen, in welcher Weise Naturwissenschaft und Ethik einen Beitrag zu einer Antwort liefern können, ehe wir zu unserer Eingangsfrage wieder zurückkehren und die zu ihrer Beantwortung erforderlichen Kriterien benennen wollen.

2 Warum ist der Schutz der Natur ein Problem?

Kann es denn, so wird der von der drohenden Klimakatastrophe oder anderen Naturzerstörungen Betroffene fragen, überhaupt fraglich sein, welche Natur zu schützen ist, wenn schon das bloße Bestehen der Natur in Frage steht? Gewiß, so wird man antworten müssen, kann es nicht strittig sein, daß Schutz notwendig ist, wenn der Bestand der Natur als ganzer in Frage steht. Doch ist damit unsere Frage nicht überflüssig geworden. Welchen Zustand sollen wir denn schützen bzw. bewahren, etwa den des gegenwärtigen CO_2-Ausstoßes? Dies wird nicht genügen, um die drohende Klimakatastrophe zu verhindern. Und selbst wenn es genügte, kann eine solche Forderung wohl kaum bedeuten, die gegenwärtige zivilisatorische Entwicklung in den verschiedenen Erdteilen auf ihrem unterschiedlichen Niveau und mit ihren groben Ungerechtigkeiten, wie sie schon auf der Ebene der elementaren Versorgung ins Auge springen, auf Dauer zu erhalten. Heißt das aber nicht, im einen Fall zu einem früheren Status der Entwicklung zurückzukehren, um im anderen Fall einen erst zu entwickelnden späteren zu ermöglichen und so insgesamt das gegenwärtig erreichte Niveau des CO_2-Ausstoßes wenigstens zu halten? Ist dann aber die zu schützende Natur nicht in einem Fall der frühere und im anderen der spätere Zustand? Was soll denn nach eingetretener Zerstörung wiederhergestellt werden: die Naturlandschaft, wie sie beispielsweise in Ostengland bestand, bevor sie durch den rigorosen Torfabbau des Mittelalters zerstört wurde, oder die Landschaft, die entstand, nachdem das Meer in die riesigen Torflöcher einströmte und jenes Netz von Seen und Kanälen entstehen ließ, die berühmten Norfolk Broads, die heute das größte Feuchtgebiet Englands mit dem ganzen dazu gehörenden Reichtum an Wasserpflanzen, Vögeln und Insekten darstellen und die nunmehr vor der Veränderung durch den wachsenden Tourismus bewahrt werden muß? Welche Natur verdient unseren Schutz - die um 1400 oder die heutige oder eine allererst herzustellende? Welcher Zustand soll als "heil" oder zumindest bewahrenswert betrachtet werden - der gerade erreichte oder der, der vor allen anthropogenen Veränderungen bestand, oder der, den es nie gegeben hat und den wir erträumen?

Die Frage ist aber nicht nur in temporaler Hinsicht strittig, sondern auch in regionaler. Welche Natur meinen wir denn - die des noch relativ unberührten Flußlaufs wie etwa im schweizerischen Puschlav und im bayerischen Altmühltal oder die des Englischen Gartens und der Lüneburger Heide oder der Magerrasen in der Eifel? Warum halten wir hier die unberührte Natur, dort die gewachsene Kleinindustrie und an anderer Stelle die Stadtlandschaft oder den Landschaftsgarten für schützens- und erhaltenswert? Die regionale Seite der Frage spielt in die qualitative hinüber: Was wollen wir bewahren - die gesunden sozialen Verhältnisse, zu denen Wohn- und Arbeitsplätze ebenso wie Erholungsgebiete gehören, und dies für eine wachsende Zahl von Menschen, oder die intakten ökonomischen Zustände, die ohne eine entsprechende Energieversorgung und Infrastruktur nicht denkbar sind, oder die gesunden medizinischen Verhältnisse, die saubere Luft, unvergiftetes Wasser und von Schadstoffen unbelastete Nahrungsmittel implizieren oder gar die Verhältnisse, die dem ästhetischen Bedürfnis des Menschen entgegen kommen und zu denen die Landschaft, der unverbaute Blick und die Auge und Herz erfreuende Vielfalt von Fauna und Flora zählen? Und welchen Menschen schließlich soll der Schutz der Natur vorrangig dienen - den besonders Gefährdeten, denen, die im Besitz der jeweiligen Natur sind, der gegenwärtigen Menschheit oder ihren zukünftigen Generationen?

Die wenigen Fragen genügen, um uns deutlich zu machen, daß wir den Begriff der Natur in unserer Frage als eine Orientierungsgröße für unser Handeln verstehen, daß aber Natur im Sinne einer solchen Orientierungsgröße alles andere als eindeutig ist. Wir knüpfen die Zumutbarkeit von Risiken an das, was wir für "natürlich" halten. Wir verstehen unter "Natur" das, was dem verändernden Handeln des Menschen vorgegeben ist, nennen aber durchaus Dinge, die vom Menschen gemacht sind, wie eine Landschaft, "natürlich". Wir halten den Abbruch einer medizinischen Intensivbehandlung, die nicht heilt, sondern nur mehr das vegetative Leben verlängert, für legitim, weil der Mensch ein Recht auf seinen "natürlichen Tod" hat, lehnen aber die aktive Tötung ab, weil sie einen Verstoß gegen die Natur der menschlichen

Selbstbestimmung darstellt. Was meinen wir eigentlich mit der "Natur", deren Schutz wir als Verpflichtung empfinden und an der wir deshalb unser Handeln orientieren?

3 Was tragen die Naturwissenschaften zur Lösung des Problems bei?

Alle diese Fragen, so ließe sich ein erster Antwortversuch formulieren, sind zufriedenstellend lösbar, wenn wir uns an das halten, was uns die Naturwissenschaften über die Natur sagen. Denn warum sollen die modernen Naturwissenschaften, die in Form ihrer technischen Anwendung die Natur so erfolgreich verändert haben, nicht auch sagen können, welche Natur wir zu schützen haben und mit welchen Mitteln wir dabei Erfolg haben? Gewiß, so wird uns sofort der Wissenschaftstheoretiker entgegnen, verdanken wir den neuzeitlich-modernen Naturwissenschaften erhebliche Einsichten und Eingriffsmöglichkeiten in die Natur, doch verbietet gerade die methodische Selbstbegrenzung, die den modernen Naturwissenschaften zu ihren Einsichten verholfen hat, eine Aussage, an die wir uns bei unserer Leitfrage halten könnten. Denn naturwissenschaftliche Erkenntnis bezieht sich allein auf die Fragen, was der Fall ist und warum etwas so und nicht anders ist, und sie behandelt auch diese Fragen nur unter einem methodisch genau bestimmten Aspekt. Erst der Verzicht auf die teleologische Perspektive und die Beschränkung auf die kausalen Abhängigkeiten zwischen methodisch isolierten Variablen haben die neuzeitliche Naturwissenschaft in den Stand versetzt, die regelmäßig auftretenden Abhängigkeiten solcher Variablen gesetzmäßig, nämlich als mathematische Funktionen zu formulieren und somit bestimmte Phänomene nicht nur aus Gesetzen erklären, sondern auch erfolgreich vorhersagen und zur planmäßigen technischen Veränderung der Natur benutzen zu können.

Jede naturwissenschaftliche Erkenntnis, so lautet die wissenschaftstheoretische Konsequenz, ist deshalb aspektiv, d. h. von der Theorie abhängig, die bereits in der gewählten Methode und der damit verbundenen Begriffssprache steckt. Zwar gibt es Verallgemeinerungen von Beobachtungen oder Experimenten, deren Theorieanteil gering ist und die deshalb niemand bezweifeln wird. Doch je höher die Allgemeinheitsstufe wird, um so mehr wächst der Anteil der Theoriesprache und damit die Abhängigkeit von der gewählten Theorie.

Mit der methodischen Begrenzung begrenzt sich aber, so scheint es, auch die Auskunft, die wir von den Naturwissenschaften auf unsere Leitfrage erwarten können: Die Naturwissenschaften erklären die Natur, so läßt sich DILTHEYs Schlagwort variieren, aber sie verstehen sie nicht.[1] Wenn jede Aussage nur theorieabhängig formuliert werden kann und Theorien, wie jeder Naturwissenschaftler weiß, nur in sehr begrenzter Form aufeinander reduziert, d. h. auf eine einheitliche Theorie gebracht werden können, dann gehört der Plural "Naturwissenschaften" zum wissenschaftstheoretischen Selbstverständnis. Für unsere Leitfrage aber heißt dies, daß gerade die Wissenschaften, die "Natur" in ihrem Titel führen, über die Natur im ganzen strenggenommen keine Auskunft geben können. Um Orientierung im Handeln zu finden, müßten wir aber nicht nur einzelne Phänomene oder Phänomenbereiche der Natur erklären, sondern auch die Natur in ihrer Sinnhaftigkeit verstehen können.

Genügen aber, so werden die Naturwissenschaftler einwenden, nicht schon die Erklärungen bestimmter Phänomenbereiche, um erfolgreich unsere Natur schützen zu können? Wir wissen doch genug darüber, welche Größen welche Wirkungen auslösen, um Grenzwerte nennen zu können, die dann als Umweltstandards zum Schutz der Natur formuliert und vorgeschrieben werden können. Ohne Zweifel, so wird der Philosoph einwenden, gibt es ein gut abgesichertes Kausalwissen des Naturwissenschaftlers, das sich in gültigen Wenn-dann-Aussagen niederschlägt und das keiner, dem am Schutz der Natur gelegen ist, außer acht lassen darf. Doch muß genau beachtet werden, was wir mit diesen Aussagen in der Hand haben. Bei stochastischen, d. h. vom Zufall bestimmten Wirkungsbeziehungen, so hat die Studie der BERLINER AKADEMIE DER WISSENSCHAFTEN über Umweltstandards noch einmal deutlich gemacht, sind Schwellenwerte nicht einfach deduzierbar und bei nicht-stochastischen Effekten tritt der Schwellenwert keineswegs immer in Form einer morphologischen Besonderheit, d. h. eines einfach feststellbaren Sprungs in der Kurve auf, und Schwellenwerte, so hat die Beschäftigung mit dem Strahlenrisiko gezeigt, sind nicht auch schon eo ipso Grenzwerte. Schwellen- oder Grenzwerte für ein Naturphänomen zu halten, wäre demnach ein naturwissenschaftlich nicht legitimer Naturalismus, eine Verdinglichung, wie sie nicht selten dem naturwissenschaftlichen Laien - sei es zum Zweck der Verharmlosung, sei es zu dem der Verteufelung - unterläuft. Die Frage nach dem Grenzwert ist immer auch eine Frage nach der Risikobereitschaft des Urteilenden, denn es gibt kein Handeln ohne Risiko. Grenzwerte sind also, so lautet das Ergebnis der obengenannten Studie, "soziale Handlungsbeschränkungen" (vgl. AKADEMIE DER WISSENSCHAFTEN ZU BERLIN 1992, S.23ff. und S.128 ff.), in die das naturwissenschaftliche Kausal- und Konditionalwissen eingeht. Dies ist weder eine Verharmlosung der Grenzwertproblematik - im Gegenteil, sie macht die Verantwortung des Menschen deutlich - noch eine Mißachtung der naturwissenschaftlichen Erkenntnisse, denn es wird nicht gesagt, daß die naturwissenschaftliche Erkenntnis ohne Bedeutung ist, sondern nur, daß aus ihr naturschützende Schwellen- oder Grenzwerte nicht unmittelbar ableitbar sind.

Ist aber damit, so wird man von naturwissenschaftlicher Seite einwenden wollen, die Aussagekraft der modernen Naturwissenschaften im Blick auf unsere Leit-

---

[1] "Die Natur erklären wir, das Seelenleben verstehen wir." (DILTHEY 1961, S.144).

frage nicht erheblich unterschätzt? Ist nicht längst - zumindest in Fragen der zu schützenden Natur - die moderne Biologie an die Stelle von Physik und Chemie getreten und mit ihrer holistisch-systemischen Betrachtung der Natur zur naturwissenschaftlichen Leitdisziplin geworden? Oder zugespitzter: Ist die Frage, welche Natur wir schützen sollen, nicht einfach damit beantwortet, was die Ökologie über die - wie Ernst HAECKEL es schon 1869 formuliert hat - "gesamten Beziehungen des Tieres sowohl zu seiner anorganischen als zu seiner organischen Umgebung" (HAECKEL 1924, S.49; vgl. auch HAECKEL 1988 und PFENNIG 1989, S.227-239), über "Biozönose" (MOEBIUS 1877), "Ökosysteme" (WOLTERECK 1928; TANSLEY 1935) oder den "Haushalt der Natur" (THIENEMANN 1956), über systemische Einheiten und Gleichgewichte, über Evolution und Selbstorganisation herausgefunden hat? Ist nicht das Gleichgewicht als so etwas wie die Gesundheit eines Ökosystems zu betrachten, die wir wie ein Arzt zu bewahren oder wiederherzustellen haben? Lassen sich nicht den Gesetzen der Evolution Maßstäbe zur Wahrung des evolutiv Erreichten entnehmen?

In der Tat, so wird der kritische Philosoph wieder antworten müssen, ist das, was die modernen Biowissenschaften über den Systemcharakter der einzelnen Lebewesen und ihrer Verbindung zu den verschiedenen Einheiten, über Evolution und Selbstorganisation der Natur zu sagen haben, von einer nicht zu unterschätzenden Bedeutung für die Beantwortung unserer Frage. Doch ist auch hier wieder zu bedenken, was wir mit den betreffenden Erkenntnissen für unsere Leitfrage gewonnen haben. Deutlich wird dies am Begriff der gesunden Natur (vgl. BAYERTZ 1988, S. 92-96): Für den Arzt ist Gesundheit kein deskriptiver, sondern ein praktisch-normativer Begriff, der sich an den Interessen des Patienten bemißt und einen dementsprechenden Zustand des Wohlbefindens bezeichnet. Sehen wir einmal davon ab, daß es wohl kaum möglich ist, die Gesundheit der Natur im Blick auf die Interessen der Natur zu bestimmen, was kann Gesundheit in bezug auf die nichtmenschliche Natur meinen?

Zum einen könnte man darunter den Zustand der Natur vor den Eingriffen des Menschen verstehen. Ohne Zweifel wird man diesen Zustand zumindest in dem Sinn gesund nennen können, daß er nicht durch die schädlichen Wirkungen der anthropogenen Veränderungen gekennzeichnet war. Doch wollte man jedes Ökosystem vor Eingriff des Menschen als gesund, d. h. als unproblematisch, und jedes danach als krank, d. h. problematisch, betrachten, wären nur noch die wenigen naturbelassenen Teile der Welt - in Mitteleuropa nach Auskunft der Geographen nur 1-3 % der Landschaftsfläche - als gesund zu bezeichnen. Eine so verstandene Gesundheit der Natur aber wäre, wenn überhaupt, dann nur durch das Mittel wiederherzustellen, das man zuvor als Ursache der Krankheit diagnostiziert hat, nämlich den verändernden Eingriff des Menschen. Konsequenterweise hätte eine in dieser Weise verstandene Natur das Wesen, das sich nur durch ihre Kultivierung am Leben zu erhalten vermag, nämlich den Menschen, nicht hervorbringen dürfen; das aber wäre eine andere

Natur als die, die wir gewöhnlich als Natur verstehen, nämlich als die, die der Mensch als Umfeld seines Lebens und Handelns vorfindet.

Unter Gesundheit der Natur, so wird der Naturwissenschaftler erneut einwenden, muß man aber nicht den in sich widersprüchlichen utopischen Zustand der Unberührtheit durch den Menschen verstehen, es genügt, die Gesundheit mit der Stabilität der verschiedenen Ökosysteme und ihrer Vernetzungen gleichzusetzen, oder besser gesagt, mit ihrem dynamischen Gleichgewicht zu identifizieren. So wichtig dieses Kriterium der Ökologie für das ethische Urteil ist - wir werden darauf noch zurückzukommen haben - , so ist es für sich genommen ebenfalls noch nicht die hinlängliche Antwort auf unsere Leitfrage. Gleichgewichte sind "ideale Konstrukte" (BÖHME 1990, S.8); sie sind nur noch selten anzutreffen und wo es sie noch gibt, reproduzieren sie sich kaum noch ohne den schützenden Eingriff des Menschen.

Vor allem aber: System, Gleichgewicht, Stabilität sind - ähnlich wie auch Biodiversität, d. h. Artenreichtum und -vielfalt - deskriptive Begriffe des Biologen; sie sind nicht selbst schon Normen oder normative Kriterien, sondern für die Normbildung wichtige deskriptive Prämissen. Von der "Weisheit der Natur" (CAPRA 1983, S.440) zu sprechen oder die Devise "Nature knows its best" als ein "ökologisches Grundgesetz" (COMMONER 1973, S.45ff.; vgl. dazu PASSMORE 1980, S.226 und BIRNBACHER 1991, S.73) im normativen Sinn zu bezeichnen, ist ein philosophisch problematischer und der Naturbeschreibung des Biologen widersprechender Naturalismus. Träfe er zu, dann wäre auch das AIDS-Virus zur "Weisheit der Natur" zu zählen, die Evolution hätte nicht 99% der Arten wieder vernichten dürfen, und es könnte keine von der Natur hervorgebrachten Ökosysteme geben, die auch ohne Zutun des Menschen außerordentlich artenarm sind. Nicht das Gleichgewicht macht die Natur aus - das chemische Gleichgewicht wäre geradezu das Ende der Natur -, sondern die Tendenz, "jener unausweichlichen Dynamik des Zerfalls in Richtung stabiler Gleichgewichtszustände durch fortwährenden Neuaufbau geordneter Komplexität in lebendiger Substanz" (vgl. MARKL 1983a, S.197) entgegenzuarbeiten.

Auch von einem "Haushalt der Natur" in normativer Absicht zu sprechen, ist nur im übertragenen Sinn zutreffend. Denn ein Haushalt setzt ein auf Zwecke hin wirtschaftendes Subjekt voraus. Gerade eine solche Teleologie ist aber der modernen evolutionstheoretischen Naturdeutung fremd. Aus diesem Grund hilft auch die soziobiologische Erklärung des ethischen Verhaltens nicht weiter. Entweder versteht man eine solche Erklärung deterministisch, dann wird sich ohnehin alles so ergeben, wie es sich ergibt, oder aber die soziobiologische Erklärung wird als Hinweis auf Rahmenbedingungen unseres ethischen Handelns verstanden, dann hat man es aber mit Gesichtspunkten zu tun, die zwar für die ethische Normbildung wichtig sind, nicht aber selbst schon Normen darstellen.

4 Welche Rolle spielt die Ethik bei der Lösung des Problems?

Woran der Versuch, im unmittelbaren Rückgriff auf die naturwissenschaftliche Naturerkenntnis einen normativen Naturbegriff und damit eine Antwort auf unsere Leitfrage zu gewinnen, scheitert, ist nicht nur das wissenschaftstheoretische Selbstverständnis der Naturwissenschaften, sondern der in diesem Versuch verborgene naturalistische bzw. definitorisch-deskriptivistische Fehlschluß. Aus einer Menge bloßer Ist-Sätze läßt sich, so hat schon Hume festgestellt, kein Soll-Satz ableiten (vgl. HUME 1751, Buch III, Abschnitt I 1). Und das Wort "gut" im moralischen Sinn von "gesollt" kann, wie MOORE deutlich gemacht hat (vgl. MOORE 1970, Kap. I, S.35ff.; vgl. dazu und zum Folgenden HONNEFELDER 1992, S.151-183), nicht mit Hilfe nichtmoralischer "natürlicher" Prädikate - wie etwa mit dem soziobiologisch gewonnenen Prädikat "geeignet zur optimalen Verbreitung der eigenen Gene" - definiert werden.

An dem gleichen Fehlschluß müssen auch alle Versuche scheitern, moralische Forderungen, wie die nach dem Schutz der uns umgebenden Natur, unmittelbar aus dem Sein bzw. dem Wesen der Dinge selbst zu folgern, wie ihn in dem uns hier interessierenden Zusammenhang Hans JONAS unternommen hat. Jeder wird JONAS in seinem eindrucksvollen Appell zum "Prinzip Verantwortung" gegenüber der Natur zustimmen wollen, doch ist dieser Appell nicht schon deshalb gerechtfertigt, weil - wie JONAS zur Begründung anführt - Sein, Zweck und Wert ursprünglich identisch sind. Wird schon der Satz, daß die Natur selbst "Werte hegt, da sie Zwecke hegt" (JONAS 1979, S.150), nicht jedermanns Zustimmung finden, so erst recht nicht JONAS' erweiternde These, daß "für das Ganze dahinter eine geheime Richtungstendenz zu ahnen (ist)", durch die sich der Mensch "unter eine Seinsverpflichtung gestellt (sieht)" (JONAS 1987, S.85). Selbst wenn man bereit ist, die Prämissen einzuräumen, bleibt das Problem, daß aus Sätzen, die feststellen, was der Fall ist, ohne Hinzunahme weiterer Prämissen keine Sätze gefolgert werden können, die vorschreiben, was zu tun ist.

Wenn wir die Natur als etwas Schützenswertes bezeichnen, sprechen wir eine moralische Forderung aus, nämlich die, daß die zum Schutz der Natur erforderlichen Handlungen geboten, also im moralischen Sinn "gut" sind. Das Wort "gut" - in diesem wertenden Sinn gebraucht - ist kein, wie noch MOORE meinte, einfaches Prädikat wie etwa das Prädikat "grün" (vgl. MOORE 1970, S.34-54). Als wertendes Attribut verwendet meint es, daß etwas geeignet ist, ein fiat herbeizuführen, wobei unter einem fiat alles zu verstehen ist, was als Inhalt von Wünschen, Aufforderungen oder Befehlen, also von vorschreibenden (präskriptiven) Sätzen, in Erscheinung tritt. Als Prädikat verwendet meint "gut" bei einer Wahl von mehreren Möglichkeiten diejenige, die von unserer praktischen Vernunft als die vorzuziehende beurteilt wird. Aus solchen praktischen Urteilen erwachsen dann Güter, die wir Werte nennen können. Offensichtlich ist dabei der fundamentale Wert bzw. das fundamentale Gut dasjenige, überhaupt fiats verwirklichen bzw. Güter wählen zu können. Alles andere ist dann insofern als Wert bzw. Gut zu betrachten, als es sich als Mittel zur Verwirklichung des fundamentalen Guts darstellt. Das bedeutet, daß das sittliche Subjekt nicht in Beziehung auf an sich gegebene Werte zu bestimmen ist, sondern daß sich Werte nur als Ziele bzw. Güter in bezug auf das urteilende sittliche Subjekt bestimmen lassen.

Ist aber eben das nicht jener anthropozentrische Standpunkt, so werden viele einwenden wollen, der zu der maßlosen Ausbeutung der Natur geführt hat, unter der wir heute alle leiden, und der längst zugunsten eines biozentrischen Standpunkts aufgegeben werden sollte? Auch bei diesem Einwand müssen wir unterscheiden, um das Triftige vom Problematischen zu trennen. Zunächst muß bedacht werden, daß sich der Standpunkt des Menschen schon biologisch von dem der anderen Lebewesen unterscheidet. Nicht in eine feste Beziehung von Bauplan, Umwelt und Verhalten eingepaßt, kann der Mensch nicht einfach wie die anderen Lebewesen leben, sondern muß sein Leben führen. Die Umwelt, in der er leben kann, muß von ihm selbst gemacht werden; er ist "von Natur aus künstlich" (PLESSNER 1981, S.385). Das richtige Maß (vgl. GETHMANN/MITTELSTRASS 1992) ist ihm nicht einfach vorgegeben, sondern muß von ihm gefunden werden. Er ist das Wesen, das zu sich und seiner Umwelt ein Verhältnis herstellen muß. Deshalb kann er nicht nur wie die anderen Lebewesen an natürlichen Ursachen, sondern an sich selbst scheitern.

Diese anthropologische Struktur zeigt sich auch im Verhalten des Menschen. Er ist das Lebewesen, das in seinem Verhalten nicht einfach darin aufgeht, die Ziele seiner artspezifischen Antriebe zu verfolgen, sondern das seine Ziele verfolgt, indem es um die Ziele als Ziele weiß. Er ist das Wesen, das sich nicht nur verhält, sondern das handelt, oder in der Sprache der Philosophen, er ist das Wesen, das nicht einfach Ursachen folgt, sondern Gründen. Nur ein Wesen, das handelt, indem es Intentionen verfolgt, um die es weiß und zu denen es Stellung nehmen kann, ist in der Lage, für sein Handeln Verantwortung zu übernehmen, d. h. rechtfertigende Gründe anzugeben.

Warum aber, so lautet die naheliegende Frage, soll er Verantwortung übernehmen, und wofür soll er sie übernehmen? Offensichtlich, so antwortet der Ethiker, gibt es beim Menschen so etwas wie ein Interesse an Vernunft. Jedermann kann an sich selbst feststellen, daß er Wert darauf legt, sich vor sich selbst und vor anderen für sein eigenes Handeln rechtfertigen und das heißt Gründe angeben zu können. Gründe aber sind nur Gründe, wenn sie grundsätzlich geeignet sind, auch vom anderen als Gründe anerkannt zu werden, d. h. wenn sie intersubjektiv oder allgemeingültig sind.

Auf die Frage, warum wir als Menschen ein solches Vernunftinteresse haben, lassen sich noch einmal tiefere Begründungen anführen, die sehr verschieden sind. Für unsere Zwecke genügt der Hinweis auf die Tatsache - Kant nennt sie das "Faktum der Vernunft" (KANT 1788, A 56) -, daß sich die Menschen immer schon unter dieses Interesse gestellt und es anerkannt haben, wann immer sie handeln. Jeder hat sich, und in dieser Feststellung sind sich die großen ethischen Theorien einig, sofern er überhaupt handelt, schon auf den "Standpunkt der Moral" gestellt, d. h. auf den Standpunkt, diejenige Handlung als gut und geboten anzuerkennen, die ihm als gut einleuchtet, was immer dies im einzelnen sein mag. Wir könnten es auch - wie ARISTOTELES (vgl. etwa ARISTOTELES 1969, 1119b 15) - das Prinzip nennen, gemäß der Vernunft zu handeln (vgl. BAIER 1974); oder wir könnten - wie die Goldene Regel - vom Prinzip der Gegenseitigkeit[2] oder - wie KANT (1785, BA 58) und viele moderne Ethiker - vom Prinzp der Verallgemeinerungsfähigkeit oder - wie JONAS - vom Prinzip Verantwortung reden. Und wie immer wir es mit den tieferen Begründungen halten wollen, de facto haben wir dieses oberste Prinzip des moralischen Handelns immer schon anerkannt. Wäre dies nicht der Fall, so wären alle moralisch-politischen Diskussionen und Diskurse - und auch unsere Leitfrage sinnlos. Jede Bestreitung, die in praktischer Absicht geschieht, wäre widersprüchlich, weil sie ihrerseits das Prinzip voraussetzt, das sie bestreitet. "Nur wer sein Handeln vor sich und anderen möchte rechtfertigen können, ist ein möglicher Adressat moralischer Forderungen." (PATZIG 1983, S. 331)

Versteht man unter Anthropozentrik die Tatsache, daß ethische Normen nicht anders denn als Ansprüche an den Menschen formuliert werden können, dann ist ein Anthropozentrismus, oder besser gesagt eine Anthroporelativität aller Normen im Sinn eines Bezugs auf den Menschen als Normadressaten auch in der ökologischen Ethik unvermeidlich. Allerdings kann mit dem problematischen Anthropozentrismus auch etwas anderes bezeichnet werden, nämlich die These, daß der Mensch nicht nur der alleinige Adressat, sondern auch der alleinige Inhalt der moralischen Normen ist. Damit sind wir bei der entscheidenden Frage, wofür denn der Mensch Verantwortung zu übernehmen hat. Die naheliegende Antwort lautet: für das Gelingen seines eigenen Lebens. Der Grund des sittlichen Handelns wäre in diesem Fall ein wohlverstandenes Eigeninteresse, eine vernünftige Selbstliebe. Und sie kann, so wird ihr Verteidiger sagen, durchaus Grund sein, im gegebenen Fall auch gegen vordergründige eigene Interessen, also altruistisch zu handeln. So kann es aufs Ganze gesehen durchaus im eigenen Interesse liegen, jedem anderen der Beteiligten die gleiche Chance einzuräumen wie sich selbst, d. h. dem Prinzip der Verallgemeinerbarkeit im Sinn der Fairneß zu folgen.

Verlangt aber, so wird man einwenden können, der Anspruch des sittlichen Sollens nicht mehr? Gehört es nicht zu diesem Anspruch, daß wir ihm um seiner selbst willen entsprechen und nicht um unserer egoistischen Motive willen? In diesem Sinne wäre jeder Anspruch verpflichtend, sofern wir ihn als gut, und das bedeutet als zu erfüllen, erfassen, unabhängig davon, wie unsere jeweilige Motivlage ist. Es ist diese Fähigkeit zur freien Selbstbindung an das verpflichtende Gute, die Autonomie, die nach KANT den Menschen zum verantwortlichen sittlichen Subjekt macht.

---

[2] Die Goldene Regel begegnet in den religiösen und ethischen Traditionen von Konfuzius über das Alte Testament bis hin zum Neuen Testament als Verbot ("Was Du nicht willst, das man Dir tu', das füg' auch keinem anderen zu") wie auch als Gebot ("Behandle andere so, wie auch Du von ihnen behandelt sein willst").

Wenn dies so ist, dann muß die Freiheit zur Verantwortung für das Gute dasjenige Gut sein, das durch kein anderes aufgehoben oder relativiert werden darf, weil mit ihm jede moralische Verbindlichkeit ihre Voraussetzung verlöre. KANT nennt deshalb die Person als das sittliche Subjekt etwas, das "Zweck an sich selbst" (KANT 1785, BA 69) ist, und zwar das einzige, das in dieser Weise Selbstzweck ist. Was aber eine solche Selbstzwecklichkeit besitzt und durch kein anderes Äquivalent ersetzt werden kann, hat nach KANT keinen Preis, sondern Würde. Unter der Formel der Menschenwürde und der Menschenrechte ist dieses Verständnis von Sittlichkeit inzwischen zu so etwas wie dem gemeinsamen Ethos der Menschheit geworden.

Was dem Vorwurf des naturzerstörerischen Anthropozentrismus seine Berechtigung gibt, ist die Verbindung der neuzeitlichen Zentralstellung des Menschen als des erkennenden und handelnden Subjekts mit der eingangs genannten gleichzeitigen Differenzierung der gesellschaftlichen Wirklichkeit in Teilbereiche, die wie Wirtschaft, Wissenschaft und Technik nach einer eigenen, methodisch autonomen Rationalität verfahren, und zwar im ökonomischen Bereich vornehmlich der einer Zweck-Mittel-Rationalität. Dieser Differenzierung in relativ selbständige Teilfunktionalitäten verdanken wir die ungeheure Expansion der menschlichen Möglichkeiten in der Moderne, aber auch die zerstörerische Ausbeutung der Natur. Dabei ist es nicht die Differenzierung und die mit ihr verbundene Form der Vernunft, die notwendig zu dieser Kehrseite der Aufklärung geführt hat, sondern die Loslösung der funktionalen von der sittlichen Vernunft, oder anders ausgedrückt, die "Halbierung der Vernunft" in Form ihrer Reduzierung auf die instrumentelle Vernunft. Erst wenn Natur auf das reduziert wird, was objektivierbar und technisch verfügbar ist, und diese Verfügbarkeit als ausschließliche Dienstbarkeit für die isoliert gesehenen Bedürfnisse des Menschen verstanden wird, entsteht jenes, wie JONAS es im Anschluß an Francis BACONs frühneuzeitliches Programm "Wissen ist Macht" ausdrückt, "Baconische Ideal" (JONAS 1979, S.251ff.), das - mit der Effizienz ökonomischen Denkens verbunden - zu der modernen Zerstörung der Natur geführt hat.

Die gleichen Wurzeln, die zu der "Baconschen Prägung der modernen Naturwissenschaften" (LEPENIES 1983, S.263-288, insbesondere S.274) geführt haben, haben allerdings - und dies muß eingeräumt werden - auch zu einer Reduzierung der neuzeitlichen Ethik auf den formalen Aspekt eine Selbstbeziehung des Menschen geführt. In den Spuren des DESCARTESschen Dualismus von reinem Geist (res cogitans) und als bloße Ausdehnung gedachter materieller Natur (res extensa) unterscheidet KANT den Menschen als Freiheitswesen vom Menschen als Naturwesen und trennt methodisch scharf zwischen dem moralischen Anspruch der Vernunft und den sittlich indifferenten Neigungen der Natur. Die Natur erscheint im ethischen Zusammenhang nur noch als das Material der sittlichen Vernunft. Verantwortung hat der Mensch nur "in Ansehung" der Natur, nicht "gegen" die Natur selbst; eine solche Verantwortung gibt es nur "gegen sich selbst" (KANT 1797, A 107f.), weshalb eine grausame Behandlung der Tiere für KANT sittlich nur deshalb verwerflich ist, weil sie das Mitgefühl im Menschen anderen Menschen gegenüber schwächt.

5   In welcher Weise nimmt die Ethik Bezug auf die Natur?

Damit sind wir an der entscheidenden Nahtstelle unserer Überlegungen angelangt: Eine Ethik, so spüren wir angesichts der akuten Probleme der Naturzerstörung, die nur die Selbstvervollkommnung des Menschen zum Inhalt hat und Natur nur als Material kennt, vermag nicht zu einem Naturumgang zu führen, der die uns umgebende Natur in der rechten Weise bewahrt. Wir können aber auch nicht auf den Menschen als Normadressaten verzichten. Nur ein Subjekt, das sich und seine Interessen zu übersteigen vermag, kann Verantwortung übernehmen. Und in dieser Hinsicht haben wir in der gegenwärtigen Situation nicht ein Zuviel an Subjektstellung des Menschen, sondern ein Zuwenig. "Der Mensch hat seine stupende Intelligenz bisher praktisch nur dazu verwendet, um mit kulturellen Mitteln das gleiche darwinsche Fitneßrennen noch wirkungsvoller fortzuführen, in dem wir vorher nur mit rein biologischen Mitteln gegen unsere Konkurrenten angetreten waren ... Der Schritt zur wirklichen Autonomie, zur Selbstbestimmung unserer Daseinszwecke, der sich der Einsatz unserer märchenhaften, technisch-kulturellen Mittel unterzuordnen hat, bleibt noch zu tun. Zur Rationalität der Mittel ... muß die Rationalität der Zwecke kommen" (MARKL 1983b, S.23). Dazu aber brauchen wir eine Ethik, in der die praktische Vernunft normativ Bezug nimmt auf die Natur, und zwar auf die des Menschen selbst und auf die ihn umgebende Natur, eine Ethik, für die Natur nicht nur Umwelt des Menschen ist - die deshalb nur relativ zu dessen Bedürfnissen geschützt zu werden braucht -, sondern das Andere und ihn zugleich Umfassende, die von einer neuen Aneignung der Natur durch die Vernunft und nicht von der eingetretenen Trennung geprägt ist, die also nicht nur Umweltethik, sondern ökologische Ethik ist (zur Kritik am Begriff der Umweltethik vgl. MAURER 1988, S.17; MITTELSTRASS 1982, S.79).

Eine solche Ethik müssen wir nicht erst erfinden, wir besitzen sie dem Ansatz nach in der aristotelischen Ethik und ihrer regelethischen Erweiterung durch die Stoa und den mittelalterlichen Aristotelismus. Freilich muß sie in einer Weise weitergedacht werden, welche die Wende zur Neuzeit und zum neuen Naturverständnis aufzunehmen vermag. Zur Neuzeit gehört ja nicht nur die objektivierende Betrachtung der Natur, wie sie GALILEI mit Hilfe des Fernglases und seiner Meßgeräte vornahm, sondern auch die die Natur in ihrer Eigenqualität in den Blick nehmende Betrachtung PETRARCAs bei der Besteigung des Mont Ventoux (vgl. dazu KLU-

XEN 1988, S.79). Erst wo die Natur als Ganzes zum möglichen Gegenstand des menschlichen Handelns wird, kann und muß sie zum Gegenstand der menschlichen Verantwortung werden - ein, wie JONAS betont, Novum der Neuzeit und Moderne (vgl. JONAS 1979, S.7-58). Es geht um nicht weniger als ein neues Zuordnungsverhältnis des Menschen zur Erde als Ganzes oder, wie P. THEILHARD DE CHARDIN es ausgedrückt hat, um die Solidarität und Verantwortung für ein in Entwicklung befindliches Universum" (THEILHARD DE CHARDIN 1959, S.238).

Wie aber kann Natur in praktischer Hinsicht, d. h. als Orientierungsgröße für die sittliche Vernunft in Erscheinung treten? Auf das Wesen der Natur zurückzugreifen, wie es sich an sich, d. h. unabhängig von allen praktisch-deutenden Bezügen darstellt, führt uns nicht weiter. Denn auch wenn wir uns, schwierig genug, auf ein metaphysisches Verständnis der Natur, wie sie 'an sich' ist, verständigen könnten, so folgt, wie schon ARISTOTELES gegen PLATON zu Recht eingewendet hat - und die moderne Argumentationslogik gibt ihm, wie wir gesehen haben, darin recht -, aus einer Feststellung über das Wesen einer Sache, wie sie an sich ist, ohne weitere Prämissen noch nicht die Weise, wie mit ihr umzugehen ist. Auch die physische Natur ist, wie schon SOKRATES erfolgreich gegen die Sophisten einwenden konnte, keine Norm. Denn aus ihr kann ebenso das Recht des Starken wie das des Schwachen legitimiert werden. Was als mögliche Instanz der Handlungsorientierung für ARISTOTELES übrig bleibt, ist die der Natur innewohnende Zielgerichtetheit, die ihr eigene Teleologie. Sie aber ist seit DARWIN dem Einwand ausgesetzt, daß naturwissenschaftlich nur im nachhinein eine gewisse Gerichtetheit des Wirkens der Evolutionsfaktoren, also eine Teleonomie ex post, nicht aber eine die Entwicklung der Natur a priori steuernde Teleologie nachweisbar ist. Eben dies aber ist nach dem aristotelischen Ansatz auch nicht zwingend erforderlich; denn es genügt, wenn sich Natur philosophisch als eine sich sinnhaft, nämlich nach den in ihr liegenden Organisationsprinzipien erwirkende Ganzheit, d. h. als eine in sich poietische Größe (vgl. MITTELSTRASS 1991, S.37-63; MITTELSTRASS 1982) deuten läßt. Einer solchen naturphilosophischen Deutung der Natur eröffnet die moderne Biologie mit ihrer Deutung der Lebewesen als autopoietischer Systeme eine neue Möglichkeit. Vorweg zum naturwissenschaftlichen Befund und seiner - erst noch angemessen zu erarbeitenden - naturphilosophischen Deutung wird diese in sich poietische Struktur der lebendigen Natur und ihre Teleologie dem Menschen erfahrbar in seiner eigenen Natur.

Bei dieser Erfahrung könnte eine dem aristotelischen Ansatz folgende ökologische Ethik ansetzen: Ist nämlich der Mensch nicht, wie DESCARTES und die ihm folgende Neuzeit annahm, eine Einheit von zwei getrennten Substanzen, sondern eine ursprüngliche, in seiner nicht hintergehbaren Leiblichkeit sich ausdrückende Einheit von Bewußtsein und Leib, dann ist das sittliche Subjekt, das der Natur gegenübersteht, zugleich Teil der Natur (vgl. dazu auch SCHÄFER 1982 S.40), und zwar einer alles umfassenden Natur. Das aber bedeutet, daß Natur zugleich als Fundament des eigenen Subjektseins und als eine auch das eigene Subjektsein umfassende Ganzheit des Naturseins erfaßt wird. Unter beiden Gesichtspunkten ist sie nicht beliebig zum Mittel zu machen: Die Wahrung der Daseinsgrundfunktionen wie die Integrität von Leib und Leben, die Angewiesenheit auf Eigentum und anderes mehr sind so sehr Bedingungen der Möglichkeit des Subjektseins, daß sie in Form von Menschen- oder Grundrechten geschützt sind. Und was Voraussetzung des Naturseins ist, nämlich die Natur als Ganzes, kann nicht selbst noch einmal zum Mittel gemacht werden, ohne auch das Subjektsein aufzuheben.

Sich als Teil der Natur erfahren, heißt aber zugleich, sich als Teil einer lebendigen Größe erfahren, die von spezifischen Gesetzen bestimmt ist, oder besser, die sich nach diesen Gesetzen - gleichsam selbstreflexiv - organisiert und bestimmt. Und die Vernetzung des Subjekts mit der in sich lebendigen eigenen und der es umgebenden Natur ist so groß, daß "mit der Verleugnung der Natur im Menschen ... nicht bloß das Telos der auswendigen Naturbeherrschung, sondern das Telos des eigenen Lebens verwirrt und undurchsichtig (wird)" (HORKHEIMER/ADORNO 1947, S.70). Im Leibsein und Körperempfinden erfahren wir eine ganz andere Natur als die kosmologische, nämlich die physiologische mit ihrem metabolischen Austausch, der die Grenzen des Zuträglichen und Abträglichen bestimmt (vgl. dazu SCHÄFER 1991, S.30ff.). In diesem Sinn erscheint Natur als der Inbegriff des Lebens, der nicht gegen sein Gesetz instrumentalisiert werden darf, soll nicht mit ihr die eigene Natur und damit das Subjekt selbst zum bloßen Mittel werden. Das Selbstsein des Subjekts impliziert das Selbstsein der Natur, das seinerseits nur gewahrt wird, wenn wir in unserem Umgang mit der Natur zwischen uti und frui, zwischen Gebrauchen und Seinlassen zu unterscheiden vermögen (vgl. HÖFFE 1989/90, S.62ff.).

Zu dieser Erfahrung, Teil der Natur als eines umfassenden, in sich poietischen Ganzen zu sein, gehört aber auch die Erfahrung der Endlichkeit und Begrenztheit. Prometheus, so heißt es in der griechischen Sage, habe mit dem Feuer, das er brachte, den Menschen "das Wissen um die Todesstunde genommen" (GADAMER 1989, S.24). Seit der Mensch aber vor der Möglichkeit steht, die eigene Gattung und das Leben auf dem Planeten zerstören zu können, weiß er um den Antagonismus zwischen der potentiellen Grenzenlosigkeit seiner Mittel und der Begrenztheit der ihn tragenden Natur. Soll die Natur wie in der Vergangenheit auch in der Zukunft das Leben von Menschen ermöglichen, verlangt schon die Achtung vor der Person in ihrer Verallgemeinerung einen Umgang mit allen begrenzten Ressourcen und allen irreversibel schädlichen Prozessen, der auch in Zukunft menschliches Leben möglich sein läßt (vgl. dazu BIRNBACHER 1988). Ganzheits-, Vernetzungs- und Grenzbewußtsein des Menschen in bezug auf die Natur aber lassen insgesamt einen Umgang mit der Natur als angemessen erscheinen, der nicht so sehr durch ein Verhältnis der Herrschaft, als vielmehr durch ein solches der Partnerschaft geprägt ist, in der nicht der Abbau, sondern der Anbau dominiert.

Gehen wir davon aus, daß der Mensch das Wesen ist, das seine Identität nur in der Vermittlung über andere und anderes zu gewinnen vermag und das sich deshalb über seine Bedürfnisbefriedigung hinaus durch die Erfahrung eines Sinns definiert, der in sich selbst liegt, dann wird begreiflich, daß er die Natur über die bisher beschriebenen funktionalen Zusammenhänge hinaus auch als etwas zu erfahren vermag, was diesseits aller Funktionalität in sich sinnvoll ist. Dies geschieht zum einen in der ästhetischen Erfahrung der Natur, die bezeichnenderweise sowohl der unberührten Natur wie der in Form von Landschaft und Garten gestalteten Natur gilt, zum anderen geschieht es in der religiösen Erfahrung, für die Natur als das anheimgegebene und zu wahrende Heilige, als die dem Menschen anvertraute Schöpfung Gottes erscheint. In beiden Fällen ist Natur Symbol eines Sinnes, der dem Menschen als etwas ebenso Vor- wie Aufgegebenes erscheint und dessen Nichtfunktionalität die Achtung begründet, die dieser Sinn von seiten dessen, der ihn erfährt, beansprucht. In beiden Fällen ist diese Erfahrung und die ihr korrelierende Achtung - und dies darf nicht übersehen werden - konstitutives Element einer bestimmten Lebensform, d. h. eines bestimmten Konzepts des gelungenen menschlichen Lebens, ohne daß freilich aus der betreffenden Sinnerfahrung und der ihr entsprechenden Achtung konkrete Normen des richtigen Naturumgangs zu entnehmen wären. Wie eng der Zusammenhang zwischen der hier ästhetisch genannten Naturerfahrung und der Erfahrung von Kunst ist, zeigt sich nicht zuletzt daran, daß sie beide von der gleichen Krise betroffen sind: Ebenso wie im Bereich der Kunst ist es uns auch im Bereich der Natur problematisch geworden, ohne Vorbehalte den Begriff schön zu verwenden, von einvernehmlichen Kriterien seiner Verwendung ganz abgesehen.

Welche Natur sollen wir schützen? Verstehen wir die Frage als eine Frage nach der Natur als Orientierungsgröße für unser Handeln, dann können wir, so hat sich gezeigt, die Antwort nicht unmittelbar von der verobjektivierenden Erkenntnis der Natur durch die Naturwissenschaften erwarten, sondern müssen uns an die Erfahrung des handelnden Subjekts mit der eigenen und der ihn umgebenden Natur halten. In dieser Erfahrung zeigt sich Natur als eine in sich differenzierte Größe. Als Bedingung der Möglichkeit des Subjektseins kann sie nur gewahrt werden, wenn sie in ihrem Eigensein als das schützenswerte Gut betrachtet wird. In diesem Sinn ist ihr Schutz eine prima facie gebotene Pflicht, und zwar in dem Maß, in dem Natur die komplexe Struktur des Lebendigen an sich trägt, wie sie der Mensch an sich selbst erfährt, nämlich Differenziertheit, Selbstorganisation und Empfindungsfähigkeit. Es ist diese Prima-facie-Pflicht, die beispielsweise im Tierschutzgebot zum Ausdruck kommt. Zu diesem prima facie gebotenen Schutz gehört aber auch die Wahrung oder Wiederherstellung von Bedingungen, ohne die Leben in den genannten Komplexitätsstufen nicht möglich ist, wie etwa bestimmte Bedingungen der Erdatmosphäre.

Natur erscheint aber nicht nur als das Menschen Bedingende und Umgreifende, das in seiner allem Handeln voraufgehenden Eigengesetzlichkeit Schutz beansprucht, sondern auch als das vom Menschen Gemachte und Geformte, das in seiner Gestalt Schutz beansprucht, weil diese Gestalt Teil der Kultur, d. h. Teil des

Entwurfs des gelingenden Lebens der jeweiligen Gesellschaft ist. In diesem Sinn gehört zu der zu schützenden Natur auch das Kulturdenkmal in der bebauten Natur.

6   Welche Natur wollen wir schützen? - Kriterien einer Antwort

Für unser praktisches Urteil läßt sich aus dem Gedankengang folgern, daß wir 1. die zu schützende Natur nicht als eine vorgegebene, einfach ablesbare und objektivierbare Größe verstehen dürfen, sondern als Resultat einer Interpretation, in die objektive naturwissenschaftliche Erkenntnis und subjektive lebensweltliche Erfahrung eingehen. Die Antwort auf die Frage, welche Natur wir schützen sollen, kann also - wie die Antwort auf die Frage, welche Gesundheit wir bewahren sollen, - nur als Resultat einer praktischen Überlegung erwartet werden, nämlich als Beschreibung eines Zustands, dessen Wahrung oder Wiederherstellung wir deshalb als Pflicht erachten, weil wir das fiat, um dessentwillen wir ihn als geboten oder erwünscht erachten, für verpflichtend halten. In diese praktische Überlegung gehen deshalb 2. neben den Wenn-dann-Aussagen der Naturwissenschaften als Kriterien der Richtigkeit die Aussagen der Ethik über die transutilitären Ziele als Kriterien der Verbindlichkeit ein; denn die moralische Verbindlichkeit stammt allein aus dem als verbindlich betrachteten übergreifenden Handlungsziel und den dieses Ziel konkretisierenden Teilzielen. Das aber bedeutet 3., daß zur ökologischen Ethik nicht nur die (den naturwissenschaftlichen Wenn-dann-Aussagen) folgende Abschätzung möglicher Folgen, sondern auch die Beurteilung möglicher Ziele gehört. Da Natur jedoch keinen Zustand prästabilisierter Harmonie kennt und die zum Schutz der Natur gebotenen Teilziele konfligieren, ist die konkret zu schützende Natur 4. stets Resultat einer Güterabwägung. 'Natürlichkeit' ist - aristotelisch gesprochen - die richtige Mitte; sie ist in der vom Menschen bewohnten Natur nicht ein vorgegebener, sondern ein aufgegebener Zustand, nicht ein rein deskriptives, sondern deskriptiv-präskriptives Prädikat. Da sich der die Güterabwägung bestimmende moralische Anspruch aus dem übergreifenden Ziel, die konkurrierenden Güter hingegen aus Teilzielen ergeben, die als Bedingungen oder Konkretionen der Realisierung des übergreifenden Zieles unterschiedlichen Rang besitzen, lassen sich für die Abwägung unter den Gütern Vorzugsregeln formulieren wie die, daß das fundamentalere Gut im gegebenen Fall den Vorzug vor dem ranghöheren verdient, oder die, daß Handlungen mit reversiblen Folgen solchen mit nichtreversiblen vorzuziehen sind, weshalb ökologische Ethik im wesentlichen als eine argumentative Entfaltung der hier einschlägigen Vorzugsregeln betrachtet werden kann. Wegen der unaufhebbaren Konkurrenz bestimmter Güter stellen diese Vorzugsregeln jedoch keine vollständige, allseits und jederzeit befriedigende Präferenzordnung dar. Die in normativer Absicht geschehende Definition der hier und jetzt zu schützenden Natur wird daher 5. stets ein Kompromiß sein. Findet darüber hinaus die Güterabwägung, wie dies für unsere Welt zutrifft, unter den Bedingungen einer Pluralität von Wertüberzeugungen und Lebensformen statt, wird die zu schützende Natur als der Inhalt eines solchen Kompromisses 6. nur über einen praktischen Diskurs der gesellschaftlichen Gruppen zu definieren sein. Dieser Diskurs wird relativ einfach sein, solange es um fundamentale Güter, d. h. um das Überleben der Gesamtheit bzw. die Erhaltung der Natur geht. Wird dieses Ziel vom Einverständnis aller getragen, genügen - vorausgesetzt das Überleben aller ist möglich - zur konkreten Normierung weitgehend die naturwissenschaftlich ermittelbaren Kriterien der Richtigkeit. In dem Maß, in dem es jedoch nicht nur um das Überleben, sondern um das sinnerfüllte Leben geht und sich der Schutz der Natur auf die vom Menschen gestaltete bzw. zu gestaltende Natur bezieht, wird der praktische Diskurs über die zu schützende Natur zu einem Diskurs, ja zu einem Streit über die verschiedenen Lebensformen. Dieser Streit kann nur in Grenzen gehalten werden, wenn anhand der genannten Vorzugsregeln zwischen der Wahrung des durch Grundanspruch und fundamentale Güter gezogenen Rahmens und der diesen Rahmen verschieden ausfüllenden Normentwürfen unterschieden wird. Da der Konflikt um die zu schützende Natur aber nicht nur durch die Pluralität der Wertüberzeugungen und Lebensformen, sondern ebenso wesentlich durch die Konkurrenz der Zielsetzungen in den autonomen Teilbereichen der modernen Gesellschaft bestimmt ist - vornehmlich durch die Konkurrenz zwischen ökonomisch und ökologisch Gebotenem -, wird die Definition der zu schützenden Natur nicht möglich sein, wenn nicht 7. von den politisch-staatlichen Instanzen über die Rahmenbedingungen für den Ausgleich dieser konkurrierenden Ziele in Form rechtlicher Regelungen und politischer Zielsetzungen entschieden wird.

7 Ausblick

Welche Natur sollen wir schützen? Wenn die Kriterien zutreffen, die für eine Beantwortung gelten, kann es keine einfache oder gar übergreifend gültige Antwort auf diese Frage geben. Über die Grenzen, deren Wahrung den Bestand der Natur überhaupt sichert, wird sich - sind sie einmal ausgemacht - relativ rasch Einverständnis erreichen lassen. Doch fängt die entscheidende Frage erst jenseits dieser Grenzen an; denn schutzbedürftig ist nicht nur der Bestand der Natur, sondern auch die besondere Gestalt, die sie angenommen hat und die sie zum unverzichtbaren Bestandteil der jeweiligen humanen Lebensform macht. Über diese Lebensformen aber besteht kein Einverständnis. Deshalb läuft die Frage, welche Natur wir schützen sollen, letztlich auf die Frage hinaus, ob wir bereit und in der Lage sind, in den praktisch-politischen Diskurs einzutreten, ohne den wir uns nicht darüber verständigen können, was wir eigentlich schützen sollen, wenn wir die Natur schützen wollen. Philosophie kann diesen Diskurs nicht ersetzen, sondern nur auf seine Notwendigkeit hinweisen und - soweit möglich - die Kriterien seines Gelingens deutlich machen.

8 Literatur

AKADEMIE DER WISSENSCHAFTEN ZU BERLIN (Hrsg.) (1992): Umweltstandards. Grundlagen, Tatsachen und Bewertungen am Beispiel des Strahlenrisikos. - Berlin-New York

ARISTOTELES (1969): Nikomachische Ethik. Übersetzt und kommentiert von F. DIRLMEIER. - Darmstadt

BAIER, K. (1974): Der Standpunkt der Moral. Eine rationale Grundlegung der Ethik. - Düsseldorf

BAYERTZ, K. (1988): Ökologie als Medizin der Umwelt? Überlegungen zum Theorie-Praxis-Problem in der Ökologie in: BAYERTZ, K. (Hrsg.): Ökologische Ethik. - Schriftenreihe der Katholischen Akademie der Erzdiözese Freiburg, München-Zürich 1988, S.86-101

BIRNBACHER, D. (1988): Verantwortung vor den zukünftigen Generationen. - Stuttgart

BIRNBACHER, D. (1991): Natur als Maßstab menschlichen Handelns in: Zeitschrift für philosophische Forschung 45, S.60-76

BÖHME, G. (1990): Die Natur im Zeitalter ihrer technischen Reproduzierbarkeit in: Information Philosophie 4, S.5-17

CAPRA, F. (1983): Wendezeit. Bausteine für ein neues Weltbild. - Bern

COMMONER, B. (1973): Wachstumswahn und Umweltkrise. - München-Gütersloh-Wien

DILTHEY, W. (1961): Die geistige Welt. Gesammelte Schriften V. - Stuttgart

GADAMER, H.G. (1989): Der Mensch als Naturwesen und Kulturträger in: FUCHS, G. (Hrsg.): Mensch und Natur. Auf der Suche nach der verlorenen Einheit. - Frankfurt/Main, S.9-31

GETHMANM, C.F. und J. MITTELSTRASS (1992): Maße für die Umwelt in: Gaia. Ökologische Perspektiven in Natur-, Geistes- und Wirtschaftswissenschaften 1, S.16-25.

HAECKEL, E. (1924): Über Entwicklungsgang und Aufgabe der Zoologie in: HAECKEL, E.: Gemeinverständliche Werke, Bd.V. - Leipzig-Berlin

HAECKEL, E. (1988): Generelle Morphologie der Organismen [1866] - Berlin (unveränderter Nachdruck)

HÖFFE, O. (1989/90): Die Ethik der Natur im Streit um die Moderne in: Scheidewege 19, S.57-74

HONNEFELDER, L. (1992): Natur als Handlungsprinzip. Die Relevanz der Natur für die Ethik in: HONNEFELDER, L. (Hrsg.): Natur als Gegenstand der Wissenschaften. - Freiburg/Breisgau, S.151-183

HORKHEIMER, M. und T.W. ADORNO (1947): Dialektik der Aufklärung. - Amsterdam

HUME, D. (1751): An Inquiry Concerning the Principle of Morals. - London

JONAS, H. (1979): Prinzip Verantwortung. - Frankfurt/Main

JONAS, H. (1987): Technik, Medizin und Ethik. Zur Praxis des Prinzips Verantwortung. - Frankfurt/Main

KANT, I. (1785): Grundlegung zur Metaphysik der Sitten. - Königsberg

KANT, I. (1788): Kritik der praktischen Vernunft. - Riga

KANT, I. (1797): Metaphysik der Sitten. - Königsberg

KLUXEN, W. (1988): Landschaftsgestaltung als Dialog mit der Natur in: ZIMMERLI, W.Chr. (Hrsg.): Technologisches Zeitalter oder Postmoderne. - München, S.73-87

LEPENIES, W. (1983): Historisierung der Natur und Entmoralisierung der Wissenschaften seit dem 18. Jahrhundert in: MARKL, H. (Hrsg.): Natur und Geschichte. - München-Wien, S.263-288

MARKL, H. (1983a): Natur als Kulturaufgabe - Über die Beziehung des Menschen zur lebendigen Natur in: MARKL, H. (Hrsg.): Natur und Geschichte. - München-Wien

MARKL, H. (1983b): Dasein in Grenzen: Die Herausforderung der Ressourcenknappheit für die Evolution des Lebens. - Konstanz

MAURER, R. (1988): Ökologische Ethik in: BAYERTZ, K. (Hrsg.): Ökologische Ethik. - Schriftenreihe der Katholischen Akademie der Erzdiözese Freiburg, München-Zürich, S.11-30

MITTELSTRASS, J. (1982): Aneignung und Verlust der Natur in: MITTELSTRASS, J. (Hrsg.): Wissenschaft als Lebensform. - Frankfurt/Main, S.65-83

MITTELSTRASS, J. (1991): Leben mit der Natur. Über die Geschichte der Natur in der Geschichte der Philosophie und die Verantwortung des Menschen gegenüber der Natur in: SCHWEMMER, O. (Hrsg.): Über Natur. Philosophische Beiträge zum Naturverständnis. - Frankfurt/Main, S.37-63

MOEBIUS, K. (1877): Die Auster und die Austernwirtschaft. - Berlin

MOORE, G.E. (1970): Principia Ethica (dt.). - Stuttgart

PASSMORE, J. (1980): Den Unrat beseitigen. Überlegungen zur ökologischen Methode in: BIRNBACHER, D. (Hrsg.): Ökologie und Ethik. - Stuttgart, S.207-246

PATZIG, G. (1983): Ökologische Ethik in: MARKL, H. (Hrsg.): Natur und Geschichte. - München-Wien

PFENNIG, N. (1989): Der Naturbegriff der Ökologie in: WEBER, H.-D. (Hrsg.): Vom Wandel des neuzeitlichen Naturbegriffs. - Konstanz

PLESSNER, H. (1981): Die Stufen des Organischen und der Mensch, Gesammelte Schriften IV. - Frankfurt/Main

SCHÄFER, L. (1982): Wandlungen des Naturbegriffs in: ZIMMERMANN, J. (Hrsg.): Das Naturbild des Menschen. - München, S.11-44

SCHÄFER, L. (1991): Selbstbestimmung und Naturverhältnis des Menschen in: SCHWEMMER, O. (Hrsg.): Über Natur. Philosophische Beiträge zum Naturverständnis. - Frankfurt/Main, S.15-35

TANSLEY, A.G. (1935): The use and the abuse of vegetational concepts and terms in: Ecology 16, S.284-307

THEILHARD DE CHARDIN, P. (1959): Der Mensch im Kosmos. - München

THIENEMANN, A.F. (1956): Leben und Umwelt. Vom Gesamthaushalt der Natur. - Reinbek/Hamburg

WOLTERECK, R. (1928): Über die Spezifität des Lebensraumes, der Nahrung und der Körperformen bei pelagischen Cladoceren und über "Ökologische Gestalt-Systeme" in: Biologisches Zentralblatt 48, S.521-551

Traditionelles Umweltwissen und Umweltbewußtsein und das Problem nachhaltiger landwirtschaftlicher Entwicklung

Eckart Ehlers (Bonn)

1 Sustainability - ein Begriff und seine Problematik

"Dauerhafte Entwicklung ist Entwicklung, die die Bedürfnisse der Gegenwart befriedigt, ohne zu riskieren, daß künftige Generationen ihre eigenen Bedürfnisse nicht befriedigen können" (BRUNDTLAND-Bericht 1987, S.6). *Sustainability* ist "in" - und fast jeder, der sich, an der entwicklungspolitischen Diskussion beteiligt wird sich dieses Begriffes bedienen.

Die geradezu inflationäre Anwendung des Begriffes *sustainability*, mehr noch die seiner trügerisch-vielfältigen deutschen Übersetzungsvarianten (*Dauerhaftigkeit - Langfristigkeit - Nachhaltigkeit*) machen nachdenklich. Und eine auch nur oberflächliche Analyse seiner Anwendung zeigt zumindest zwei Dinge deutlich: entweder die schillernd vielfältige Nutzbarkeit des Begriffes *sustainability*, je nach politischer Intention und Zielsetzung (vgl. VOSTI et al. 1991; insb. RUTTAN 1991); oder aber - und viel schlimmer -: die modische Adaption des Begriffes mit keinem anderen Ziel, als "alten Wein in neuen Schläuchen" zu verkaufen. Eine nähere Analyse nicht weniger wissenschaftlicher Publikationen zeigt, daß alte Forschungsergebnisse und tradierte Methoden unter dem Etikett des modischen und neuen *sustainability* angeboten werden.

Trotz - oder vielleicht gerade - wegen des inflationären Gebrauchs des Schlagworts *sustainability* scheinen einige kritische Anmerkungen vorab angebracht. Unter Bezugnahme auf die eingangs zitierte Definition stellen sich Fragen wie: Wer definiert Bedürfnisse für welche Gesellschaft und für welches Wert- und Normsystem? Wer vermag "Bedürfnisse" künftiger Generationen vorherzusehen? Wer weiß, ob künftige "Bedürfnisse" gleich oder ähnlich sind wie die unsrigen und heutigen? Solche Fragen ließen sich fortsetzen.

Dennoch besteht kein Zweifel: umweltverträgliche und nicht mehr nur lokal und/oder regional, sondern global argumentierende Denkweisen und Handlungsmuster sind gefragt. Die zunehmende Verdichtung, aber auch Vernetzung von Raum und Zeit sowie von Mensch und Umwelt machen neue Konzepte künftiger und zukunftsorientierter Entwicklung nötig. Dies gilt nicht nur für die Reduzierung der Bedürfnisse und des "Umweltverbrauchs" in den hochkomplexen industriellen Systemen der Industrieländer (DIETZ et al. 1992). Es gilt auch für Räume und Gesellschaften in Ländern der sog. Dritten Welt. Besonders in den fragilen und labilen Ökosystemen marginaler wie peripherer Räume der Dritten Welt ist der Produktionsfaktor "Boden" als Grundlage menschlich-gesellschaftlicher Existenz dem Aspekt der *sustainability* unterworfen.

Ökologische wie ökonomische Marginalität unterliegen einem vielfältig differenzierten Faktorenbündel. Sie umfassen so unterschiedliche Kriterien wie geographische Lage und Erreichbarkeit, Naturausstattung oder sozio-ökonomische Parameter. Ihrer Beachtung und Beobachtung kommt gerade in den Randsäumen der Ökumene (Hochgebirge, Trockengebiete, Kältezonen) besondere Bedeutung zu. Vor allem dort, wo diese Randsäume in drittweltlichen Regionen explosiven Bevölkerungswachstums liegen und Bevölkerungswachstum in Ausweitung der agraren oder pastoralen Landnutzung umgesetzt wird, geraten tradierte Wirtschafts- und Sozialsysteme außer Kontrolle und verlieren zunehmend ihre umweltschützende wie umwelterhaltende Funktion (Abb. 1).

Marginalität und ländliche Entwicklung:
Faktoren von Marginalität

Physische und ökologische Faktoren (in Auswahl)	Sozio-ökonomische Faktoren (in Auswahl)

Lage
  Abgeschiedenheit
  Marktferne
  Erreichbarkeit
	Pacht- und Eigentumsverhältnisse
	  Betriebsgröße
	  Erbrecht
	  Flurformen / Flurzersplitterung

Umwelt
  Topographie / Relief
  Klima
   - Niederschlag
   - Temperatur
   - Strahlungshaushalt
  Vegetation
  Böden
  Wasser u.a.F.
	Arbeitskräfte
	  Ausbildung
	  Außerlandwirtschaftliches Einkommen
	  Mithelfende Familienangehörige
	
	Kapitalstock
	  Mechanisierung
	  Arbeitstiere und Arbeitsgerät
	  Kreditsystem
	  Ländliche Infrastruktur

	Technisches Know-how
	  Traditionelle / moderne Wissenssysteme
	  Innovationsbereitschaft u.a.F.

	Marktnähe / Marktferne
u.a.F. = und andere Faktoren	U.a.F.

Abb. 1.

Entw.: E. Ehlers 1994

Mit der zunehmenden Diskussion um *sustainability* hat, fast zwangsläufig, auch die Rückbesinnung auf historisch-traditionelle Wissenssysteme und Handlungsmuster im Bereich der Landnutzung eingesetzt. Ganz im Sinne der postmodernen "Back to the Future"-Widersprüchlichkeit erfreuen sich dabei Analysen natur- wie kulturraumspezifisch differenzierter Wirtschafts- und Lebensformen sowie ihrer ökologisch-nachhaltigen Anpassungsmechanismen besonderen Interesses. Auch die folgenden Ausführungen verstehen sich als ein Beitrag zu dieser Diskussion.

Die im Thema dieses Beitrags deutlich werdende historisierende Betrachtungsweise bedarf einer Vorab-Bemerkung. Wenn im folgenden über traditionelles Umweltwissen und Umweltbewußtsein gesprochen und deren Bedeutung für die Nachhaltigkeit landwirtschaftlicher Entwicklung analysiert werden soll, dann mit den folgenden Einschränkungen: die Ausführungen beziehen sich auf traditionell-autochthone Landnutzungsmuster im nomadisch-bäuerlichen Lebensraum der Dritten Welt. Und sie beziehen sich auf montane Gesellschaften; konkret: auf iranische Bergnomaden sowie auf land- und weidewirtschaftliche Staffelsysteme im Karakorum-Gebirge Nordpakistans. Vor diesem Hintergrund lautet die Grundthese der folgenden Ausführungen:

> Traditionell-autochthone Gesellschaften haben über Jahrhunderte hinweg im Einklang mit ihrer oftmals fragilen und verletzlichen Umwelt stehende Lebens- und Wirtschaftsweisen entwickelt, die ihnen Nachhaltigkeit der Landnutzung sicherten. Ihr Wissen und ihre Erfahrungen gilt es zu nutzen, um auch künftigen Generationen das Überleben zu sichern und die gefährdeten Ökosysteme zu erhalten bzw. wiederherzustellen.

Es wird davon ausgegangen, daß die Einsichten aus den folgenden Fallbeispielen durchaus Transfercharakter haben und auf andere Räume und Zeiten anwendbar scheinen.

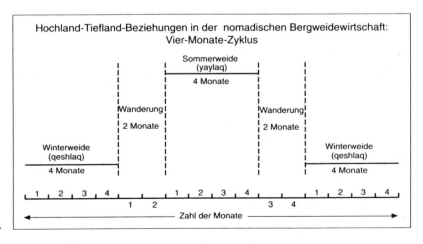

Abb. 2.

2 Traditionelle Anbau- und Wissenssysteme in Agrargesellschaften der Dritten Welt

2.1 Iranischer Bergnomadismus

Jahrhunderte-, wenn nicht jahrtausendelange Grundlage eines auf extreme Nachhaltigkeit der Ressourcennutzung angelegten Bergnomadismus ist eine "*highland-lowland-interaction*" gewesen, die ökologisch wie ökonomisch Nischen zu einer tragfähigen Lebens- und Wirtschaftsform zusammenzufassen verstand. Verknüpfung sommerlicher Hochweidegebiete im Gebirge (*yaylag*) und winterlicher Tieflandsweiden (*qeshlag*) in Becken- und Talzonen sowie in Bergvorländern sind somit das Grundprinzip räumlicher, wirtschaftlicher wie auch sozialer Verwirklichungsmuster des iranischen Bergnomadismus gewesen - und auch heute noch. *Highland-lowland-interaction* folgt dabei über Jahrhunderte entwickelten Wissenssystemen und daraus abgeleiteten Verhaltensweisen. Sie basierten auf einer zeitlich limitierten und räumlich differenzierten Nutzung der Ressource "Weideland". Der Ablauf des Jahres wird durch drei "Vier-Monate-Segmente oder Zyklen" bestimmt, wobei der Wanderungszyklus mit Herbst- bzw. Frühjahrswanderung noch einmal zeitlich differenziert wird. (Abb. 2).

Noch zu Beginn der 70er Jahre konnte das in Auflösung begriffene Funktionieren dieses Musters in vielen Teilen Irans studiert und beschrieben werden. Während das traditionelle Wanderungsverhalten - im übrigen prototypisch für das der meisten Bergnomaden im Faltengebirgsgürtel des Mittleren Ostens - durch die in Abb. 2 skizzierten Rhythmen gekennzeichnet war, basieren die Mechanismen des Verfalls auf einer Reihe einander bedingender und miteinander verflochtener Veränderungen der physischen und sozio-ökonomischen Rahmenbedingungen. Dazu zählen u. a. die Auflösung des Wanderungsrhythmus in unterschiedliche Distanzen, der Verlust der *qeshlag* als geschlossenem Winterweidegebiet, die erzwungene oder freiwillige Seßhaftwerdung/Ansiedlung einzelner Stammesgruppen oder auch die Auflösung der Stammessolidarität durch räumliche, soziale und/oder wirtschaftliche Segregation einzelner Teile des Stammes (vgl. EHLERS 1976 und 1980). Bindendes/verbindendes Glied während dieses in der Zeit nach dem Zweiten Weltkrieg einsetzenden Verfalls bleibt die *highland*-Komponente des Interaktionsschemas: die sommerliche und gemeinsame Beweidung der Hochweiden des Gebirges, die bis dahin keinem Konkurrenzdruck durch z. B. bäuerliche Landnutzung ausgesetzt waren.

Auslösendes Moment des vollständigen Kollaps des ökologisch infolge der Ziegenhaltung zwar nicht optimalen, dennoch aber nachhaltig wirksamen Systems der nomadischen Bergweidewirtschaft waren die sozioökonomischen und - nachfolgend - ökologischen Konsequenzen der sog. "Weißen Revolution" des Shah von 1961 ff. Sie hatten zwei für unsere Fragestellung bedeutsame Konsequenzen. Zum einen entzog die Verstaatlichung der Wälder und des Weidelandes die für die Nomaden lebenswichtige Ressource "Weideland", deren Verfügungsgewalt und damit auch deren vergleichsweise schonende Nutzung. Zum anderen schränkte die Ausweitung der landwirtschaftlichen Nutzung sowie die Aufstockung bäuerlich-städtischen Herdenbesatzes die nomadische Nutzung der Bergweideareale ein und bewirkte deren schnelle Übernutzung und irreparable Schädigung.

Bevölkerungsdruck, staatliche Eingriffe und vor allem sozioökonomischer Wandel mit dem Ergebnis der Expansion landwirtschaftlicher Nutzflächen und der Aufstockung bäuerlich/städtischer Herden unter Betreuung von Lohnhirten haben das traditionelle System der "*highland-lowland-interaction*" in den letzten Jahrzehnten außer Funktion gesetzt. Daß es sich dabei tatsächlich und ursprünglich um ein jahrtausendealtes Wissens- und Landnutzungssystem handelte, belegen archäologische und ethnoarchäologische Studien im Zagros (Abb. 3).

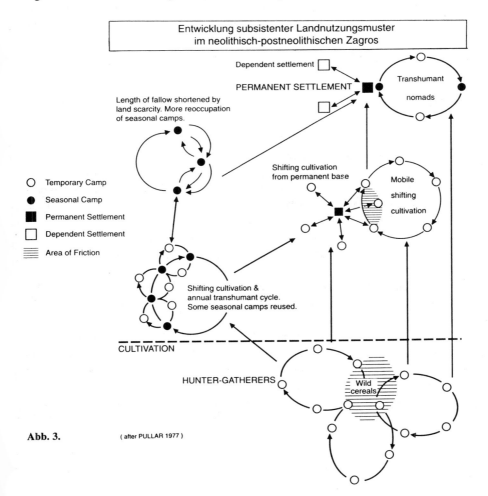

Abb. 3. (after PULLAR 1977)

Im Gegensatz zu den in Abb. 3 erfaßten "Gleichgewichtszuständen" zwischen Mensch und Umwelt, die tatsächlich eine über Jahrtausende wirksame *sustainability* belegen, haben die genannten Veränderungen der letzten Jahrzehnte tiefgreifende Konsequenzen gezeitigt, die sich wie folgt zusammenfassen lassen: Umwandlung traditioneller Winterweidegebiete in Ackerland. Ausweitung der landwirtschaftlichen Nutzfläche in stark reliefierte, pedologisch flachgründige und erosionsgefährdete Hanglagen der Hochgebirge; Aufstockung der nicht-nomadischen Herdenbestände und damit Verstärkung des Konkurrenzdruckes auf die immer begrenzter werdende Ressource "Weideland"; Zerstörung der ohnehin schütteren natürlichen Vegetationsdecke und Beginn linien- wie flächenhafter Erosion (*gullying*; Hangrutsche etc.) und Denudation.

Heute ist in fast allen Hochgebirgen der türkisch-iranisch-afghanischen Welt der Lebensraum der Nomaden extrem beschnitten. Mit dieser Begrenzung ist zugleich das traditionelle Wissen um angepaßte Landnutzung und nachhaltiges Bewirtschaften der fragilen Hochweiden eingeengt worden oder verlorengegangen. Die rücksichtslose Ausbeutung von Wald und Weide durch eine zeitlich begrenzte Dauernutzung hat schon heute weithin zu der irreparablen Schädigung dieser Ökosysteme geführt.

2.2 Montane Landnutzungssysteme im Karakorum/Nordpakistan

Es ist bekannt, daß montane Ökosysteme nicht nur Lebens- und Gefahrenräume sind, sondern auch bedeutsame Ressourcenpotentiale für ihre Vorländer. Sie sind zudem Schaltzentren für global wirksame Umwelteinflüsse (vgl. WINIGER 1992). Als solchen kommt allen Hochgebirgen der Erde eine Schlüsselfunktion für ökosystemare Zusammenhänge und Veränderungen zu.

Im Hinblick auf menschliche Inwertsetzung und Nutzung haben Hochgebirge bis in die jüngste Vergangenheit hinein zudem als Rückzugsgebiete gedient. Ihre natur- wie kulturraumtrennende Funktion verlieh ihnen einerseits nicht selten einen ausgesprochenen "Durchgangscharakter", während das harte und lebensfeindliche Hochgebirgsmilieu andererseits allenfalls Randgruppen und Minderheiten als Refugien diente. Ob in den Alpen oder im Himalaya: Menschen sind offensichtlich vergleichsweise spät in Hochgebirgsräume eingedrungen und haben sich dann meist adaptiv im Sinne einer *creative adjustment* mit ihren montanen Umwelten arrangiert. Daß sich dabei, kulturraumspezifisch differenziert, nicht nur Mythen und Legenden über die Natur des montanen Lebensraumes herausgebildet haben, sondern diese auch seine Nutzung und Aneignung mitbestimmt haben, ist aus vielen montanen Gesellschaften bekannt (vgl. GUILLET 1983; ORLOVE 1987; ORLOVE/GUILLET 1985; SCHLEE 1988 und 1990).

Das Beispiel Karakorum lehrt, daß Montanität und montane Ökosysteme nicht nur mit der uns eigenen Rationalität verstanden werden sollten. Vertikale Klassifikationen - Geographen würden sagen: Höhenstufen - sind mehr als nur Klima- und Vegetationsstufen. Ethnologen und Entwicklungssoziologen haben mit Nachdruck darauf hingewiesen, daß den realen Umwelten auch symbolische, mit positiven wie negativen Bewertungen belegte und demzufolge in ganz spezifischen Formen genutzte Umwelten entsprechen (SCHLEE 1990). In den Worten der Ethnologie und in bezug auf das uns hier interessierende Nordpakistan liest sich das für Hunza wie folgt (STELLRECHT 1992, S.428/9):

"Über diese Umwelt und ihre Ausstattung gibt es tradierte Kenntnisse. Dazu gehören Wissensinhalte wie z. B.: Jagd und Ziegenzucht sind reine Tätigkeiten, Tee aus blauen Blumen der Berge vertreibt unreine Krankheit, Disharmonie lockt unreine Feen an, unerwartete Umweltkatastrophen sind die Strafe der reinen Feen, Ziegenmilchprodukte sind reine Nahrung, verbrannter Kuhdung vertreibt Reines, Wacholderrauch wirkt gegen Unreines, Hirten und Jäger müssen sich beim Gang in die Berge purifizieren. Blumen dort dürfen nicht einfach ausgerissen, Wacholder nicht willkürlich umgehauen werden, Frauen dürfen nicht hinauf auf die Hochalmen und sollen überhaupt mit der Ziegenzucht nichts zu tun haben ..."

Vor dem Hintergrund einer solchen Umweltwahrnehmung und Umweltbewertung, die sich in sehr praktische Verhaltensnormen transponiert, ergeben sich räumliche wie zeitliche Ordnungsmuster der Landnutzung, die eine hohe Anpassung der Bergbewohner an das ebenso komplexe wie verwundbare Ökosystem des Hochgebirges verraten (Abb. 4).

162   E. Ehlers

Abb. 4. Höhenstufen der Naturausstattung, der symbolischen Umweltbezüge und der Landnutzung in Hunza / Karakorum

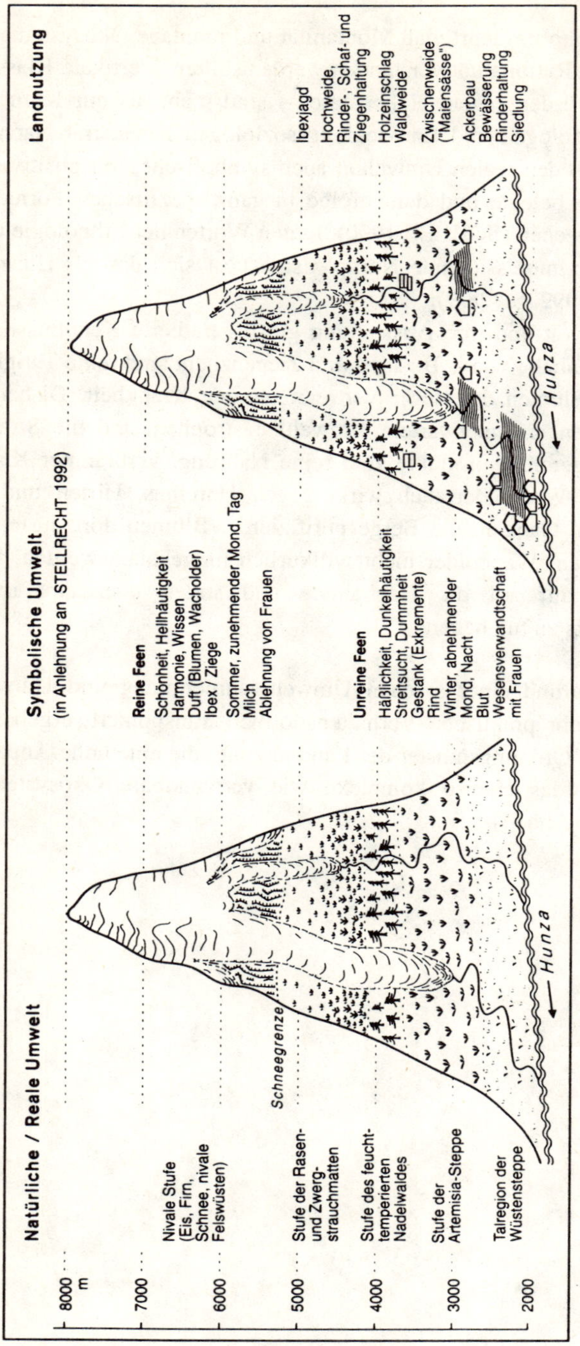

Natürliche / Reale Umwelt

- 8000 m
- 7000 — Nivale Stufe (Eis, Firn, Schnee, nivale Felswüsten)
- 6000 —
- 5000 — Stufe der Rasen- und Zwergstrauchmatten
- 4000 — Stufe des feuchttemperierten Nadelwaldes
- 3000 — Stufe der Artemisia-Steppe
- 2000 — Talregion der Wüstensteppe

Schneegrenze

Hunza →

Symbolische Umwelt
(in Anlehnung an STELLRECHT 1992)

Reine Feen
Schönheit, Hellhäutigkeit
Harmonie, Wissen
Duft (Blumen, Wacholder)
Ibex / Ziege
Sommer, zunehmender Mond, Tag
Milch
Ablehnung von Frauen

Unreine Feen
Häßlichkeit, Dunkelhäutigkeit
Streitsucht, Dummheit
Gestank (Exkremente)
Rind
Winter, abnehmender Mond, Nacht
Blut
Wesensverwandtschaft mit Frauen

Landnutzung

Ibexjagd
Hochweide, Rinder-, Schaf- und Ziegenhaltung
Holzeinschlag
Waldweide
Zwischenweide ("Maiensässe")
Ackerbau
Bewässerung
Rinderhaltung
Siedlung

Hunza →

Basis der traditionell-überlieferten Wirtschaft des Karakorum ist eine Kombination aus Land- und Weidewirtschaft. Die ausschließlich auf Bewässerung basierende *Landwirtschaft der Talböden* war und ist in Verbindung mit einer an Weidestaffeln gebundenen Viehhaltung Basis einer jahrhundertealten Bewirtschaftung. Kunstvolle Bewässerungssysteme, statisch wie ästhetisch beeindruckende Terrassierungen der Bergflanken oder kühne, aus den Bergflanken herausgeschlagene Pfade und Wege sind äußeres Kennzeichen einer *creative adjustment* der Menschen an ihre Umwelt.

Die zweite Säule der traditionellen Agrarwirtschaft und Raumorganisation stellen die Weidestaffeln dar. Die *Weidewirtschaft*, integraler Bestandteil fast aller Betriebe, basiert auf der zeiträumlichen Integration mindestens dreier vertikal geordneter Weidestaffeln. Sowohl zeitlicher Gang als auch räumliche Organisation der Beweidung der unterschiedlichen Staffeln verraten eine Sensibilität für die zeitlich begrenzte Belastbarkeit montaner Ökosysteme, die hier wie auch in den meisten anderen Hochgebirgen der Erde Voraussetzung für deren langwährende *sustainability* waren.

Die Komplexität der traditionellen Landbewirtschaftung in fast allen Tälern und Talschaften des Karakorum - wie übrigens offensichtlich auch in denen des benachbarten Hindukush und Himalaya - wird durch das Vorhandensein einer dritten Ebene der Land- und Weidewirtschaft ergänzt. Diese dritte Komponente eines in Raum- und Zeitplanung des ländlichen Jahres adäquat eingepaßten Anbausystems umfaßt *Sommer- wie Wintersiedlungen*. Sie haben für die Ökonomie der ländlichen Haushalte eine entscheidende Ergänzungsfunktion. Meist im Abstand von nur wenigen Stunden zur Heimsiedlung gelegen, bedeuten deren vergleichsweise extensiv bebauten Feldfluren und kleinen Weideareale eine für viele Haushalte zur Überlebenssicherung unabdingbare Voraussetzung (Abb. 5).

Ergebnis dieser extrem diversifizierten und angesichts durchschnittlicher Betriebsgrößen von nur etwa 1 ha landwirtschaftlicher Nutzfläche auch risikominimierenden Aufgliederung der traditionellen Landwirtschaft ist ein in doppelter Hinsicht komplexes Raumgefüge (Abb. 5). Es betrifft zum einen die innerbetriebliche Organisation. Diese ist gekennzeichnet durch Aufspaltung der Produktion in zwei oder drei einander ergänzende und aufeinander aufbauende Betriebszweige. Die sektorale Vielfalt des Anbaus mit der Kombination von Ackerbau und Obstbau sowie die raumzeitliche Differenzierung in verschiedene Anbaustaffeln wird ergänzt durch die vertikale Abfolge mehrerer Weidewirtschaftsstaffeln. Deren Bestockung fügt sich in den Jahresgang des bäuerlich-familiären Jahreskalenders ein. Die daraus folgende Auflösung der meisten Haushalte in eine Vielzahl selbständiger, dennoch aber nur in ihrer Summe betriebswirtschaftlich tragfähiger Aktivitäten ist bis heute erhalten geblieben.

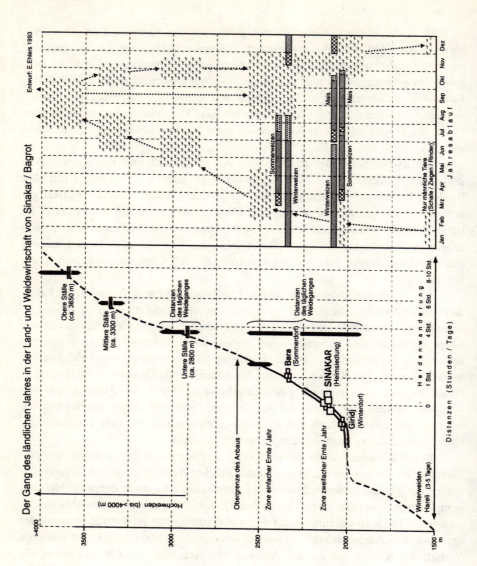

Abb. 5.

Die betriebswirtschaftliche Trilogie wird zum anderen überlagert von ebenso klaren territorialen Ordnungsmustern. Individuelle Eigentumstitel im Bereich der Heimsiedlung plus Individualeigentum im Bereich der Winter- wie Sommersiedlungen plus kollektiv definierte Nutzungsansprüche an Hochweiden und Waldbeständen zur Deckung des Eigenbedarfs an Brenn- und Bauholz: auch diese Rechts- und Eigentumstitel in räumlich oft mehrere Stunden voneinander entfernt gelegenen Aktionsräumen sind Grundlage einer beträchtlichen agraren Tragfähigkeit der vielen kleinen Talschaften und ihrer teilweise beachtlichen Bevölkerungsdichte.

Die Einbeziehung dieses Gebirgsraumes in das weltpolitische Geschehen seit dem Ende des 19. Jahrhunderts (KREUTZMANN 1989), vor allem seine Öffnung durch den Karakorum Highway zu Beginn der 80er Jahre haben die gesellschaftliche wie auch "ökologische" *sustainability* dieses Milieus und seine über Jahrhunderte gewachsenen Grundlagen in Frage gestellt. Die Öffnung der Täler und ihr Anschluß an den "Weltmarkt" haben das traditionelle Weltbild der Bergbewohner verändert, ihre Konsumgewohnheiten beeinflußt und ihr Wert- und Normsystem der Konkurrenz externer Einflüsse ausgesetzt.

Das ganze Ausmaß des Wandels und seines Einflusses auf eine über Jahrhunderte gewahrte - wenngleich auch sehr fragile und sozio-ökonomisch auf niederem Niveau angesiedelte *sustainability* wird in den jüngsten Entwicklungen der Holzwirtschaft deutlich. Der Anschluß der vielen bislang unerreichbaren Täler des Karakorum an die urbanen Zentren des pakistanischen Tieflands hat eine ihrer wertvollsten und für *highland* wie *lowland* gleichermaßen wichtigen Ressourcen erschlossen: die bislang allenfalls für den begrenzten Eigenbedarf genutzten Waldreserven. Die seit etwa zehn Jahren zu beobachtende rücksichtslose Ausbeutung der Bergwälder hat vielerorts zur Verstärkung der latent vorhandenen Denudationsvorgänge beigetragen. Bodenerosion, Steinschlag, Hangrutsche, Bergstürze: diesen ohnehin verbreiteten Prozessen im Karakorum (vgl. KREUTZMANN 1989, Tab. 6) wird durch die rasante Entwaldung der bisher unzugänglichen Waldgebiete weiterer Vorschub geleistet. Die Zerstörung land- und weidewirtschaftlicher Nutzflächen durch denudative Abtragungsprozesse ist ein allenthalben zu beobachtendes Phänomen in der Kulturlandschaft des Karakorum.

Es spricht für das traditionelle Wissen der Bergbewohner um Bedeutung und Verlust dieser nicht nur lebenswichtigen, sondern auch ökologisch bedeutsamen Ressource "Wald", daß sie - obwohl teilweise und temporär von seiner Vernichtung als Holzfäller, Säger oder Transporthelfer profitierend - um die Konsequenzen der Waldvernichtung wissen. Sich vermeintlich machtlos in diese von außen gesteuerte Zerstörung ihrer Lebensumwelt fügend, verweisen sie - auf die Problematik der Waldzerstörung und deren Konsequenz für künftige Generationen angesprochen - resignierend auf Allahs Hilfe.

3 Umweltwissen und Umweltbewußtsein als Entwicklungspotential

Nicht zuletzt im Zusammenhang mit der Diskussion um Nachhaltigkeit und Langfristigkeit entwicklungspolitischer wie entwicklungspraktischer Maßnahmen hat in den letzten Jahren verstärkt eine Rückbesinnung auf traditionelle Wissenssysteme und ihre Bedeutung als Potential schonend-nachhaltiger Entwicklung in Ländern der Dritten Welt eingesetzt. Bezogen auf Hochgebirgsräume liegen vor allem über Nepal Erkenntnisse über autochthones Umweltwissen und daraus abgeleitete Anpassungsstrategien in Landnutzung und Raumorganisation vor (MÜLLER-BÖKER 1988 und 1991; POHLE 1986 und 1992). Für den Karakorum enthalten die Studien von BUTZ (1987), KREUTZMANN (1989) und SAUNDERS (1983) zahlreiche Hinweise auf traditionell-angepaßte Landnutzungsmuster, ohne deren entwicklungsstrategische Implikationen besonders zu betonen. Auch aus anderen Hochgebirgen (SCOTT/WALTER 1993; ZIMMERER 1992) und drittweltlichen Kulturkreisen (z. B. KRINGS 1991) liegen inzwischen Untersuchungen zu dem Zusammenhang von Umweltwissen, Umweltbewußtsein und nachhaltig-langfristiger Entwicklung im Agrarbereich vor.

Ohne hier auf Details der für Nepal in Auswahl genannten Studien einzugehen, sei nur soviel vermerkt: Ortslagen, Siedlungs- wie Haustypen sind ebenso wie Landnutzungsmuster mit ihren Anbaufrüchten, Fruchtfolgen und Bearbeitungsmethoden den spezifischen Umweltbedingungen angepaßt (KLEINERT 1983; POHLE 1986, 1992a und 1992b). Auch im Hinblick auf das Wissen und die Bewertung der ökologischen Grundlagen ihrer Agrarwirtschaft verfügen die Nepalis über Detailkenntnisse, die z. B. auf dem Gebiet der Pedologie dem "westlicher" Bodenkundler und deren wissenschaftlichen Bodenklassifikationen nicht nachzustehen scheinen (MÜLLER-BÖKER 1988, 1991 und 1992). Sie für eine auch künftighin auf Nachhaltigkeit und Langfristigkeit angelegte Entwicklung zu nutzen, sollte in Nepal wie im Karakorum oberstes Ziel jeder Entwicklungspolitik sein.

Unter Rückgriff auf die eingangs genannten Kriterien ökonomischer Marginalität stellen sich für die Fallbeispiele "Bergnomadismus in Iran" sowie "Montane Landnutzungssysteme im Karakorum" die Fragen, inwieweit die traditionellen Wissens- und Anbausysteme der Bergnomaden und Bergbauern als Entwicklungspotentiale in den Dienst auch künftiger nachhaltiger Entwicklung gestellt werden können. Kein Zweifel: in beiden hier behandelten Fällen stellen sowohl die Lage als auch die Naturraumpotentiale ein von der Natur vorgegebenes Handicap dar, das weder durch technischen Fortschritt noch durch wissenschaftliches Know-how entscheidend verändert werden kann (vgl. Abb. 1). In beiden Räumen ist der "agrarische Nahrungsspielraum" begrenzt; weder die Bergweiden noch die landwirtschaftlichen Nutzflächen der Hochgebirgstäler vertragen nennenswerte Ausweitung oder Intensivierung ihrer Nutzung.

Iranische Bergnomaden und Experten verschiedener Fachdisziplinen haben anläßlich einer internationalen Nomadismuskonferenz in Isfahan/Shahr-e-Kord 1992 klare Forderungen postuliert, deren Umsetzung auf den Schutz der noch bestehenden Weideareale, der Wiederherstellung der zerstörten und/oder bedrohten Winter- wie Sommerweiden sowie deren nachhaltig-langfristige Nutzung in der Zukunft abzielt. Zu den Empfehlungen dieser Konferenz bezüglich der Rückkehr zu einer nachhaltig-langfristigen Nutzbarkeit nomadischer Weideländereien gehören u. a. die folgenden Forderungen:

- to allocate real decision-making power to recognized and organized groups of range users;
- to preserve flexibility of range use to cope with wide environmental fluctuations.

Die damit postulierte Einbeziehung der Betroffenen und die Berücksichtigung der ökologischen Variabilität läßt für die Zukunft zwei Szenarien der Nutzung und/oder Zerstörung montaner Weidewirtschaft zu (Abb. 6): die zunehmende und meist unkontrollierte Ausweitung landwirtschaftlicher Nutzflächen bei gleichzeitiger Aufstockung bäuerlicher Herden. Sie führt - und dieser Trend ist derzeit erkennbar (Szenario: Zukunft 1) - zur allmählichen und vollständigen Übernutzung nicht nur der traditionell-nomadischen Weideareale, sondern auch zur endgültigen Degradation der landwirtschaftlichen Nutzflächen. Sinnvoller und das traditionelle Wissen der nomadischen Viehzüchter nutzend ist demgegenüber "Szenario: Zukunft 2", das den "Vier-Monate-Zyklus" der nomadischen Weidewirtschaft reaktiviert und - unter Eliminierung bzw. Reduktion der Ziegenhaltung - tradierte und damit nachhaltig-langfristige Nutzung pastoraler Ressourcen propagiert. Daß dabei wissenschaftlich-technische Fortschritte (z. B. Verbesserungen des Tierbestandes, des Futterpflanzenbaus oder des Saatgutes bei Weidegräsern) Berücksichtigung finden muß, versteht sich von selbst.

Die Frage von *sustainability* versus Modernisierung der Landwirtschaft im fragilen Ökosystem der Hochgebirgsregion des Karakorum ist schwieriger. Landressourcen zur Ausweitung der LNF gibt es kaum. Die eingangs genannten und in Abb. 1 in Auswahl angedeuteten physischen wie ökologischen Barrieren und Limitierungen sind kaum überwindbar. Wenn es auch z. T. gelungen ist, durch die Züchtung schnellwüchsiger und/oder frostresistenter Anbauvarianten die Flächenintensität der Landnutzung zu verbessern, so sind nachhaltige Anpassungen der Land- und Weidewirtschaft an den gewachsenen Bevölkerungsdruck nur begrenzt denkbar. Vor allem die sozio-ökonomischen Rahmenbedingungen stehen dem Erhalt bzw. der Wiederherstellung nachhaltig-langfristig wirksamer Landnutzungsmuster entgegen.

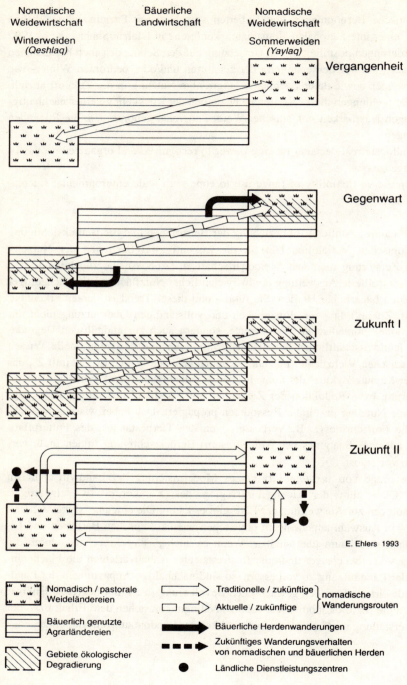

Abb. 6.

Die traditionell (vgl. KREUTZMANN 1989) wie auch heute noch extrem kleinbäuerliche Betriebsstruktur bei gleichzeitig starker Parzellierung der Betriebe sowie oftmals extrem ungünstige Reliefverhältnisse haben schon seit 1940, verstärkt seit 1960, zur Entwicklung neuer und immer intensiverer Formen der Landnutzung sowie zur Erschließung nicht-agrarischer Einkommensquellen geführt. Das für das bei Gilgit gelegene Bagrot-Tal entwickelte Schema des Zusammenhangs von Bevölkerungswachstum und agrarischem bzw. gesamtökonomischem Nahrungsspielraum (Abb. 7) macht dennoch deutlich, daß die Grenzen der gesamtwirtschaftlichen Tragfähigkeit dieses Tales wie auch die der anderen Talschaften erreicht sind. Der Verkauf von Gletschereis (GRÖTZBACH 1984), vor allem aber die von außen gesteuerte Abholzung bislang intakter Hochwälder und erste Ansätze eines kulturpolitisch, aber auch ökonomisch wie ökologisch fragwürdigen internationalen Tourismus zeigen die Grenzen der Belastbarkeit auf.

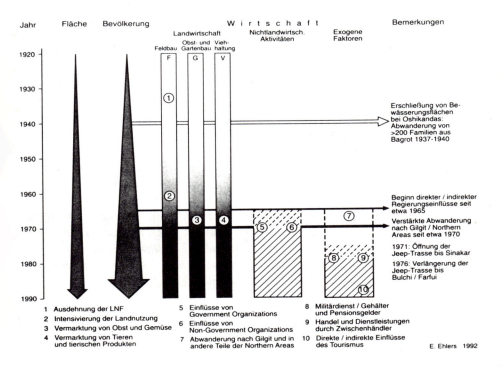

Abb. 7.

Angesichts dieser Situation scheint nachhaltig-langfristige Land- und Weidewirtschaft, die in der Vergangenheit die kärgliche Überlebenssicherung der Bergbevölkerung des Karakorum möglich machte, auch für die Zukunft die einzige ökonomisch wie ökologisch sinnvolle Perspektive. Vor dem Hintergrund der eingangs skizzierten Handicaps kann eine Zukunftssicherung allerdings auch hier nicht ohne Brüche erfolgen. Die beiden gravierendsten Maßnahmen müssen sein:
- die Stabilisierung der Land- und Weidewirtschaft auf dem jetzigen Niveau;
- der von der Regierung aus gesamtstaatlichem wie gesamtwirtschaftlichem Interesse erzwungene Schutz der natürlichen Ökosysteme.

Die erstgenannte Maßnahme bedeutet letzten Endes nichts anderes als die Sicherung der bestehenden land- und weidewirtschaftlichen Betriebe sowie deren allmähliche Vergrößerung unter Bewahrung und Stärkung der traditionellen Wissenssysteme der Bergbauern. Vergrößerung der Betriebe mit dem Ziel ihrer Überlebenssicherung bedeutet aber auch Rückbesinnung auf und Intensivierung der in der Vergangenheit erfolgreichen umweltverträglichen Bodennutzungssysteme bei gleichzeitiger Reduzierung der Zahl landwirtschaftlicher Betriebe. In letzter Konsequenz heißt dieses nichts anderes als ein "*Bergbauernprogramm*", das gekoppelt sein müßte mit alternativen, zugleich umweltverträglichen Beschäftigungsmöglichkeiten für die schnell wachsende Bevölkerung in- und außerhalb der Bergtäler.

Die zweite Maßnahme - praktisch wohl ebenso theoretisch wie die erste - betrifft die Implementierung eines Maßnahmenkataloges zum Natur- und Umweltschutz des gesamten Karakorum. Angesichts der ökologischen Steuerungsfunktion tropisch-subtropischer Hochgebirge für die ihnen vorgelagerten arid-semiariden Tiefländer (vgl. dazu als Beispiel MESSERLI et al. 1993) ist nicht nur die sofortige Einstellung der katastrophalen Waldvernichtung durch Abholzung der Bergwälder von der Regierung zu erzwingen. Im Gegenteil: staatlich geförderte Konservierungsmaßnahmen, die großflächige Aufforstungen ebenso einschließen wie andere Formen z. B. des Erosions- und Hochwasserschutzes, können eine sinnvolle und für die gesamtstaatliche Wohlfahrt Pakistans auch nachhaltig wirksame Beschäftigungsmaßnahme für große Teile der Bergbevölkerung des Karakorum darstellen. Daß sich dabei die Rückbesinnung auf tradiertes Umweltwissen und Umweltbewußtsein positiv mit gesamtstaatlichen und gesamtwirtschaftlichen Interessen Pakistans verbindet, ist ein zusätzliches Argument für ein solches Plädoyer.

4 Schlußbemerkung

Am Ende des einleitenden Kapitels dieser Ausführungen wurde auf den Transfercharakter der hier vorgestellten Fallbeispiele in Raum und Zeit hingewiesen. Aus Zeit- und Platzmangel[1] muß genügen, darauf hinzuweisen, daß es vor allem zu den land- und weidewirtschaftlichen Beispielen aus dem Karakorum zahlreiche Parallelen aus der Land- und Almwirtschaft Europas gab und gibt. Nicht nur die raum-zeitlichen Organisationsformen der Nutzung alpiner Höhenstockwerke, sondern auch die betriebswirtschaftlichen Aufteilungen der Haushalte in land- und viehwirtschaftliche Komponenten, die Siedlungsmuster und Sozialstrukturen bergbäuerlich-alpiner Räume und Gesellschaften im 18. und 19. Jahrhundert zeigen vielfältige Parallelen zur heutigen Bergbauernproblematik Hochasiens. Parallelen zum Bergnomadismus sind naturgemäß schwerer zu ziehen, doch bieten sich auch hier Vergleiche mit den historischen Formen mediterraner Transhumanz oder mitteleuropäischer Wanderweidewirtschaft an. Aus geographischer Sicht können solche Vergleiche nicht nur neue Aspekte einer "vergleichenden Geographie der Hochgebirge" eröffnen, sondern zugleich - und vielleicht mehr noch - einen geographischen Beitrag zu dem Problem nachhaltiger Entwicklung in Hochgebirgsräumen der Dritten Welt liefern!

5 Literatur

ALLAN, N.J.R. (1986): Déforestation et agropastoralisme dans le Pakistan du Nord in: Revue de Géographie Alpine 74, S.405-420

BRUNDTLAND-Bericht (1987): Unsere gemeinsame Zukunft. Der Brundtland-Bericht für Umwelt und Entwicklung, hrsg. von V. Hauff. - Greven

BUTZ, D.A.O. (1987): Irrigation Agriculture in High Mountain Communities: The Example of Hopar Villages, Pakistan. - Waterloo/Ontario (M.A. Thesis)

DIETZ, F.J./U.E. SIMONIS und J. VAN DER STRAATEN (Hrsg.) (1992): Sustainability and Environmental Policy. Restraints and Advances. - Berlin

---

[1] Bei diesem Aufsatz handelt es sich um die überarbeitete Fassung eines am 16.12.1993 gehaltenen Vortrags, der durch zahlreiche Dias ergänzt und dokumentiert wurde. Aus drucktechnischen Gründen ist der Abdruck dieser Materialien nicht möglich.

EHLERS, E. (1976): Bauern - Hirten - Bergnomaden am Alvand-Kuh/Westiran in: Tagungsberichte und wiss. Abhandlungen des 40. Dt. Geographentages, Innsbruck 1975. - Wiesbaden, S.775-794

EHLERS, E. (1980): Iran. Grundzüge einer geographischen Landeskunde. - Wiss. Länderkunden 18, Darmstadt (insb. S.251-271)

FAO (1985): Integrated Rural Development: Pakistan. Project Findings and Recommendations. - Rome

GRÖTZBACH, E. (1984): Bagrot - Beharrung und Wandel einer peripheren Talschaft im Karakorum in: Die Erde 115, S.305-321

GUILLET, D. (1983): Toward a Cultural Ecology of Mountains: The Central Andes and the Himalayas Compared in: Current Anthropology 24, S.561-574

HAFFNER, W. (1984): Potentials and Limits of Agricultural Production in Nepal as seen from an Ecological-Geographical Standpoint in: LAUER, W. (Hrsg.): Natural Environment and Man in Tropical Mountain Ecosystems. - Erdwissenschaftliche Forschung 18, S.115-126

HAFFNER, W. (1986): Von der angepaßten Nutzung zur Übernutzung des Naturpotentials - Das Beispiel Gorkha in: KÖLVER, B. (Hrsg.): Formen kulturellen Wandels und andere Beiträge zur Erforschung des Himalaya. Colloquium des Schwerpunktes Nepal, 1.-4. Februar 1984. - Nepalica 2/11, S.343-364

HEWITT, F. (1989): Woman's Work, Woman's Place: the Gendered Life-World of a High Mountain Community in Northern Pakistan in: Mountain Research and Development 9, S.335-352

KLEINERT, Chr. (1983): Siedlung und Umwelt im zentralen Himalaya in: Geoecological Research 4. - Wiesbaden

KREUTZMANN, H. (1989): Hunza. Ländliche Entwicklung im Karakorum. - Abhandlungen-Anthropogeographie 44

KRINGS, Th. (1991): Agrarwissen bäuerlicher Gruppen in Mali/Westafrika. - Abhandlungen-Anthropogeographie, Sonderrh. 3

KUHNEN, Fr. (1990): Sustainability, Regionalentwicklung und Grenzstandorte in: Entwicklung und ländlicher Raum 24, S.9-11

MESSERLI, B./T. HOFER und S. WYMANN (1993): Himalayan Environment: Pressure - Problems - Processes. 12 Years of Research. - Bern

MÜLLER, U. (1986): Die Übernutzung der natürlichen Ressourcen in Gorkha: Soziale und ökonomische Ursachen in: KÖLVER, B. (Hrsg.): Formen kulturellen Wandels und andere Beiträge zur Erforschung des Himalaya, Colloquium des Schwerpunktes Nepal, 1.- 4. Februar 1984. - Nepalica 2/13, S.395-414

MÜLLER-BÖKER, U. (1988): Umweltkenntnis und Umweltbewertung in traditionellen Gesellschaften Nepals in: HAFFNER, W. und U. MÜLLER-BÖKER (Hrsg.): Forschungsansätze und Forschungsergebnisse aus Agrarökologie, Geographie und Völkerkunde. - Giessener Beiträge zur Entwicklungsforschung, Rh.I, Bd.16, S.101-123

MÜLLER-BÖKER, U. (1991): Knowledge and Evaluation of the Environment in Traditional Societies of Nepal in: Mountain Research and Development 11, S. 101-114

MÜLLER-BÖKER, U. (1992): Two Ecological-Geographical Approaches Concerning the Topic: Man and his Environment in Nepal in: KLÖVER, B. (Hrsg.): Aspects of Nepalese Traditions. - Nepal Research Centre Publications 19, S.17-30

MÜLLER-STELLRECHT, I. (1983): Hunza in: MÜLLER, K.E. (Hrsg.): Menschenbilder früher Gesellschaften. - Frankfurt/Main, S.388-415

ORLOVE, B.S. und D.W. GUILLET (1985): Theoretical and Methodological Considerations on the Study of Mountain Peoples: Reflections on the Idea of Subsistence Type and the Role of History in Human Ecology in: Mountain Research and Development 5, S.3-18

POHLE, P. (1986): High Altitude Populations of the Remote Nepal - Himalaya, Environmental Knowledge and Adaptive Mechanisms (a Study of the Manang District) in: SEELAND, K. (Hrsg.): Recent Research on Nepal, Proceedings of a Conference held at the Universität Konstanz, 27-30 March 1984. - Schriftenreihe Internationales Asienforum 3, S.113-139

POHLE, P. (1990): Useful Plants of Manang District: a Contribution to the Ethnobotany of the Nepal - Himalaya. - Nepal Research Centre Publications 16

POHLE, P. (1992): Studies of Man and the Environment in the Nepal-Himalaya. Examples from Gorkha and Manang Area in: KLÖVER, B. (Hrsg.): Aspects of Nepalese Traditions. - Nepal Research Centre Publications 19, S.33-51

RUTTAN, V. (1991): Sustainable Growth in Agricultural Production: Poetry, Policy and Science in: VOSTI, St.A. et al. (Hrsg.): Agricultural Sustainability, Growth, and Poverty Alleviation: Issues and Policies. Proceedings of the Conference held from 23 to 27 September 1991 in Feldafing, Germany. Deutsche Stiftung für internationale Entwicklung (DSE). - Feldafing, S.13-28

SAUNDERS, F. (1983): Karakorum Villages. An Agrarian Study of 22 Villages in the Hunza, Ishkoman & Yasin Valleys of Gilgit District. - FAO-Publication of the Integrated Project for Rural Development, Rome

SCHLEE, G. (1988): Holy Grounds. - Africa Programme, Working Paper 110, University of Bielefeld/Faculty of Sociology

SCHLEE, G. (1990): Ritual Topography and Ecological Use. - Africa Programme, Working Paper 134, University of Bielefeld/Faculty of Sociology

SCOTT, Chr.A. und M.F. WALTER (1993): Local Knowledge and Conventional Soil Science Approaches to Erosional Processes in the Shivalik Himalaya in: Mountain Research and Development 13, S.61-72

STELLRECHT, I. (1992): Umweltwahrnehmung und vertikale Klassifikation im Hunza-Tal (Karakorum) in: Geographische Rundschau 44, S.426-434

VOSTI, St.A. et al. (1991): Agricultural Sustainability, Growth, and Poverty Alleviation: Issues and Policies. Proceedings of the Conference held from 23 to 27 September, 1991 in Feldafing, Germany. Deutsche Stiftung für internationale Entwicklung (DSE). - Feldafing

WINIGER, M. (1992): Gebirge und Hochgebirge. Forschungsentwicklung und -perspektiven in: Geographische Rundschau 44, S.400-407

ZIMMERER, K. (1992): The Loss and Maintenance of Native Crops in Mountain Agriculture in: GeoJournal 27/1, S. 61-72

Globale Umweltbeobachtung - Eine Herausforderung für die Vereinten Nationen. Harmonisierungsbestrebungen im Rahmen des Umweltprogramms der Vereinten Nationen (UNEP)

Hartmut Keune (Neuherberg)

Zusammenfassung:

Umweltprobleme sind auf menschliche Eingriffe in die jeweiligen Ökosysteme und damit auf das System Erde zurückzuführen. Sie können daher nicht getrennt gesehen werden von den Fragen des menschlichen Zusammenlebens und Wirtschaftens. Sie sind grenzüberschreitend und verlangen nach Lösungsansätzen, die immer das Gesamtsystem, die Erde, im Auge haben. Anderenfalls besteht die Gefahr, daß durch sie die Probleme nur verlagert werden, vom Boden in die Luft, aus der heutigen Zeit in die Zukunft, von einem Land in die Nachbarländer etc. Strategien zur Lösung unserer Umweltprobleme erfordern ein Denken in globalen Dimensionen, das sich dann in lokalen Aktionen niederschlägt. Globales Denken setzt ein Wissen um den Zustand der Erde voraus, das von allen Menschen geteilt wird. Wissen entsteht aus Information, die bewertet wird, und Information aus Einzelbeobachtungen und Messungen. Aber nur dann, wenn die Beobachtungen und Messungen, wo immer sie auf diesem Globus vorgenommen werden, miteinander vergleichbar sind und die Verdichtung dieser Beobachtungen zu Information sowie die Bewertung dieser Information in vergleichbarer Weise durchgeführt werden, können sie ohne Gefahr einer Verfälschung zu dem allgemein akzeptierten Wissen um die Umwelt beitragen. Um dies zu gewährleisten, bedarf es umfangreicher Abstimmungen und Festlegungen, die als Maßnahmen zur Harmonisierung verstanden werden und die weltweit im Konsens angewandt werden müssen. Nur eine globale, länderübergreifende und von der Mehrheit der Weltbevölkerung getragene Institution kann diese Aufgabe leisten. Die Vereinten Nationen sind hierfür prädestiniert.

1 Problembeschreibung

Die UN-Konferenz für Umwelt und Entwicklung (UNCED) hat mit großer Eindringlichkeit auf die Probleme hingewiesen, die großräumige Veränderungen in unserer Umwelt zur Folge haben. Sie hat damit die Notwendigkeit unterstrichen, diese Veränderungen zu beobachten und sie besser verstehen zu lernen. Nur auf dieser Grundlage können die richtigen Antworten gefunden werden, die sich dann in Form umweltpolitischer Maßnahmen niederschlagen müssen. Der Schlüssel hierzu sind verläßliche und konsistente Daten über den Zustand der globalen Umwelt.

Globale Umweltbeobachtungs-Programme für die klimatischen Veränderungen ("Global Climate Observing System", GCOS; WMO 1992) und die Ozeane ("Global Ocean Observing System", GOOS; UNESCO/IOC 1992) sind in jüngster Zeit gemeinsam von UNEP, WMO, UNESCO-IOC und ICSU etabliert worden. Der Mensch mit seinen Aktivitäten ist aber in erster Linie Teil der terrestrischen Öko- und Biosphäre. Seine Handlungen haben hier unmittelbare Auswirkungen. Eine genaue Beobachtung möglicher Veränderungen in terrestrischen Ökosystemen ist daher von besonderer Dringlichkeit. Satelliten können zwar umfassende Informationen über die Landoberfläche und ihre Nutzung sowie über ihre physische und geo-chemische Beschaffenheit liefern, sie sind aber wenig aussagekräftig, wenn sie nicht durch genaue Kenntnis der dynamischen Vorgänge, der biologischen, chemischen und physikalischen Abläufe in den jeweiligen Ökosystemen sowie die Kenntnis von den Strukturen dieser Systeme untermauert werden. Diese Kenntnisse sind für die Kalibrierung und Interpretation der Satellitenaufnahmen, sei es in Form von Bildern oder von anderen Signalen, unabdingbar. Deshalb haben sich UNEP, die WMO, FAO, UNESCO und ICSU zusammengefunden, um jetzt auch die Einrichtung eines "Global Terrestrial Observing System" (GTOS) voranzutreiben (HEAL et al. 1993).

Es bedarf eines globalen Umweltbeobachtungssystems, d. h. die Beobachtungssysteme für das Klima, die Ozeane und für die Landoberfläche mit ihren Ökosystemen müssen längerfristig zusammenwachsen. Dies ist aber eine ungeheuer schwierige und komplexe Aufgabe. Zunächst einmal ist es essentiell und wichtig, auf den bereits vorhandenen Daten bzw. den Meßprogrammen, im Rahmen derer diese Daten erhoben werden, aufzubauen. Das bedeutet aber, daß die Fülle der Daten, die bereits weltweit erhoben werden, miteinander vergleichbar sind und zueinander passen müssen, so daß sie, wie bei einem Puzzle, zum Schluß ein klares Bild über den Zustand der Umwelt und den Trend möglicher Veränderungen ergeben. Erreicht werden kann dies, wenn durch entsprechende Harmonisierungsmaßnahmen (hier im engeren Sinne als Standardisierung zu verstehen) gewährleistet wird, daß die Daten, die an unzähligen Orten in vielen einzelnen Fachprogrammen erhoben werden, so erhoben werden, daß sie tatsächlich zueinander passen. Aus Einzeldaten muß dann durch Analyse- und Interpretationsmodelle "Umweltinformation" entstehen und aus dieser sich

"Umweltwissen" entwickeln, das als allseits akzeptiertes Allgemeingut der Menschheit betrachtet wird. Ein solches Wissen kann dann die Grundlage für umweltgerechte Entscheidungen und Maßnahmen bilden und für die Überwachung von internationalen Konventionen, wie z. B. die für das Klima und die Artenvielfalt, herangezogen werden. Nur so kann gewährleistet werden, daß die menschlichen Aktivitäten auf diesem Planeten tatsächlich im Einklang mit der Umwelt und damit dem "System Erde" stehen. Ein so ausgerichtetes Handeln und Wirtschaften wird mit "nachhaltig", im Englischen als "sustainable", bezeichnet. Sustainable Development, oder nachhaltige Entwicklung, ist demzufolge die zentrale Forderung der UNCED, die an alle Regierungen dieser Welt gerichtet ist.

Die Entwicklung eines weltweiten Konsens im "Wissen um die Umwelt" wird im besonderen Maße durch die ungleichen Bedingungen in den Entwicklungsländern und den Industrieländern behindert. 20 Prozent der Weltbevölkerung in den Industrieländern verbrauchen 80 Prozent der natürlichen Ressourcen. Die Entwicklungsländer werfen den Industrieländern vor, daß sie den hohen Lebensstandard nur durch massive Ausbeutung der natürlichen Schätze, erst in ihren eigenen Ländern und später weltweit, ohne Rücksicht auf "sustainability" erreicht haben. Mehr noch, sie unterstellen den Industrieländern, daß sie die Entwicklungsländer daran hindern wollen, durch Nutzung der ihnen noch verbliebenen Ressourcen, z. B. den tropischen Regenwäldern, den Anschluß an die Industrieländer zu finden. Dieser Konflikt muß sehr ernst genommen werden. Doch den Weiterblickenden muß klar sein, daß es nicht um die Austragung dieses Konflikts gehen kann, wenn in der Zwischenzeit irreversible Veränderungen stattfinden, die die globale Umwelt bedrohen und damit die Lebensgrundlage aller Menschen. Dennoch muß den Entwicklungsländern die Entwicklung ihrer Länder ermöglicht werden. Dabei sollte "Sustainability" die Richtschnur bilden. Die Industrieländer müssen ihnen allerdings dabei helfen, und vor allem müssen sie mit gutem Beispiel vorangehen und ihr eigenes Wirtschaften konsequent "nachhaltig" gestalten.

Der neu eingerichteten UN Kommission für nachhaltige Entwicklung ("Commission for Sustainable Development", CSD) und den UN-Programmen für Umwelt (UNEP) und Entwicklung (UNDP) kommen in der Zukunft die Aufgabe zu, darauf zu achten, daß das Prinzip der Nachhaltigkeit bei allen Entscheidungen berücksichtigt wird. Um aber entscheiden zu können, was "nachhaltig" ist und was nicht, bedarf es wiederum des Wissens um die Umwelt, und dieses Wissen muß allseitig akzeptiert sein und als Allgemeingut verstanden werden. Nur die Vereinten Nationen sind derzeit in der Lage und haben die Autorität, diesen Wissens-Bildungsprozeß in Gang zu setzen und die Akzeptanz seines Ergebnisses zu gewährleisten. Diese außerordentlich verantwortungsvolle Aufgabe kann aber nur geleistet werden, wenn dieses Wissen auf verläßlicher Information aufbaut und die Basisdaten so erhoben werden, daß sie weltweit vergleichbar und miteinander in Beziehung gesetzt werden können. Dann aber muß dieses Wissen in die Entscheidungsprozesse sämtlicher relevanter Politikbereiche einbezogen werden. In einer Presseerklärung vom 2. Juni 1993 hat der damalige Bundesumweltminister Prof. Dr. Klaus TÖPFER mitgeteilt: Entscheidend für eine dauerhafte nachhaltige Entwicklung weltweit sei aber, daß Umweltbelange in alle Politikbereiche integriert werden. Nur eine umweltverträgliche Ausrichtung insbesondere der Wirtschafts-, Energie-, Verkehrs-, Landwirtschafts-, Bau- und Finanzpolitik werde zu einer nachhaltigen Entwicklung führen und die Lebensgrundlagen für die weiter dramatisch ansteigende Weltbevölkerung sichern. Dazu müßte auch die Bundesrepublik Deutschland ihren Beitrag leisten.

Der Wissenschaftliche Beirat der Bundesregierung "Globale Umweltveränderungen" kommt in seinem Jahresgutachten 1993 u. a. zu der Erkenntnis: "Die Erfahrungen mit der Dynamik globaler Umweltveränderungen haben zu der Einsicht geführt, daß deren Trends nur in ihrer Verknüpfung verstanden und allein mit vernetzten Strategien zu beeinflussen sind. Mit den Analysen des Gutachtens aus Natur- und Anthroposphäre werden wichtige Voraussetzungen für eine solche, im eigentlichen Wortsinn "komplexe" Betrachtungsweise geliefert." Der Beirat legt hierzu, als Ergebnis einer Systemanalyse, die Skizze eines "globalen Beziehungsgeflechts" vor. Dieses Instrument soll helfen, das summarische Fachwissen zu organisieren und langfristig in ein "fachübergreifendes" Expertensystem umzuwandeln. Auch hier werden Harmonisierungsanstrengungen notwendig sein, wenn es gelingen soll, das Wissen der Experten aus ganz unterschiedlichen Fachbereichen miteinander in Beziehung zu setzen (WBGU 1993).

2 Aufgabenstellung der Harmonisierung von Umweltbeobachtungs-Aktivitäten

Um umweltpolitische Entscheidungen im Sinne der Nachhaltigkeit fällen zu können, werden verläßliche Informationen über den Zustand der Umwelt benötigt. Sie müssen nicht nur sicherstellen, daß das jeweilige Umweltproblem gelöst wird, sondern auch gewährleisten, daß durch den Lösungsansatz nicht neue Umweltprobleme entstehen bzw. eine Problemlösung auf Kosten von Nachbarbereichen durchgeführt wird. Es werden also Daten benötigt, die auf verläßlichen Beobachtungen aufbauen, die miteinander vergleichbar sind und zueinander passen, unabhängig davon, wo sie erhoben wurden. Die Daten, die in den einzelnen Ländern und in ihren Meßprogrammen erhoben werden, müssen auch die Basis für die weltweite Belastungssituation liefern. Dies kann nur durch umfangreiche Anstrengungen zur Harmonisierung (Standardisierung) der Datenerhebung erreicht werden. Die so gewonnenen Daten sind dann in abgestimmten, also wiederum harmonisierten Verfahren, zu integrieren und zu aggregieren, so daß aus Umwelt-Daten, Umwelt-Information entsteht. Durch die Bewertung der Umwelt-Information wird sie zu Umwelt-Wissen, einem Wissen um die Umwelt, welches dann die Basis für umweltpolitisches Handeln bildet (Abb. 1).

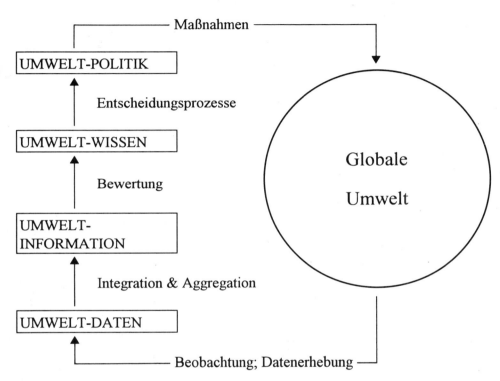

Abb. 1. Generalisiertes Schema: Datenerhebung für umweltpolitische Entscheidungsprozesse.

Um all diese Abstimmungen bzw. Harmonisierungsprozesse gewährleisten zu können, bedarf es internationaler Vereinbarungen, die sicherstellen, daß
- die Umweltbeobachtung, also die Erhebung von Daten an unzähligen Beobachtungsstellen weltweit, zu Daten führt, die miteinander vergleichbar sind und zueinander in Beziehung gesetzt werden können,
- die Integration und Aggregation der Daten unter Bildung von (lokaler → regionaler → globaler) Umweltinformation transparent und nachvollziehbar ist und in vergleichbarer Weise durchgeführt wird,
- die Bewertung der vorliegenden Informationen so erfolgt, daß sie zu einem einheitlichen Umweltwissen beiträgt bzw. mit ihm im Einklang steht.

Nur wenn überall auf der Welt umweltpolitische Entscheidungen auf einer so "abgestimmten" Basis und im Bewußtsein der Gesamtzusammenhänge in der Umwelt getroffen werden, kann sichergestellt werden, daß sie mit dem Prinzip der Nachhaltigkeit, dem "sustainable development", im Einklang sind. Andernfalls wird, möglicherweise ungewollt, fortgefahren mit einem Leben auf Kosten anderer, sei es dem zu Lasten der eigenen Kinder oder dem zu Lasten anderer Länder, insbesondere der Entwicklungsländer. Umweltprobleme werden damit lediglich in ihrem zeitlichen bzw. räumlichen Bezug verlagert, anstatt einer wirklichen Lösung zugeführt. Global und in komplexen Zusammenhängen denken und lokal handeln heißt die Devise für alle Menschen, ihre Regierungen und die Vereinten Nationen.

3 Harmonisierungsansätze

Aus der Aufgabenstellung wird deutlich, daß es sich bei der Harmonisierung von Umweltbeobachtung und -bewertung als Voraussetzung für umweltgerechte politische Entscheidungen um ein komplexes und vielschichtiges Vorgehen handelt. Dies rührt zum einen aus der Notwendigkeit her, alle Umweltfragen in einem globalen Gesamtzusammenhang zu sehen und zu beantworten, zum anderen aber auch daher, daß ein globales Umweltbeobachtungssystem nicht von oben herab etabliert werden kann, sondern vielmehr auf vorhandenen nationalen und lokalen Beobachtungen aufbauen muß. Dies ist schon deshalb notwendig, weil nationale Regierungen, die eine globale Umweltbeobachtung über die verschiedenen UN-Organisationen mitfinanzieren, zunächst sichergestellt haben wollen, daß die Daten, die bereits mit ihrem Geld national erhoben wurden, auch international genutzt werden. Mit Blick auf die gebotene Harmonisierung tauchen damit eine Reihe von Problemen auf.

3.1 Harmonisierung mittels Standardisierung von Meßmethoden?

Die Standardisierung der jeweilig eingesetzten Umweltmeßmethoden, damit am Ende vergleichbare Daten geliefert und genutzt werden können, scheint zunächst ein probates Mittel zu sein. Ein Vorgehen, das sich in kleineren Programmen, wo z. B. in einem Land ein bestimmter Luftschadstoff gemessen wird, durchaus bewährt hat. Umweltprobleme sind aber sehr oft grenzüberschreitende Probleme. Der gleiche

Schadstoff muß in vielen Ländern oder gar global erfaßt werden. Wer soll da vorschreiben, welches Meßverfahren zum Einsatz kommt? Niemand kann das leisten. Auch die Vereinten Nationen nicht, sind doch die einzelnen Staaten die Mitglieder dieser Völkerfamilie.

Damit aber gewährleistet wird, daß die Daten zueinander passen und miteinander vergleichbar sind, können Absprachen über die Qualität der Daten getroffen werden. Daten mit gleicher Qualität können miteinander verglichen werden, gleichgültig, mit welcher Methode oder Meßtechnik sie erhoben wurden, und es muß gesichert sein, daß die Datenqualität auch über den gesamten Meßzeitraum eingehalten wird. Dies kann durch Methoden der Qualitätssicherung, wie Interkalibrierungsverfahren, Ringversuche etc. gewährleistet werden. Referenzmaterialien, also Standards für die Kalibrierung von Meßgeräten und/oder die Feststellung der Vergleichbarkeit von unterschiedlichen Meßmethoden, spielen hier eine zentrale Rolle.

Bedingt durch die Notwendigkeit, Daten, die bereits im Rahmen nationaler oder gar lokaler Meßprogramme erhoben werden, mit in globale Umweltbeobachtungsprogramme einzubeziehen, kann also nicht die Standardisierung von Meßmethoden, sondern nur eine Qualitätssicherung (Quality Assurance, QA) und Qualitätskontrolle (Quality Control, QC) das Ziel für die notwendige Harmonisierung sein.

3.2 Harmonisierung von Teilaspekten

Können sich Harmonisierungsanstrengungen nicht zunächst auf einen Teilaspekt aus der Fülle der zu beobachtenden Umweltprobleme beschränken? Die Antwort lautet, im Prinzip ja, und in den meisten der laufenden Umweltmeßprogramme wird dies auch praktiziert. Ein für ein Meßprogramm Verantwortlicher wird sicherstellen, daß die Daten zu einer ganz bestimmten Fragestellung, die von unterschiedlichen Meßstationen geliefert werden, miteinander vergleichbar sind. Das Problem beginnt dann, wenn Daten aus unterschiedlichen Meßprogrammen miteinander verglichen werden müssen oder wenn Aussagen über komplexe Vorgänge, also über die Ökosysteme selbst, benötigt werden. Hier muß z. B. sichergestellt werden, daß die Daten über Luftqualität zu den Daten der Meteorologen, der Hydrologen, der Bodenkundler etc. passen und immer noch vergleichbar sind. Wenn dies weltweit geleistet werden soll, und im Sinne der vorher beschriebenen Aufgabenstellung geleistet werden muß, ist eine enorme Harmonisierungsanstrengung erforderlich. Das Fazit heißt dann: Harmonisierung auf der Ebene der Datenerhebung muß zunächst in den jeweiligen Fach- oder Meßprogrammen vorgenommen werden. Es bleibt aber eine übergreifende Harmonisierungsaufgabe, nämlich die Harmonisierung zwischen den Programmen. Diese kann letztlich nur im Rahmen eines globalen Gesamtkonzepts für die Umweltbeobachtung geleistet werden (vgl. auch Punkt 4).

3.3 "Horizontale" und "vertikale" Harmonisierung

Gesetzt den Fall es gelingt, daß alle Daten, die weltweit bei der Beobachtung der Umwelt in einem "harmonisierten", also abgestimmtem, Gesamtkonzept/Plan erhoben werden, in ihrer Qualität gesichert sind, dann ergibt sich unmittelbar ein neues Problem. Die Fülle der dann vorliegenden Daten wird erdrückend sein und den Blick auf das Wesentliche verstellen. Es muß also gelingen, durch Integration und Aggregation aus der Fülle der vorliegenden Umweltdaten eine Information über die Umwelt zu erhalten. Soll aber die Umweltinformation, wo immer sie generiert wurde, mit entsprechenden Umweltinformationen aus anderen Regionen vergleichbar sein, so muß auch gewährleistet sein, daß die Schritte der Datenintegration und aggregation "harmonisiert" erfolgen und nachvollziehbar sind. D. h. es muß gewährleistet werden, daß auch auf dem Niveau der Umwelt-Information im globalen Maßstab die Vergleichbarkeit gesichert bleibt. Diese Aufgabe der Harmonisierung kann auch als "vertikale" Harmonisierung bezeichnet werden. Im Unterschied hierzu können Bemühungen, aus gemeinsamen Modellvorstellungen heraus die "richtigen" Daten zur Umweltbeobachtung auszuwählen und ihre Qualität nach festgelegten Kriterien zu sichern, als "horizontale" Harmonisierung oder auch als Integration bezeichnet werden.

Auch der Schritt der Bewertung von Umwelt-Information unter Bildung von Umwelt-Wissen ist analog in "harmonisierter" Weise durchzuführen (vgl. Abb. 1). Unter Umständen bedarf es hier zunächst einer weiteren Integration und Aggregation, und damit fällt sie auch in die Kategorie der "vertikalen" Harmonisierung. Andererseits muß gewährleistet werden, daß die angewandten Bewertungsverfahren auf jeder Ebene vergleichbar sind, wenn sie zu dem "Wissen um die Umwelt" beitragen sollen. Hier ist dann eine "horizontale" Harmonisierung vonnöten.

3.4 Harmonisierung braucht einen Rahmen

Harmonisierung kann nicht Selbstzweck sein. Harmonisierung hat eine "dienende" Funktion, d. h. sie muß sicherstellen, daß in einem Gesamtrahmen die einzelnen Elemente zueinander passen, und zwar auf jeder Stufe auf dem langen

Weg zur Heranbildung von Umweltwissen über Umweltinformation und Umweltdaten. Da Umweltfragen oft komplexer Natur sind und über die Verknüpfung der Teilsysteme letztlich immer global zusammenhängen, muß der Gesamtrahmen für die Harmonisierung von Umweltbeobachtung ein weltweiter sein. Es liegt auf der Hand, daß ein solcher Rahmen nicht von heute auf morgen ausgefüllt werden kann. Es müssen also die Fragen gestellt werden, wie wird in zwanzig Jahren die Umweltbeobachtung aussehen, was sind die Kernelemente, welche Informationen werden von den Politikern dann gebraucht, um die richtigen umweltpolitischen Entscheidungen treffen zu können. Die Antwort auf diese Fragen muß in eine "Vision" für die globale Umweltbeobachtung gegossen werden, die dann durch viele Einzelschritte und die entsprechenden Harmonisierungsmaßnahmen im Laufe der Zeit verwirklicht werden kann.

Die Aufgabenstellung für Harmonisierung wird also ganz unterschiedlich aussehen, je nach dem auf welcher Ebene der Datenerhebung bzw. der Datenintegration und -aggregation die Abstimmung erfolgen soll. Ganz grob kann gesagt werden, daß auf der Ebene der Datenerhebung Methoden der Qualitätssicherung und -kontrolle (QA/QC) im Zentrum stehen, während die Datenintegration und -aggregation über geographische Informationssysteme (GIS) und Modelle erfolgt und entsprechend hier auch Harmonisierungsanstrengungen ansetzen müssen. Für die Bewertung von Umwelt-Information werden statistische Modelle und Szenarien eingesetzt, die es ebenfalls aufeinander abzustimmen gilt (Tab. 1).

Tab. 1. Harmonisierungsansätze im Rahmen globaler Umweltbeobachtung (entnommen und verändert aus: EEA 1993-9).

Umweltbeobachtung und -bewertung	Felder für Harmonisierungsanstrengungen
Bewertung von Umweltinformation	Statistische Verfahren Bewertungsmodelle Umweltberichterstattung
Integration & Aggregation von Umweltdaten	Umwelt-Simulationsmodelle Geographische Informations-Systeme (GIS) Klassifizierungssysteme
Datenerhebung	Qualitätssicherung und -kontrolle (QA/QC) Interkalibrierung Festlegung der Beobachtungsstandorte Definitionen Nomenklaturen

4 Umweltprogramm der Vereinten Nationen

Das Umweltprogramm der Vereinten Nationen (UNEP) hat die Aufgabe, die umweltrelevanten Aktivitäten der verschiedenen Fachorganisationen im UN-System zu koordinieren und eine gemeinsame UN-Umweltpolitik zu entwickeln. In diesem Zusammenhang gilt es auch die Anstrengungen der anderen UN-Organisationen abzustimmen, die darauf abzielen, den Zustand der Umwelt global zu erfassen, Veränderungen rechtzeitig zu erkennen und die Staatengemeinschaft zu veranlassen, für den Schutz der Umwelt gerechte und angemessene Maßnahmen zu ergreifen. UNEP hat diese Aufgabe im sogenannten "Earthwatch-Prozeß" zusammengefaßt und im Rahmen des Global Environment Monitoring System (GEMS) die Einbeziehung und Nutzung weltumspannender Netzwerke zur Umweltbeobachtung der UN Fachorganisationen, wie WMO, WHO, IMO, FAO, IAEA, UNESCO etc. erreicht (VANDEWEERD/BOELKE 1992). Hierzu zählen u. a.

- 6.000 meteorologische Stationen in den Mitgliedsstaaten der WMO im World Weather Watch (WWW),
- 750 beobachtete Gletscher im World Glacier Monitoring Service (WGMS) von UNEP und UNESCO,
- 324 Biosphärenreservate im UNESCO-Programm "Man and the Biosphere" (MAB),
- 200 BAPMoN-Stationen (Background Air Pollution Monitoring Network) von UNEP und WMO;
- 196 Beobachtungsstationen im Global Atmosphere Watch (GAW) der WMO, 170 Stationen zur Messung von Luftqualität in Großstädten (UNEP/ WHO/WMO) sowie
- 160 Stationen im "Isotopes-in-Precipitation Network" der IAEA.

Darüber hinaus ist UNEP an dem Aufbau und der Weiterentwicklung aller drei in Frage stehender globaler Umweltbeobachtungs-Systeme für das Klima (GCOS), die Ozeane (GOOS) und die terrestrischen Ökosysteme (GTOS) beteiligt.

Die Fülle der Informationen aus diesen und vielen weiteren Netzwerken, Satellitenmissionen und Forschungsprogrammen ist überwältigend und kann zusammen mit den Erkenntnissen aus den nationalen Umweltbeobachtungsprogrammen die Grundlage für das dringend benötigte Wissen über den Zustand, die Struktur und die Prozesse in den jeweiligen Ökosystemen und dem Gesamtsystem Erde liefern. Leider ist die Realität eine andere. Ein Großteil der vorhandenen Information kann nicht genutzt werden, weil

- die Daten nicht vergleichbar sind,
- die Qualität der Daten unterschiedlich ist,
- unterschiedliche Meßstrategien und -methoden angewendet werden,
- die Formate für Daten und deren Austausch nicht zueinander passen,

- unterschiedliche Klassifizierungssysteme verwendet werden und
- Bewertungen nach unterschiedlichen Kriterien vorgenommen werden.

Nur wenn es gelingt, mit geeigneten Harmonisierungsanstrengungen hier Abhilfe zu schaffen, und einige Beispiele sind im vorherigen Kapitel bereits beschrieben worden, kann aus der vorhandenen Datenflut die für umweltpolitische Entscheidungen dringend benötigte Information gewonnen werden (KEUNE et al. 1991).

5 Gründung des UNEP-HEM Büros

Die Bundesregierung, und hier insbesondere die Bundesministerien für Forschung und Technologie (BMFT) und für Umwelt, Naturschutz und Reaktorsicherheit (BMU), hat sich seit vielen Jahren für eine besser koordinierte internationale Umweltbeobachtung engagiert. Im Rahmen des Weltwirtschaftsgipfels hat sich die Bundesregierung bereits Anfang der 80er Jahre dafür eingesetzt, daß sich die Arbeitsgruppe "Technologie, Wachstum und Beschäftigung" des Weltwirtschaftsgipfels mit Fragen der Verbesserung der Umwelterfassung und der hierfür notwendigen Methoden befaßt. In diesem Zusammenhang hat sie auch das Sekretariat für die "Umweltexperten des Weltwirtschaftsgipfels" eingerichtet und finanziert. Mit ihrem Abschlußbericht haben diese "Umweltexperten" den Weltwirtschaftsgipfel auf seiner Sitzung im Juni 1987 in Venedig veranlaßt, das Umweltprogramm der Vereinten Nationen (UNEP) zu bitten, sich der Frage der verbesserten Harmonisierung von Umweltmeßmethoden verstärkt anzunehmen. In Zusammenarbeit mit der International Organization of Standardization (ISO) und dem International Council of Scientific Unions (ICSU) hat UNEP mit Unterstützung des BMFT in Deutschland ein Expertentreffen veranstaltet, als dessen Ergebnis die Gründung eines Büros zur Harmonisierung von Umweltmeßmethoden (HEM) vereinbart wurde. Deutschland hat sich damals bereit erklärt, als Gastgeberland für ein solches Büro zu fungieren und hat zusammen mit UNEP die "Basisfinanzierung" hierfür übernommen. Dabei bestand Übereinstimmung, daß sich andere Länder, insbesondere Weltwirtschaftsgipfelländer, an diesem Projekt beteiligen, sobald die Gründungsphase abgeschlossen ist. Das UNEP-HEM Büro wurde im August 1989 gegründet und hat zum Ende 1990 seine Gründungsphase abgeschlossen. Seit diesem Zeitpunkt wird es gemeinsam von der Bundesregierung, BMU und UNEP finanziert. Neben einer Reihe von Sachleistungen der Industrie hat das Büro zwei nennenswerte Zuwendungen erhalten, und zwar von der Norwegischen Regierung und vom BMFT.

Das UNEP-HEM Büro ist Teil des Global Environment Monitoring System (GEMS), das zusammen mit der Global Resource Information Database (GRID), INFOTERRA und dem International Register of Potential Toxic Chemicals (IRPTC) die UNEP Earthwatch Aktivitäten bildet. Earthwatch faßt nicht nur UNEPs Aktivitäten in diesem Bereich zusammen, sondern stellt auch, wie bereits erwähnt, einen Koordinierungsprozeß der globalen Umweltbeobachtung im gesamten UN-System dar.

6 Aufgaben des UNEP-HEM Büros

6.1 Harmonisierung im Rahmen einer Gesamtkonzeption für globale Umweltbeobachtung

Die zentrale Aufgabe der Harmonisierung wird darin gesehen, konkrete Vorschläge für eine verbesserte globale Umweltbeobachtung zu erarbeiten und dazu beizutragen, daß sie schrittweise umgesetzt werden kann. Dies wird sich nur im Rahmen einer globalen Gesamtkonzeption für die Umweltbeobachtung verwirklichen lassen. Wie bereits ausgeführt, macht Harmonisierung nur dann einen Sinn, wenn sie ein konkretes Ziel vor Augen hat. Da eine solche Gesamtkonzeption derzeit nicht existiert, muß es eine der vordringlichsten Aufgaben des UNEP-HEM Büros sein, dazu beizutragen, daß eine solche entwickelt wird. Sie wird von den für die Umweltbeobachtung Verantwortlichen auf globaler wie auf nationaler Ebene auszuarbeiten und zu implementieren sein. Sie muß dann die Richtschnur für die jeweiligen Harmonisierungsmaßnahmen auf den verschiedenen Ebenen bilden (KEUNE et al. 1993).

Im Rahmen seiner Harmonisierungsaufgabe sucht das UNEP-HEM Büro nach Wegen, diejenigen an einen Tisch zu bringen, die bereits globale Umweltbeobachtung betreiben. Das sind im wesentlichen neben UNEP selbst die an den globalen Umweltbeobachtungs-Systemen GCOS, GOOS und GTOS beteiligten internationalen Organisationen. Alle drei Beobachtungssysteme überlappen sich thematisch, was in Abb. 2 schematisch dargestellt ist. Gelänge es nun, für diese drei Beobachtungssysteme Vereinbarungen über die Grundprinzipien der globalen Umweltbeobachtung zu treffen, so wäre damit der Grundstein für eine entsprechende Gesamtkonzeption und die Harmonisierung der Datenerhebung, der Integration und Aggregation der Daten und der Bewertung gelegt.

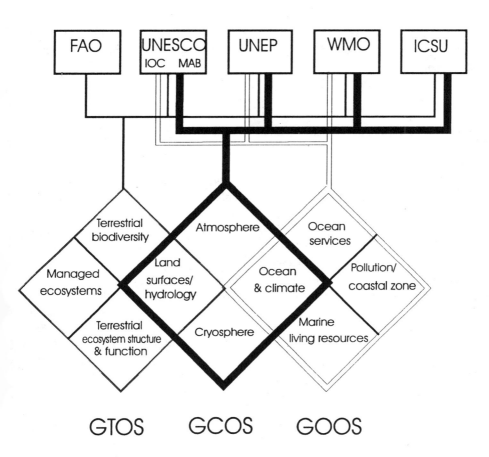

Abb. 2. Globale Umweltbeobachtungs-Systeme.

Mit Unterstützung des BMFT versucht das UNEP-HEM Büro, im Rahmen eines internationalen Workshops mit dem Titel "Towards the development of a global framework for integrated environmental monitoring and research" hier voranzukommen.

6.2 Umweltinformationsmanagement

Eine weitere Aufgabe des UNEP-HEM Büros besteht darin, dazu beizutragen, daß die Inkompatibilitäten und die unterschiedlichen Ansätze bei der Umwelterfassung erkannt und charakterisiert und dann der Weltöffentlichkeit zugänglich gemacht werden. Schon allein durch einen solchen Informationsaustausch kann es gelingen, daß Vorgehensweisen und Meßstrategien anderer Arbeitsgruppen zur Kenntnis genommen werden und die eigenen Meß- und Beobachtungsvorhaben in diesem Licht überdacht und ggf. mit den bereits existierenden Meßprogrammen abgestimmt werden. Darüber hinaus kann durch einen solchen Informationsaustausch der Zugang zu Daten eröffnet werden, was dazu führen muß, daß bereits vorhandene Daten genutzt werden, anstatt sie nochmals zu erheben.

Eine weitere Aufgabe in diesem Arbeitsbereich wird darin gesehen, daß überall dort, wo sich auf nationaler und/oder internationaler Ebene die Einsicht durchsetzt, zu einer abgestimmten Vorgehensweise bei der Erhebung von Umweltdaten zu gelangen und dies im Rahmen einer ökologischen Umweltbeobachtung zu bewerkstelligen, dies aufmerksam verfolgt und ggf. als beispielhaft herausgestellt wird. Auf ergänzende Entwicklungen in anderen Ländern und Regionen soll hingewiesen und damit der Versuch unternommen werden, diese entstehenden Neuansätze in die internationalen Netzwerke zur Umweltbeobachtung mit aufzunehmen. Ein erster Schritt in diese Richtung sind die vom UNEP-HEM Büro durchgeführten Zusammenstellungen internationaler Umweltbeobachtungs- und Datenmanagement-Programme (FRITZ 1991), von Organisationen und Instituten, die sich mit Umweltbeobachtung und mit dem Einsatz von Referenzmaterialien befassen (Tab. 2). Drei dieser Datenbanken sind auch auf Diskette, der HEMDisk, die mit einer speziellen Software für die einfache Suche von Begriffen ausgestattet ist, erhältlich (KEUNE/CRAIN 1992).

Globale Umweltbeobachtung 189

Tab. 2. Databases developed by UNEP-HEM.

NAME OF THE DATABASE	CONTENT OF THE DATABASE	FORMAT	NUMBER of ENTRIES
Environmental Monitoring & Info.-Management Programmes of Internat. Organizations (blue book) *	Description of international programmes & related databases	DIF	95
Directory of Organizations & Institutes Active in Environmental Monitoring (green book) *	Keyworded information on organizations & institutes	LARS /DIF	266
Reference Materials Survey *	Description of organizations & laboratories manufacturing, supplying/using reference materials for environmental measurements	LARS /DIF	65
Survey on Environmental Statistics (yellow book)	Keyworded information on organizations / institutes active in environmental statistics	LARS /DIF	131
HEM Literature	Keyworded information on literature, held in the HEM Office	LARS	1500
Addresses	HEM correspondence, incl. those with separate entries in other HEM databases	LARS	4000

* Databases summarized on the HEM meta-database diskette "HEMDisk"

6.3 Harmonisierung im Rahmen einer ökosystem-orientierten Umweltbeobachtung

Basierend auf Erfahrungen, die in einigen ökologischen Langzeitprogrammen und ökotoxikologischen Untersuchungen, wie dem "International Biological Programme" (IBP) von ICSU und dem US "Long-term Ecosystem Research" (LTER) Programm, entwickelt wurden, ist deutlich geworden, daß der beste Indikator für den Zustand der Umwelt das Ökosystem selbst ist (RISSER 1991). Die Alternative hierzu ist das Messen von Hunderten von Einzelparametern zur Luft-, Wasser-, Boden- und "Lebens"-qualität (KEUNE 1992).

Das Problem besteht darin, die Schlüsselinformation über den Zustand des Systems zu finden. Langzeitökosystemforschung und -beobachtung liefert die beste und verläßlichste Information über den Zustand der Ökosysteme. Erst dann, wenn sie in der Vorgehensweise und im Methodischen abgestimmt, also harmonisiert ist, kann die so gewonnene Information zu einem verbesserten Verständnis über den Zustand der Umwelt führen. Das setzt allerdings voraus, daß die gleichen Strategien zur Umweltbeobachtung, die gleichen methodischen Vorgehensweisen an unterschiedlichen Standorten angewendet werden, die Selektion der Untersuchungsgebiete gleichartig vorgenommen wird und die Arbeiten in den als repräsentativ angesehenen Ökosystemen durchgeführt werden.

Hierbei müssen zwangsläufig die Erkenntnisse der Ökosystemforschung in die Umweltbeobachtung einfließen, so wie dies im Gutachten des Sachverständigen Rates für Umweltfragen (SRU) skizziert wurde (SRU 1990). Gleichzeitig wird es notwendig sein, vorhandene Ansätze zur Ökosystembeobachtung mit zu berücksichtigen, Strukturen für den Datentransfer zu entwickeln und Modelle als Mittler zwischen Umweltforschung und -anwendung zu nutzen. Modelle werden sich zu den zentralen "Verwaltungsstellen" für Umweltdaten (aus Forschung und Monitoring) entwickeln (ASHDOWN/SCHALLER 1990). Es ist deshalb notwendig, daß sie den Anforderungen der Forscher ebenso gerecht werden, wie den der "decision-makers".

Das UNEP-HEM Büro hat in Zusammenarbeit mit externen Fachleuten ein Konzept für die notwendigen Harmonisierungsschritte einer so angelegten ökosystem-orientierten Umweltbeobachtung entwickelt, das sich zunächst auf terrestrische Ökosysteme beschränkt (KERNER et al. 1991). Sie sind als Vorschläge formuliert und im Anhang festgehalten.

7 Anhang: Vorschläge für Harmonisierungsschritte im Rahmen einer Konzeption für die ökosystem-orientierte Umweltbeobachtung

1. Internationale Harmonisierung der Ziele in allen Bereichen des Umgangs mit der Umwelt auf folgenden Ebenen:
   - Integrierte Umweltbeobachtung und Umweltprobenbank,
   - Forschung,
   - Nutzung und Planung,
   - Verwaltung und Politik,
   - Umweltbildung und Öffentlichkeitsarbeit

   hinsichtlich der
   - Fragestellungen (Probleme, Potentiale),
   - Wertbezüge (Qualitätsziele),
   - Arbeitsteilung (interdisziplinär und international).

   (Die Arbeit von HEM wird sich dabei zunächst auf die Ziele der globalen Umweltbeobachtung und Forschung konzentrieren.)
   Diese Abstimmung führt zu einer Integration und Harmonisierung der Verfahrensweisen in folgenden Teilschritten:

2. Auswahl einer Abbildungs-, Arbeits- und Bewertungsebene aus der Vielzahl der Organisationsebenen im Naturhaushalt als zentrale Schnittstelle zur (horizontalen) Integration und zur (vertikalen) Harmonisierung sämtlicher Teilbereiche aus allen Bereichen der Umweltforschung-, -bewertung, -planung und -verwaltung sowie zur Festlegung einer gemeinsamen Terminologie und eines verbindlichen theoretischen Hintergrunds (Grundannahmen und fachlich-methodische Vereinbarungen).
   Aus fachlicher Sicht kommt hierfür nur die Ebene der Ökosysteme in Frage, deren räumlich abgrenzbare, analog aufgebaute Einheiten (Ökosystem im engeren Sinn)
   - Selbstregulation und Regenerationsvermögen zeigen,
   - nach Autonomie streben und
   - wie Mosaikbausteine das Strukturen- und Funktionsgefüge der Biosphäre aufbauen.

   Erst das globale System (die Biosphäre) zeigt wieder ein ganzheitliches Regulations-, Regenerations- und Entwicklungsvermögen. Alle dazwischen liegenden Aggregate (Klassifizierungseinheiten) sind aus ökologischer Sicht willkürlich (sektoral) und inhomogen.
   Aus einer solchen Vereinbarung ergeben sich alle weiteren Vereinbarungen und Verfahrensschritte zum Aufbau eines methodischen Gesamtkonzepts.

3. (Weiter-) Entwicklung einer nach Stand des Wissens vollständigen, fortschreibbaren Modellkonzeption für terrestrische und limnische Ökosysteme - die Bausteine des Landnutzungsmusters (vgl. 2) - für die Analyse, Interpretation, Wertung und Planung einzelner Ökosysteme und ihres Zusammenwirkens im Landschaftshaushalt.

4. Einigung auf einen hierarchischen Schlüssel zur Gliederung der Biosphäre (Abgrenzung, Kartierung, Untersuchung und Dokumentation ihrer Einheiten), von der Ökosystem-Ebene ausgehend in beide Richtungen:
   - disaggregiert in Kompartimente, Teilfunktionen und Prozesse (grundlagenorientiert) sowie
   - aggregiert über Ökosystem-Komplexe, funktionale Raumeinheiten, Naturräume, Biome usw. bis zur (globalen) Biosphäre.

5. Daraus ergeben sich die zur Identifikation, Kartierung, Analyse, Bewertung und Darstellung sinnvollen Maßstäbe der Bearbeitung, ausgehend vom Maßstab 1:10.000 für die Ökosystemebene.

6. Definition eines Standardsatzes (indikatorischer) Meßgrößen auf der Ökosystem-Ebene (auf der Grundlage von 3.):
   - Steuergrößen (Wetter-, Immissions-, Depositionsdaten, anthropogene Steuerungsfunktionen) und
   - Strukturdaten und Wirkungsgrößen (stofflich-energetische Ökosystemfunktionen, Grenzwerte, Potentiale) und
   - Vereinbarungen für ihre (Dis-) Aggregation über die Ebenen des methodischen Konzepts (4. und 5.), einschließlich verbindlicher Vorgaben für ihre Erhebung, Validierung, Einsatzmöglichkeiten und Dokumentation.

7. Hierarchischer Gliederungsschlüssel (4.), Maßstabswahl (5.) und Datenkatalog (6.) legen die Anforderungen an die Schnittstellen zwischen den Arbeitsebenen fest, die einen ungehinderten, auf Ökosystem-Ebene "fokussierten" vertikalen Daten- und Informationsaustausch gewährleisten.

8. Sämtliche Vereinbarungen (1. bis 7.) definieren Struktur und Funktion eines "Projekt- oder Umweltinformationssystems" und dessen Hauptbestandteile:
   - Fragestellungen, Ziele, Nutzeroberfläche(n),
   - hierarchischer Methodenbaukasten, auf die zentrale Ökosystem-Ebene (und den Landschaftshaushalt) ausgerichtet,
   - korrespondierende Datenbanken,
   - Schnittstellen und
   - Geographisches Informationssystem (GIS),

die die Integration und Harmonisierung der Teilbeiträge gewährleisten und Arbeitsteilung (Dezentralisierung) ermöglichen sollen, ohne den Gesamtzusammenhang zu verlieren.

9. Festlegung von Kriterien zur Auswahl der Forschungs- und Beobachtungsräume (z. B. im Rahmen der MAB-8, Biosphärenreservat-Konzeption), ergänzt durch emissions- oder wirkungsbezogene Sonderstandorte.

10. Absicherung der Integrationsfunktionen dieses Konzepts durch einen tragfähigen, hierarchischen administrativen (und finanziellen) Rahmen.

11. Harmonisierung der nationalen und internationalen Forschungs- und Entwicklungsprogramme zur Erweiterung des Wissensstands, Fortschreibung der Methoden und zur Verbesserung der Umsetzung und Öffentlichkeitsarbeit.

8 Literatur

ASHDOWN, M. und J. SCHALLER (1990): Geographische Informationssysteme und ihre Anwendung in MAB-Projekten, Ökosystemforschung und Umweltbeobachtung. - MAB-Mitteilung 34

EEA [European Environment Agency-Task Force] (1993): Environment Programme for Europe "Environmental Information", Discussion paper prepared by the CEC, DG XI, EEA-TF, Februar 1993

FRITZ, J.S. (1991): Survey of Environmetal Monitoring and Information Management Programmes of International Organisations. - UNEP-HEM, München (2. Aufl.)

HEAL, O.W./J.-C. MENAUT und W.L. STEFFEN (Eds.) (1993): Towards a Global Terrestrial Observing System (GTOS). Detecting and Monitoring Change in Terrestrial Ecosystems. - UNESCO, Paris

KERNER, H.F./L. SPANDAU und J. KÖPPEL (1991): Methoden zur Angewandten Ökosystemforschung, entwickelt im MAB 6-Projekt; Ökosystemforschung Berchtesgaden 1981-1991. Abschlußbericht der Projektsteuerungsgruppe. - MAB-Mitteilungen 35.1 und 35.2

KEUNE, H. (1992): Ökosystembeobachtung, eine Aufgabe von UNEP und UNESCO. - MAB-Mitteilungen 36, S. 13-14

KEUNE, H. und I.K. CRAIN (1992): Towards the Harmonization of Environmental Measurement: Challenges and Approaches in: CODATA Bulletin 24/4, S.43-50

KEUNE, H. und A. THEISEN (1991): Environmental Databases and Information Management Programmes of International Organizations - Their Relevance to Environmental Management and Decisionmaking Processes, Problems of Availability and Access in: GI Informatik Fachberichte 296, S.546-553

KEUNE, H. et al. (1991): Harmonization of Environmental Measurement in: GeoJournal 23/3, S.249-255

KEUNE, H. et al. (1993): Globale integrierte Umweltbeobachtung und -bewertung; Vorschläge zur Konzeption ihrer internationalen Harmonisierung. - MAB-Mitteilungen 37, S.51-59

RISSER, P.G. (Ed) (1991): Long-term Ecological Research. An International Perspective. - SCOPE 47

SRU (Der Rat von Sachverständigen für Umweltfragen) (1990): Sondergutachten "Allgemeine Ökologische Umweltbeobachtung". - Bonn

UNESCO/IOC (1992): Global Ocean Observing System. An Initiative of the International Oceanographic Commission (IOC) of UNESCO. - UNESCO, Paris

VANDEWEERD, V. und C. BOELCKE (1992): Global Environmental Monitoring Systems in: CODATA Bulletin 24/4, S.33-42

WBGU (1993): Welt im Wandel - Grundstruktur globaler Mensch-Umwelt-Beziehungen. - Bremerhaven

WMO (1992): Global Climate Observing System (GCOS). - WMO No. 777

Abkürzungen

BAPMoN	Background Air Pollution Monitoring Network; UNEP/WMO
BMFT	Bundesministerium für Forschung und Technologie
BMU	Bundesministerium für Umwelt, Naturschutz und Reaktorsicherheit
BR	Biosphärenreservate
CSD	Commission for Sustainable Development, UN
FAO	Food and Agriculture Organization, UN

GAW	Global Atmospheric Watch, WMO
GCOS	Global Climate Observing System
GEMS	Global Environment Monitoring System, UNEP
GIS	Geographical Information System
GOOS	Global Ocean Observing System
GRID	Global Resource Information Database, UNEP GEMS
GSF	Forschungszentrum für Umwelt und Gesundheit
GTOS	Global Terrestrial Observing System
HEM	Harmonization for Environmental Measurement, UNEP
IAEA	International Atomic Energy Agency, UN
IBP	International Biological Programme, ICSU
ICSU	International Council of Scientific Union
IMO	International Maritime Organization, UN
INFOTERRA	International Referral System for Sources of Environmental Information, UNEP
IOC	Intergovernmental Oceanographic Commission, UNESCO
IRPTC	International Register of Potential Toxic Chemicals, UNEP
ISO	International Organization of Standardization
LTER	Long-term Ecosystem Research, United States
MAB	Man and the Biosphere Programme, UNESCO
QA/QC	Quality Assurance/Quality Control
SRU	Sachverständigen Rat für Umweltfragen, Deutschland
UN	United Nations
UNESCO	United Nations Educational, Scientific and Cultural Organization
UNCED	United Nations Conference on Environment and Development
UNDP	United Nations Development Programme
UNEP	United Nations Environment Programme
WBGU	Wissenschaftlicher Beirat der Bundesregierung "Globale Umweltveränderungen"
WGMS	World Glacier Monitoring System
WHO	World Health Organization, UN
WMO	World Meteorological Organization, UN
WWW	World Weather Watch

Der Beitrag des Naturschutzes zu Schutz und Entwicklung der Umwelt

Harald Plachter (Marburg)

1 Einleitung

Der Mensch belastet die Natur heute flächendeckend und verändert sie zunehmend irreversibel (BOTKIN et al. 1989; DIAMOND 1986; FREEDMAN 1989; GOUDIE 1990; KAISER 1981; UMWELTBUNDESAMT 1992). Gerade in der jüngsten Vergangenheit wurde durch Probleme wie Waldsterben, Ozonloch und Klimawandel nicht nur deutlich, wie komplex die Wirkungsnetze derartiger Eingriffe in den Naturhaushalt sind, sondern auch, daß Tiere, Pflanzen und Mikroorganismen und die Ökosysteme, die sie aufbauen, eine entscheidende Rolle für den Fortbestand und die Steuerung einer intakten Umwelt spielen (EDWARDS et al. 1988; McNEELY et al. 1990; LOVELOCK 1991; RAMBLER et al. 1989; SPELLERBERG/HARDES 1992; WILSON 1992; WRIGHT 1987). Dennoch wird nach wie vor versucht, erkannten Überbelastungen durch monokausale Strategien zu begegnen. So wenig wie sich "vernetztes" Denken in den gesellschaftlichen und politischen Entscheidungsprozessen etablieren konnte, so wenig wird akzeptiert, daß ein umfassender Schutz der Natur der zentrale Baustein für den Erhalt einer für den Menschen verträglichen und auch in Zukunft nutzbaren Umwelt ist. Indikatoren für den Zustand der Natur, wie Rote Listen oder Schutzgebietsstatistiken sprechen eine eindeutige Sprache (BLAB/NOWAK 1989; HAARMANN/PRETSCHER 1988; KORNECK/SUKOPP 1988; McNEELY et al. 1990; MEISEL 1984).

In der öffentlichen und politischen Diskussion hat Naturschutz, wie einschlägige demoskopische Analysen zeigen, aber nur einen nachrangigen Stellenwert. Hieran hat weder der systematische Aufbau von Naturschutzbehörden in den letzten beiden Jahrzehnten noch eine Vielzahl nationaler und internationaler Kampagnen und Vereinbarungen, zuletzt die Konvention zum Schutz der biologischen Vielfalt beim UNCED-Gipfel in Rio etwas geändert (BMU 1993). Ganz im Gegenteil: wie das Beispiel der wirtschaftlichen und strukturellen Folgen des Beitrittes der DDR zur Bundesrepublik Deutschland zeigte, kann Naturschutz im öffentlichen Abwägungsprozeß sehr schnell an Gewicht verlieren. Ist Naturschutz somit in Anbetracht der übrigen Probleme, mit denen sich unsere Gesellschaften auseinanderzusetzen haben, nur ein nachrangiges Thema, vielleicht sogar ein Thema, das sich nur die Industrienationen aus ihrem "Luxus" heraus leisten können? Ein Thema, das zurückgestellt werden muß, wenn es uns wirtschaftlich schlechter geht?

Dieser Beitrag versucht eine Standortbestimmung des Naturschutzes. Eine Standortbestimmung, die nicht nur aus Gründen öffentlicher Akzeptanz, sondern ebenso "nach innen" dringend erforderlich erscheint. Nur wenn bei "den Naturschützern" Konsens über Problemschwerpunkte und Handlungsleitlinien besteht - was heute keineswegs der Fall ist - kann mit einer zielführenden Prioritätensetzung und dem rationalen Einsatz begrenzter Personal- und Finanzkapazitäten gerechnet werden (vgl. BLAB 1992; ELLENBERG 1987; IMMLER 1989; PLACHTER 1992b; SUKOPP/TREPL 1990).

2 Definition und Aufgabenfelder des Naturschutzes

2.1 Natur- und/oder Umweltschutz?

Obwohl Naturschutz als öffentliche Aufgabe seine Wurzeln bereits am Beginn des 19. Jahrhunderts hat (vgl. ERZ 1980, 1986; HABER 1993), fehlt bis heute eine allgemein konsensfähige Definition des Begriffes. Dies ist auffällig, und es hat Wirkungen bis in die tägliche Umsetzungspraxis hinein. Handeln im Naturschutz beruht auf fachlichen und öffentlichen Abwägungs- und Entscheidungsprozessen. Wie soll dies geordnet und überzeugend geschehen, wenn zwischen den Entscheidenden kein terminologischer und inhaltlicher Konsens über den Rahmen besteht, innerhalb dessen sie entscheiden sollen? Die terminologische Vielfalt ist kaum mehr überschaubar. Jedes Lehrbuch, jeder wissenschaftliche Grundsatzartikel und so manche "Werbebroschüre" der Naturschutzverwaltungen und -verbände versucht eine neue Definition. In der Bundesrepublik Deutschland gibt es seit 1976 ein einheitliches Naturschutzgesetz, in dem es nicht gelungen ist, den Begriff Naturschutz zu definieren: es arbeitet durchgängig mit dem Doppelbegriff "Naturschutz und Landschaftspflege". Andere gebräuchliche Begriffe (ohne Vollständigkeit der Auflistung) sind: ökologischer Umweltschutz, Arten- und Biotopschutz oder Landespflege und im angelsächsischen Sprachraum Biological Conservation oder Biosphere Conservation. Die einzelnen Begriffe werden von verschiedenen Autoren mit unterschiedlichen Inhalten gefüllt (vgl. z. B.: ERZ 1980; OLSCHOWY 1978; MARKL 1985;

LANDOLT 1989; PFADENHAUER 1988; PLACHTER 1991; RATCLIFFE 1976; SCHREINER 1994; SPELLERBERG/HARDES 1992).

Die Diskussion zum Begriff Naturschutz geht in den letzten Jahren in zwei divergierende Richtungen. Manche Autoren begreifen "Natur" nur als "Das Natürliche", vom Menschen Unberührte. "Naturschutz" ist dann der Schutz vom Menschen nicht substantiell beeinflußter Teile unserer Erde. Die Aufgabenfelder reduzieren sich mehr oder weniger auf den Schutz von Arten und Lebensräumen (Arten- und Biotopschutz), der Handlungsrahmen auf konservierende Strategien vor den Einflüssen des Menschen. Das Dilemma beginnt in Landschaften, die bereits substantiell vom Menschen geprägt sind. Dies sind zum einen die "klassischen" Kulturlandschaften der Erde. Zunehmend wird aber deutlich, daß auch viele andere Regionen entscheidend vom Menschen geformt sind (z. B. Weidelandschaften, Savannen, Hochgebirge). Welche Aufgaben kann ein so definierter Naturschutz hier noch haben, wenn "unberührte" Natur bei genauerem Hinsehen fehlt? Weiter: Welchen Stellenwert haben ubiquitäre Belastungen, wie Schad- und Nährstoffimmissionen oder die Veränderung von Klima und Erdatmosphäre? Gibt es dann überhaupt noch irgendwo auf der Erde Natur im so definierten Sinn? Man hilft sich mit Konventionen: "Natürlich" sind auch solche Naturelemente, die "noch naturnah" sind (wo sind die Grenzen?), Arten werden "per se" als natürlich betrachtet, obwohl die Objekte, mit denen sich der Artenschutz praktisch beschäftigt, stets einzelne Populationen sind, die sehr wohl durch menschliche Einflußnahme "naturfern" sein können.

Der Begriff "Natur" kann aber auch sehr viel weiter gefaßt werden. Zum einen sind ja wohl auch die "unbelebten" Kompartimente der Erde wie Atmosphäre, Wasser, Boden und Gesteine "Natur" (sie sind ja weder vom Menschen geschaffen noch primär beeinflußt). Diese Ansicht ist in völliger Übereinstimmung mit gebräuchlichen terminologischen Festlegungen. Niemand würde daran zweifeln, daß Physik, Chemie, die Geowissenschaften "Natur"-wissenschaften sind. Man kann also ohne weiteres definieren, daß Natur die gesamte uns umgebende Bio-, Geo- und Hydrosphäre ist, ja, wenn man will, die gesamte Erde aber ebenso das gesamte Weltall. Alle dort ablaufenden Prozesse gehorchen "Natur"-gesetzen.

Die strikte Trennung zwischen Natur- und Geisteswissenschaften und damit die Trennung zwischen Natur einerseits und Mensch andererseits ist eine Folge der technischen Revolution zu Beginn des 19. Jahrhunderts (vgl. IMMLER 1989). Vorher waren die Naturwissenschaften in die Geisteswissenschaften voll integriert. Eine Eigenständigkeit des Menschen sozusagen außerhalb der Natur war nicht gegeben und erschien sogar widersinnig. Dies hat sich in vielen Kulturkreisen der Erde bis heute so erhalten. Die strikte Trennung und sogar "Kontrastellung" von Mensch und Natur ist eine neuzeitliche Erfindung der Industrienationen christlicher Prägung. Die "Ökologiebewegung" der letzten Jahrzehnte hat die Gefahren dieser Fehlentwicklung erkannt, sie erliegt aber in ihrem eigenen Denken und Handeln nur allzu oft dem gleichen Mißverständnis von der "Ausnahmestellung" des Menschen. Wie anders könnte sonst definiert werden, daß es hier "menschliche Gesellschaften" und dort "den Schutz der Natur" gäbe, daß die Nutzung der Natur so gestaltet werden müsse, daß sie auch künftigen Generationen "zur Verfügung" steht?

Es ist offensichtlich, daß diese zweite, sehr weite Definition des Natur- und damit des Naturschutzbegriffes in unserer heutigen Welt ebensowenig operabel ist wie die erste. Aber: Wenn Naturschutz etwas Zielführendes bewirken soll, kann er sich nicht auf den "Natürlichkeits"-begriff beschränken und auch nicht nur auf die Organismen dieser Erde. Und er muß Verständnis und Strategien dafür finden, wie die durch Technologie- und Wissenschaftsgläubigkeit der Industrienationen induzierte Zweigleisigkeit zwischen gesellschaftlichem und naturschützendem Handeln zumindest teilweise überwunden werden kann (vgl. SCHRÖDER 1992).

Als Folge dieser Überlegungen kann es zumindest für Kulturlandschaften keine sinnvolle Trennung zwischen den Begriffen Naturschutz und Landschaftspflege geben, da sowohl die Objekte (Natur in der zur Zeit existierenden, vom Menschen mehr oder weniger geprägten Form) als auch die Handlungsstrategien (Schutz und Entwicklung) identisch sind. Dies haben wohl auch schon die Väter des deutschen Bundesnaturschutzgesetzes erkannt, indem sie systematisch den genannten Doppelbegriff verwendet haben. Da Objekt beider Bereiche die Natur im so definierten Sinn ist, ist es zielführend, diesen Doppelbegriff auf den Begriff "Naturschutz" zu reduzieren und ihn sinngleich mit dem Begriff "Ökologischer Umweltschutz" zu verwenden.

Alle Maßnahmen zum Schutz und zum sinnvollen Umgang mit einer so verstandenen Natur, einschließlich der rückgekoppelten Wirkungen auf den Menschen, werden gewöhnlich unter dem Begriff "Umweltschutz" subsummiert. Historisch haben sich zwei Teilbereiche etabliert, die vor allem auch in Deutschland sowohl im konzeptionellen als auch im umsetzungsorientierten Bereich deutlich voneinander getrennt sind: der "Technische Umweltschutz" und der "Naturschutz" (= Ökologischer Umweltschutz; vgl. PLACHTER 1991). Klassische Aufgaben des Technischen Umweltschutzes sind z. B. Lärmschutz, Strahlenschutz, Schutz der Naturgüter Wasser, Boden und Luft vor Emissionen oder Abfallwirtschaft. Sein Handeln ist offensichtlich anthropozentrisch orientiert. Ausgangspunkt sind potentielle oder tatsächliche Gefährdungen der menschlichen Gesundheit (mit Schwerpunkt auf der Gesundheit des einzelnen Individuums). Hiervon ausgehend versucht der Technische Umweltschutz Belastungsquellen zu identifizieren und auf ein verträgliches Maß zu limitieren. Konzept und Strategien sind folgerichtig weitgehend monokausal angelegt. Die Natur wird im Sinne einer "black box" als "Vektor" verstanden oder allenfalls insoweit in Handlungsstrategien einbezogen, als bekannt ist, daß sie belastende Emissionen substantiell modifiziert. Daß dies generell der Fall ist und daß hierbei rückgekoppelte Reaktionsnetze, also der gesamte Zustand der Natur, eine entscheidende Rolle spielen, wird nach wie vor meist negiert.

In den letzten Jahren sind Belastungssituationen in den Mittelpunkt des Interesses gerückt, denen mit den herkömmlichen Methoden des Technischen Umweltschutzes offensichtlich nicht ausreichend begegnet werden kann. Zwei typische

Beispiele sind das sogenannte Waldsterben und der zu erwartende globale Klimawandel. Die zentralen Ursachen liegen in beiden Fällen im "klassischen" Zuständigkeitsbereich des Technischen Umweltschutzes: Emissionen von Stoffen aus mehr oder weniger punktuellen Quellen. Beide Beispiele haben aber deutlich gemacht, welch entscheidende Rolle den Umbau-, Abbau- und Transportfunktionen der Natur bei der Frage zukommt, wie sich diese Emissionen auf Natur und Mensch letztendlich auswirken. Maßgeblich für die Wirkung sind nicht Art und Menge einer bestimmten Emission, sondern das komplexe Zusammenwirken mehrerer Größen im Funktionsgefüge des Naturhaushaltes. Strategien, die allein sektorale und punktuelle "End of the pipe"-Maßnahmen, wie etwa der Einbau von Filteranlagen, in den Mittelpunkt stellen, müssen demzufolge von vorne herein zum Scheitern verurteilt sein. Es ist offensichlich, daß Zustand und Leistungsfähigkeit der Natur eine entscheidende Größe ist.

Vergleichbare Probleme haben sich im Bereich der Landnutzung ergeben. Auch hier haben die sektoralen Strategien der Vergangenheit in Sackgassen geführt, die offenbar nur dann überwunden werden können, wenn die Funktionsfähigkeit des Naturhaushaltes und seine Grenzen stärker als bisher in den Mittelpunkt der Überlegungen gestellt werden. So ist z. B. die mitteleuropäische Landwirtschaft anscheinend nur dann international überlebensfähig, wenn sie nach industriellen Gesichtspunkten produziert. Dies führt zu erheblichen Belastungen von Boden und Wasser. Aber mehr noch: die Landschaften als Ganzes sind betroffen (vgl. PAOLETTI et al. 1989; RAT VON SACHVERSTÄNDIGEN FÜR UMWELTFRAGEN 1985). "Konkurrenzfähige" Standorte werden zu industriellen Produktionsstätten, aus den übrigen Gebieten zieht sich die Landwirtschaft zunehmend zurück. In beiden Fällen verlieren die Landschaften ihr charakteristisches Aussehen, ihre Eigenart. Betroffen sind nicht nur die Tier- und Pflanzenarten, sondern genauso die Tourismusbranche mit erheblichen volkswirtschaftlichen Konsequenzen. Und auch hier kann die Lösung nicht in örtlichen Nutzungsreglementierungen liegen, sondern nur in einer ganzheitlichen Strategie, die die Eigenart solcher Kulturlandschaften und damit die Natur im oben definierten Sinn in den Mittelpunkt rückt.

Unter diesen Randbedingungen kann sich Naturschutz nicht auf die "klassischen" Felder des Arten- und Biotopschutzes beschränken. In Überlappung zum Technischen Umweltschutz und zur Steuerung der Landnutzung ergeben sich mehrere Aufgabenfelder von gleichrangiger Bedeutung.

Diese Erkenntnis ist keineswegs neu. Die International Union for Conservation of Nature and Natural Resources" (IUCN 1980) hat bereits 1980 Naturschutz folgendermaßen definiert:
1. Aufrechterhaltung der wesentlichen ökologischen Prozesse und lebenserhaltenden Systeme,
2. Schutz der genetischen Diversität und der wildlebenden Arten,

3. Nachhaltige Nutzung von Arten und Ökosystemen mit dem Ziel, all unsere natürlichen Ressourcen im Hinblick auf die Bedürfnisse zukünftiger Generationen vorsichtig zu nutzen.

Der Auftrag nach § 1 Bundes-Naturschutzgesetz ist damit weitgehend koinzident. Hier wie dort sind funktionale Gesichtspunkte ("Leistungsfähigkeit des Naturhaushalts") und Nutzungsaspekte von wesentlicher Bedeutung. Eine "Selbstbeschränkung" des Naturschutzes auf die herkömmlichen Aufgabenfelder des Arten- und Biotopschutzes, wie sie heute vielfach stattfindet, ist nicht gerechtfertigt.

So definiertem Naturschutz können vielmehr die folgenden gleichrangigen Aufgabenfelder zugeordnet werden (Abb. 1):
- Artenschutz
- Biotop- und Geotopschutz
- Schutz regionstypischer Landschaftsbilder
- Schutz der Naturgüter Boden, Wasser und Luft
- Prozeßschutz

Die einzelnen Ziele und Strategien sind in einer spezifischen Fachplanung abgestimmt darzustellen.

2.2 Herkömmliche Aufgaben

Eine der ältesten Aufgaben des Naturschutzes ist der Artenschutz. Im Mittelpunkt standen stets auffällige, attraktive Arten, wie z. B. Säugetiere, Vögel, große Insektenarten oder Orchideen (ERZ 1986). Nicht selten handelt es sich hierbei um Arten, die global oder im Bezugsgebiet einer Maßnahme selten sind. Diese Tendenz wurde durch die Einführung von Roten Listen und durch internationale Vereinbarungen (z. B. Ramsar Konvention, Washingtoner Artenschutzabkommen) noch verstärkt. Ausschlaggebend für die Aufnahme einer Art in eine Rote Liste ist zwar deren "Gefährdung", also letztlich das Ausmaß menschlicher Einflußnahme auf den Bestand. Dieses Kriterium ist unabhängig von der natürlichen Seltenheit einer Art, führt aber in der Regel zu Seltenheit. In beiden Fällen, bei natürlich seltenen als auch bei Arten, die erst durch menschliche Einflüsse selten geworden sind, kümmert sich der Naturschutz um Arten, die zwar dem Laien auffallen, deren Einfluß auf Struktur und Funktion des Naturhaushaltes eben wegen geringer Individuenzahl und Biomasse oft gering bis kaum nachweisbar ist. Dies muß nicht immer der Fall sein, wie Arten mit ausgesprochenen "Schalterfunktionen" (s. u.) belegen. Gerade bei gefährdeten Arten der Roten Listen setzen effektive Schutzmaßnahmen außerdem meist erst dann ein, wenn die jeweilige Art durch Bestandseinbußen ihre ökologische Funktion bereits weitgehend verloren hat (PLACHTER 1992b).

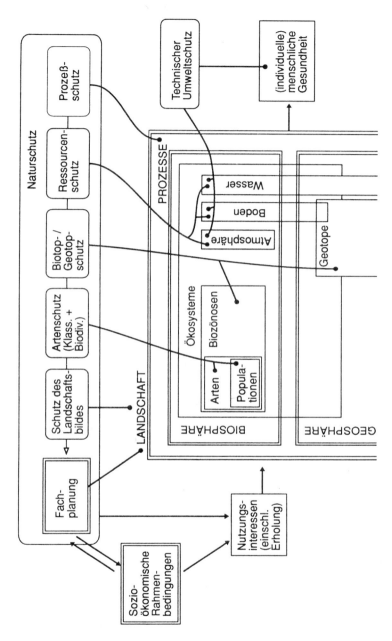

Abb. 1. Aufgabenfelder des Naturschutzes und ihre Bezüge zum Technischen Umweltschutz, zu den sozioökonomischen Rahmenbedingungen und den Nutzungsinteressen der Gesellschaft. Die einzelnen Aufgabenfelder des Naturschutzes und der Technische Umweltschutz haben Bezüge zu unterschiedlichen Kompartimenten bzw. Hierarchiestufen der Natur. Der Technische Umweltschutz ist in seinen Strategien stark auf die individuelle Gesundheit des Menschen fokussiert.

Der Schutz attraktiver und/oder bedrohter Arten ist keineswegs überflüssig. Hierin allein darf sich Artenschutz aber nicht erschöpfen. Vielmehr können - abgesehen von einem "Mindestschutz" für alle Arten - mindestens drei gleichrangige Aufgabenbereiche identifiziert werden:
1. Schutz bedrohter Arten,
2. Schutz von Arten mit besonderer funktionaler Bedeutung im Naturhaushalt,
3. Schutz von Arten mit hohem Indikationspotential.

Organismen sind für den Zustand der Bio- und Hydrosphäre von entscheidender Bedeutung. Ohne photoautotrophe Pflanzen würde es in der Atmosphäre keinen freien Sauerstoff geben, und noch heute bestimmen Wälder und das Phytoplankton der Meere wesentlich die Zusammensetzung und Belastbarkeit der Lufthülle. Die terrestrische Vegetation steuert den Wasserkreislauf der Erde (PLACHTER 1991a; WARNECKE et al. 1992). Ihre Veränderung hat entscheidenden Einfluß auf das lokale und regionale Klima. Pflanzen und Mikroorganismen sind wesentlich an den Prozessen im Zusammenhang mit dem anthropogenen Klimawandel beteiligt, und es fällt auf, daß gerade hier die größten Unsicherheiten bei der Entwicklung verläßlicher Prognosen bestehen (ENQUETE-KOMMISSION 1992). Die Böden dieser Erde sind biologische Produkte. Ohne Lebewesen gäbe es keine dauerhaft nutzbaren Böden, und es sind Lebewesen, die darüber entscheiden, welche Nutzungsformen "nachhaltig" sind (BLUME 1990; HABER 1986). Ohne Tiere, Pflanzen und Mikroorganismen gäbe es keine "Selbstreinigungsfähigkeit" von Gewässern, und unsere Reserven an Trink- und Brauchwasser wären ohne sie schon längst zu Ende gegangen. All unsere Nutzpflanzen und Nutztiere, auf denen unsere Ernährung aufbaut, wurden aus Wildorganismen gezüchtet (AUHAGEN/SUKOPP 1983; HAMPICKE 1991). Diese Liste ließe sich endlos vermehren. Die wenigen Beispiele machen aber bereits deutlich, welch zentrale Rolle Organismen beim Erhalt einer für uns Menschen verträglichen Umwelt spielen.

Es sind überwiegend keine attraktiven, obschon natürlich "auffälligen" Arten, denen eine herausragende Bedeutung im Naturhaushalt zukommt:
- Arten mit Schalterfunktionen, d. h. biomasse-unabhängigen Funktionen. Die Masse der Biber ist vernachlässigbar gegenüber der Biomasse jener Ökosysteme, die sie durch ihre Dammbauten verändern ("Biberwiesen"). Gleiches gilt für Hautflügler und Zweiflügler, die entscheidend zu Blütenbestäubung beitragen, ebenso wie für Krankheitsüberträger oder deren Überträger (Vektoren). In mitteleuropäischen Wäldern entfaltet das Reh (Capreolus capreolus) durch seinen selektiven Fraß ausgesprochene Schalterfunktionen (ELLENBERG 1988; REMMERT 1989).
- Sogenannte "Schlüsselarten" (Keystone-species). Das sind Arten, von denen eine Vielzahl weiterer Arten und somit die "Ausprägung" des jeweiligen Ökosystems abhängig ist. Fallen diese Arten aus, so verschwinden zwangsläu-

fig viele andere Arten aus dem Ökosystem. Hierzu zählen z. B. Ameisen, die einer Reihe von Kommensalen Lebensmöglichkeiten in ihren Bauten bieten und durch Diasporenverbreitung die Überlebensmöglichkeiten etlicher Pflanzenarten bestimmen, aber z. B. auch der Schwarzspecht, der durch seinen Höhlenbau erst den Lebensraum für andere Folgearten (z. B. Hohltaube, Fledermäuse) "vorbereitet" (vgl. auch WESTERN/PEARL 1989).

- Dominante Arten, die aufgrund ihrer hohen Biomasse wichtige Funktionen erfüllen. Hierzu zählen die Hauptbaumarten der jeweiligen Region, die Bodenorganismen (Tab. 1), das Phytoplankton der Meere oder die limnischen Organismen des Süßwassers. Sie prägen die großen globalen Stoff- und Energiekreisläufe, kompensieren Belastungen der Umwelt und machen erst die sogenannten "regenerierbaren Ressourcen" Boden, Wasser und Luft für den Menschen auf Dauer nutzbar. Im mitteleuropäischen Raum verdienen in diesem Rahmen vor allem Bodenorganismen und limnische Organismen vermehrte Aufmerksamkeit (Abb. 2).

Tab. 1. Biomassen der Pflanzen und Tiere in einem mitteleuropäischen Eichen-Hainbuchen-Mischwald im Sommer. Gewichtsangaben in Trockenmasse pro Hektar (aus HOFMEISTER 1990 nach Angaben von DUWIGNEAUD in EHRENDORFER 1978).

	t/ha	% der gesamten Biomasse
PRODUZENTEN (Grüne Pflanzen)	313	ca. 98,6
Blätter der Bäume	4	ca. 1,3
Zweige der Bäume	30	ca. 10,0
Stämme der Bäume	240	ca. 75,0
Kräuter	1	ca. 0,3
Wurzeln	38	ca. 12,0
KONSUMENTEN (v.a. oberirdisch lebende Tiere)	ca. 0,038	< 0,1
Großsäuger	0,006	
Kleinsäuger	0,025	
Vögel	0,007	
Insekten	?	
DESTRUENTEN (überwieg. epi- und endogäisch lebende Tiere und Pflanzen)	1,11	ca. 1,4
Regenwürmer	0,50	0,64
übrige Bodentiere	0,30	0,38
Bodenflora	0,30	0,38

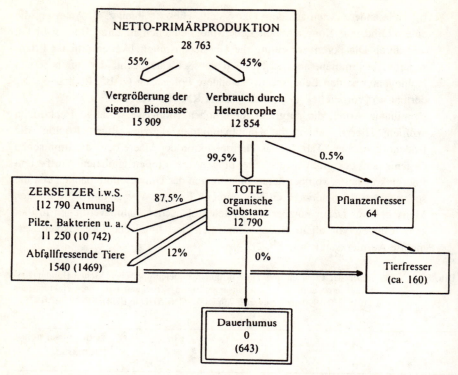

Abb. 2. Energieflüsse in einem mitteleuropäischen Buchenwald (Solling bei Göttingen), teilweise aufgrund der Atmung berechnet, in KJ x m^{-2} x a^{-1}. In Klammern unter der Annahme, daß 5 % der organischen Substanz in Dauerhumus übergeht. Von den Tierfressern wird angenommen, daß sie etwa 10 % der Saprophagen und der phytophagen Tiere fressen. Beachte das Verhältnis zwischen den i. d. R. unscheinbaren Zersetzern und den Pflanzen- und Tierfressern, denen die vom Artenschutz bisher beachteten Arten angehören (verändert nach ELLENBERG et al. 1986).

Es kann eingewandt werden, daß ein Schutz solcher funktional wichtiger Arten zwar generell nachvollziehbar, zur Zeit aber im Grundsatz unnötig und mit Hilfe gezielter Maßnahmen auch kaum möglich sei. Richtig ist, daß durch Zentrierung des Artenschutzes und als Folge der einschlägigen Forschung auf seltene oder bedrohte Arten über die anthropogenen Veränderungen der Populationen solcher funktional wichtiger Arten nur sehr wenig bekannt ist, zu wenig jedenfalls, um hierauf gezielte Schutzstrategien aufzubauen. Einzelne Forschungsergebnisse machen jedoch in diesem Bereich einen möglicherweise viel tiefgreifenderen Wandel wahrscheinlich, als er von attraktiven Arten bekannt ist. So konnte z. B. nachgewiesen werden, daß in Norddeutschland viele der ehemals dominanten Pflanzenarten des Grünlandes extrem rückläufig sind (MEISEL 1984). Stoffliche Belastungen des Waldes können zu drastischen Veränderungen in der Zusammensetzung der Bodenfauna führen (z. B. ELLENBERG 1985, 1989; SCHMIDT 1992; ZWÖLFER et al. 1988). Stoffliche

Überlastung von Fließgewässern sowie wasserbauliche Maßnahmen bedingen einen eklatanten Rückgang "biologischer Funktionsträger" und damit der biologischen Selbstreinigungsfähigkeit dieser Gewässer. Der volkswirtschaftliche Schaden, der alleine hierdurch entsteht, ist immens. Zwar kann die natürliche Reinigung von Gewässern - wie in vielen gleichgelagerten Fällen - durch technische Lösungen, in diesem Fall Kläranlagen, substituiert werden. Die dafür erforderlichen Rohstoff- und Energieressourcen gehen an anderen Stellen aber verloren. STATZNER (1983) errechnet für einen 1,5 km langen Bachabschnitt in Schleswig-Holstein bei einem Verlust der biologischen Selbstreinigungsfähigkeit Vergleichskosten für den Bau und Betrieb einer Kläranlage gleicher Leistung über einen Zeitraum von 20 Jahren in Höhe von 530.000 DM.

Beschränkt man diesen Ansatz nicht nur auf alle Fließgewässer, sondern erweitert ihn auf alle anderen Bereiche, in denen "kostenlose" Leistungen des Naturhaushaltes quasi "verschwendet" werden, so erhält man eine grobe Vorstellung vom Ausmaß der Verluste, die im übrigen durch technische Lösungen nur selten wirklich "wertgleich" abgefangen werden können. Eine Vielzahl von Beispielen findet sich in HAMPICKE (1991) und HAMPICKE et al. (1991). Trotzdem ist hierüber immer noch viel zu wenig bekannt.

Das äußerst lückenhafte Wissen über die Bedeutung einzelner funktional wichtiger Arten und die anthropogene Veränderung ihrer Populationen und Leistungsfähigkeit kann kein Grund sein, sie aus Schutzbemühungen auszuklammern. Die wenigen Beispiele zeigen, daß konkrete Maßnahmen dringend geboten sind. Selbst eine Zusammenfassung des vorhandenen Wissens und eine basale Analyse der Handlungsoptionen steht aber immer noch aus.

Der Technische Umweltschutz versucht Ausstoß und Wirkung von Schadstoffen durch physikalisch-chemische Meßnetze zu überwachen (vgl. UMWELTBUNDESAMT 1992). Für Stoffe, deren Schädlichkeit und Verhalten in der Umwelt bekannt sind, ist dieses Vorgehen durchaus zielführend. Dies ist aber nur bei einem Bruchteil der industriell erzeugten Chemikalien und ihrer Abbauprodukte (Metaboliten) der Fall. Ein physikalisches Meßsystem für SO_2 kann diese Substanz sehr gut erfassen, aber eben keine einzige andere. Mit der Vielzahl wildlebender Organismen steht uns hingegen ein hervorragendes, allerdings unspezifisches "Frühwarnsystem" für Umweltbelastungen zur Verfügung, dessen Funktionsumfang von der Vielfalt (Diversität) der Organismen abhängt. Je größer diese ist, desto höher ist die Wahrscheinlichkeit, daß es eine Art gibt, die auf eine beliebige Belastung früher reagiert als der Mensch, so daß gesundheitliche Nachteile verhindert werden können. Ein Verbot des Schädlingsbekämpfungsmittels DDT wäre sicherlich sehr viel später erfolgt, wenn nicht bereits in den 60er Jahren ernsthafte Schäden an Vögeln (z. B. Wanderfalke, Brauner Pelikan) hätten dokumentiert werden können (PRINZINGER/PRINZINGER 1980). Erst das Robbensterben in der Nordsee hat eine grundlegende öffentliche Diskussion über die Belastung dieses Meeresteiles in Gang gebracht (KREMER 1989). Die Beispiele ließen sich ergänzen, das Prinzip ist klar:

welche Art auf welche Belastung besonders empfindlich reagieren wird, wissen wir nicht im voraus. Je mehr Arten bzw. Genotypen vorhanden sind, desto größer ist die Wahrscheinlichkeit einer Reaktion, die uns die Gefährlichkeit bestimmter Belastungen anzeigt.

Solche belastungsanzeigenden Arten sind nur ein Typ von Indikatoren, die im Naturschutz benötigt werden. Aufgrund der außerordentlichen Komplexität von Ökosystemen und Landschaften muß der Naturschutz in vielen Bereichen mit indikativen Methoden arbeiten (BLAB 1988). Generell können unterschieden werden (vgl. PLACHTER 1992 a, 1994):

1. Klassifikationsindikatoren. Sie dienen dazu, die Vielfalt der Natur in vorgegebenen Ordnungssystemen zu beschreiben: (z. B. Charakterarten des pflanzensoziologischen Systems).
2. Zustands- und Entwicklungsindikatoren. Sie dienen der Beschreibung und Beurteilung vorgefundener Zustände und möglicher Entwicklungen der Natur. Hierher gehören z. B. die erläuterten Belastungsindikatoren für Schadstoffe aber auch die Indikatorarten des Saprobiensystems zur Bestimmung der Gewässergüte.
3. Bewertungsindikatoren. Sie dienen der vergleichenden naturschutzfachlichen Bewertung von Naturelementen (Populationen, Biotopen, Landschaftsteilen) im Rahmen einer vorgegebenen Bewertungsanweisung.

Die Notwendigkeit, derartige Arten prioritär zu erhalten, ist offensichtlich. Es ist aber zu bedenken, daß typische Maßnahmen des "klassischen Artenschutzes", wie etwa populationsstützende Maßnahmen (Nistgelegenheiten, Fütterung) oder gar Aussetzungen, den Aussagewert derartiger Indikatoren entscheidend schwächen können.

Von den beschriebenen drei Aufgabenfeldern des Artenschutzes wird derzeit nur das erste konsequent verfolgt. Nimmt man aber die Bestrebungen zur Sicherung der "Biodiversität" ernst, so haben die beiden anderen Aufgabenfelder mindestens gleichrangige Bedeutung. Hinzu kommt, daß Biodiversität nicht nur die zwischenartliche Vielfalt meinen kann. Im Zeichen einer sich rapid verändernden Umwelt und dem Ziel, möglichst viele Entwicklungsoptionen offen zu lassen, spielt die genetische Vielfalt innerhalb der einzelnen Art eine mindestens ebenso große Rolle. Erhalt der genetischen Vielfalt innerhalb der Art bedeutet aber "in praxi" die Bereitstellung möglichst unterschiedlicher Umwelten innerhalb des Spektrums der von der Art überhaupt tolerierten Umwelten. Maßnahmen des Reservat- bzw. Biotopschutzes, die auf nur einen einzigen "Optimaltyp" des jeweiligen Ökosystemtyps abzielen, z. B. eine einheitliche Pflege, laufen diesem Ziel entgegen.

Trotz der beschriebenen Aufgabenerweiterungen wird der unmittelbare Artenschutz innerhalb des Naturschutzes auch in naher Zukunft am ehesten mit konservierenden Strategien auskommen. Dynamische Aspekte finden vor allem über die enge inhaltliche Verzahnung mit anderen Aufgabenfeldern auf indirektem Wege Berücksichtigung.

Im Flächenschutz (Gebietsschutz) haben sich aufgrund abweichender Ausgangssituationen in den einzelnen Regionen der Erde unterschiedliche Strategien entwickelt. In Regionen mit hohen Anteilen natürlicher Ökosysteme und gewöhnlich geringen Bevölkerungsdichten entstanden Systeme aus Großschutzgebieten (v. a. Nationalparke), in denen der Erhalt einer möglichst unberührten Natur im Vordergrund stand (McNEELY/MILLER 1984; SPELLERBERG/HARDES 1992). Die Steuerung der Nutzung auf den zwischen den Reservaten liegenden Flächen wurde nicht als Aufgabe des Naturschutzes angesehen. Auch in Mitteleuropa folgte die Strategie des Flächenschutzes einem derartigen Segregationsmodell. Die ausgewiesenen Schutzgebiete enthielten allerdings von Anfang an auch anthropo-zoogene Ökosysteme (z. B. Lüneburger Heide). Eine Diskussion über die "Pflege" derartiger Flächen (als Ersatz bzw. Simulation der ehemaligen Nutzung) war zwangsläufige Folge. Sie ist auch in ihren Grundzügen bis heute noch nicht abgeschlossen (vgl. PLACHTER 1992c). Es entstand ein System aus vielen, in der Regel sehr kleinen Reservaten (Naturschutzgebieten), ergänzt durch Großflächenschutzgebiete mit geringem Schutzniveau (Landschaftsschutzgebiete, Naturparke; englische "Nationalparke"). Nachdem erkannt wurde, daß die Vielzahl kleiner naturnaher Gebiete, die in den Kulturlandschaften eingestreut sind, nicht allein auf dem Weg aufwendiger Einzelverordnungen geschützt werden kann, wurde in jüngster Vergangenheit das Instrument des Pauschalschutzes eingeführt (Deutschland: § 20c BNatSchG; EU: FFH-Richtlinie): Alle Objekte eines bestimmten Ökosystemtyps werden über eine gesetzliche Bestimmung generell geschützt.

Die Auseinandersetzung mit der Pflegeproblematik aber auch eine viel stärkere landschaftsgestaltende Tendenz haben im mitteleuropäischen Naturschutz - im Gegensatz etwa zu Nordamerika - von Anfang an den Blick auf die "normale" Landnutzung gelenkt. Während in den USA erst in den letzten Jahren punktuell derartige Themen aufgegriffen wurden ("multiple use concept"; Waldnutzung), bestehen in Europa sehr lange Erfahrungen im Konflikt zwischen Landnutzung und Naturschutz. Folgerichtig wurde hier in den letzten Jahren der sog. "Vertragsnaturschutz" entwickelt, bei dem sich der einzelne Landwirt gegen Geldleistungen zu einer naturschutzkonformen Nutzung verpflichtet (VOGEL 1988), und das Konzept der Biosphärenreservate als Modellräume für eine naturverträgliche Nutzung (vgl. ERDMANN/NAUBER 1990, 1991) hat nach den Anstößen aus den neuen Bundesländern jüngst sehr hohe Aufmerksamkeit gefunden (s. u.). Eine weitere Strategie, Naturschutz auch in Nutzlandschaften zu etablieren, ist der Aufbau von "Biotopverbundsystemen" (JEDICKE 1990).

Generell haben die Systeme des Flächenschutzes aber nach wie vor entscheidende Mängel (für Deutschland vgl. BLAB 1992; HAARMANN/PRETSCHER 1988; KAULE 1991). Was tatsächlich geschützt wurde, war mehr oder weniger dem Zufall überlassen. Keines der Reservatssysteme der Erde erfüllt damit derzeit das

Kriterium der Repräsentanz: während einzelne Ökosystemtypen vergleichsweise gut in Reservaten vertreten sind, fehlen andere der Region ganz. Der Zustand vieler Gebiete ist schlecht, und er wird durch aktuelle Gefährdungen weiter in Frage gestellt (z. B. Afrika, Lateinamerika: Landnahme durch Siedler; Europa: Tourismusprobleme, Randeinflüsse der Landwirtschaft, Immissionen). Eine kritische Beurteilung von 867 Naturschutzgebieten in Süddeutschland vor wenigen Jahren zeigte, daß lediglich 3 in einem sehr guten, 156 in einem guten Zustand sind. Bei 183 wurde der Zustand als schlecht eingestuft, 41 waren (trotz fortbestehender Schutzverordnung!) zerstört (HAARMANN/PRETSCHER 1988).

In den letzten Jahren entstanden in Europa auf internationaler und nationaler Ebene etliche Initiativen zur Verbesserung des Flächenschutzes. Trotz aller fortbestehenden Mängel ist der Flächenschutz derzeit wohl das am besten entwickelte Teilgebiet des Naturschutzes. Generelle Defizite bestehen jedoch bei der Festsetzung großflächiger Schutzgebiete und Vorrangräume für die Ziele des Naturschutzes. Sie sollen weiter unten näher diskutiert werden.

2.3 Ressourcenschutz und Prozeßschutz

Boden, Wasser und Luft werden gelegentlich als "unbelebte Naturgüter" bezeichnet. In den üblichen Gliederungen der Biosphäre bildet die "Hydrosphäre" neben der "Biosphäre" ein eigenes Kompartiment, der Boden wird teilweise der "Geosphäre" zugeordnet. Wie gezeigt wurde, sind Boden, Wasser und Atmosphäre letztlich das Ergebnis biologischer Aktivität, und auch aktuell steuern Organismen Zustand und Funktionen entscheidend. Dieser Zusammenhang wird vielfach verkannt. Nur allzu oft werden lediglich die einzelnen stofflichen und physikalischen Belastungen dieser Kompartimente in den Mittelpunkt der Überlegungen gerückt, ohne daß bewußt wird, daß Zustand und Leistungsfähigkeit der Lebewelt entscheidend sind, welche Wirkungen diese Belastungen auf den Naturhaushalt und den Menschen tatsächlich entfalten. Ein "technisch" orientierter Ressourcenschutz muß aber zwangsläufig ins Leere gehen, da Organismen die zentralen "Schaltstellen" im Funktionsgefüge einnehmen. Eine bio-ökologische Orientierung des Schutzes von Boden, Wasser und Atmosphäre ist demzufolge dringend erforderlich. Sie muß primär vom Naturschutz angestoßen werden. Wie prekär die Situation ist, zeigen folgende Beispiele.

In den 60er und 70er Jahren entstand eine intensive Diskussion über die Begrenztheit etlicher Ressourcen. Wir wissen heute, daß bei Fortsetzung der derzeitigen Nutzungsweisen nicht Metalle oder Energieträger als erste zu Ende gehen werden, sondern daß in globaler Sicht der fruchtbare, "nachhaltig nutzbare" Boden sehr bald die "knappste Ressource" sein wird (vgl. BLUME 1990; GERTH/FÖRSTNER

1992; HERKENDELL/KOCH 1991; HABER 1986; PAOLETTI et al. 1989). Dies gilt um so mehr, als durch Fehlnutzung und Degradation Böden nach wie vor in großem Umfang zerstört werden. "Bodenschutzkonzeptionen" und eigene Bodenschutzgesetze (BMU 1992) versuchen diese Entwicklung aufzufangen, sie bleiben aber solange wenig wirksam, solange eine umfassende Steuerung der Bodenbewirtschaftung und ein ausreichendes Spektrum regional angepaßter naturschonender Nutzungsformen fehlen. Die bedenkenlose Übertragung der (teilweise!) nachhaltigen Landnutzungsformen Zentraleuropas in andere Teile der Erde zeitigt nun ihre Spätfolgen.

Aber auch hier in Mitteleuropa ist die Bodennutzung längst nicht mehr "nachhaltig". Es sind nicht nur die stofflichen Überlastungen, die hier eine Rolle spielen, sondern ebenso veränderte Nutzungstechniken. Und sie führen nicht nur zu einer Veränderung der chemischen und physikalischen Bodenstruktur, sondern haben einen mindestens ebenso großen Einfluß auf Bodenfauna und -flora. Sehr wenig Konkretes ist hierüber bekannt, aber das wenige deutet den Umfang der Veränderungen zumindest an. Intensivere Landwirtschaft hat in Schleswig-Holstein im Laufe von 30 Jahren zu einer tiefgreifenden Veränderung der Fauna der Bodenoberfläche geführt (HEYDEMANN/MEYER 1983). Die Pflanzung von Fichten-Monokulturen hat einschneidende Folgen für die Bodenfauna, die offenbar allenfalls in langen Zeiträumen rückgängig gemacht werden können. Bessere Nährstoffversorgung muß zwangsläufig Folgen für die Bodenflora haben.

Wir sind in Mitteleuropa hinsichtlich der Verfügbarkeit von Süßwasservorräten in einer vergleichsweise günstigen Position. Dies könnte sich aber im Zusammenhang mit dem Klimawandel bald ändern. In anderen Regionen der Erde ist Süßwasser seit langem ein Mangelfaktor. Welchen Einfluß die örtliche Vegetation auf die Verfügbarkeit hat, zeigen u. a. die Entwicklungen am Südrand der Sahara oder in Teilen Südamerikas. Auch hier wird deutlich, daß Veränderungen der biotischen Kompartimente der Funktionsgefüge und Kreisläufe - in diesem Fall die Rodung der Wälder und Gehölze - die nachhaltigsten und am wenigsten "reparierbaren" Folgen haben. Weder wasserbauliche noch bewässerungstechnische Maßnahmen können dann am grundsätzlichen Trend noch etwas ändern.

Verläßliche Prognosen zum Klimawandel sind u. a. deswegen so schwierig, weil Veränderung und künftiger Einfluß einiger Kompartimente kaum prognostiziert werden können. Hierzu zählen neben z. B. der Wolkenbedeckung die Kompartimente Phytoplankton der Weltmeere, Wälder und Dauerfrostböden (ENQUETE-KOMMISSION 1992; GATES 1993). Die damit im Zusammenhang stehenden Reaktionen sind primär biologische. Eine Erhöhung der globalen Durchschnittstemperaturen könnte zu einem großflächigen Auftauen der Permafrostböden führen. Die dann einsetzenden Abbauprozesse der Biomasse würden zu einer Freisetzung von CO_2 und Methan und damit zu einem weiteren Anstieg des Treibhauseffektes führen. Ein typisches Beispiel für einen rückgekoppelten, selbstverstärkenden Effekt, wie er im Naturhaushalt häufig auftritt. Letztlich kann die tatsächliche Wirkung anthropogener Veränderungen der Atmosphäre nur dann abgeschätzt werden, wenn biologische Prozesse ausreichend berücksichtigt werden. Gerade hierzu fehlen aber die notwendigen Daten.

Naturschutz ist bis heute durch eine weitgehend konservierende, statische Sichtweise geprägt. Dies hat in Anbetracht der rasanten Verluste an unberührten oder doch zumindest noch weitgehend funktionsfähigen Naturelementen sicherlich seine Berechtigung. Arten und Ökosysteme, die aufgrund menschlichen Einflusses verlorenzugehen drohen, müssen protektiv geschützt werden. Diese Notwendigkeit einer schützenden, erhaltenden Strategie hat allerdings dazu geführt, daß einerseits zwischen besonders schutzwürdigen und weniger schutzwürdigen Objekten unterschieden wurde (insofern geht die bestehende segregative Strategie des Umganges mit Landschaften auch vom Naturschutz aus) und andererseits Natur zunehmend als Mosaik voneinander unabhängiger Kompartimente verstanden wurde. Bestimmte Teile galt es vorrangig zu schützen. Natur wurde nicht mehr als kohärente Funktionseinheit verstanden, die Ausgangsposition einer ganzheitlichen Sicht der Natur, wie sie die Pioniere des Naturschutzes durchwegs noch hatten, wurde verlassen. Das Funktionsgefüge zwischen den einzelnen Kompartimenten, die zwischen den einzelnen Elementen ablaufenden Prozesse und damit das, was die Eigenart der Natur erst ausmacht (einzelne Arten können z. B. auch in Botanischen oder Zoologischen Gärten erhalten werden), trat - zumindest in der praktischen Arbeit - zunehmend in den Hintergrund. Erst neuerdings gibt es wieder Stimmen, die den Schutz von Prozessen in der Natur als eigenständige Aufgabe begreifen (REMMERT 1991; SCHERZINGER 1990; STURM 1993).

Ein derartiger Prozeßschutz kann folgendermaßen charakterisiert werden: Prozeßschutz ist der Schutz und die Förderung von Interaktionen zwischen Organismen sowie zwischen Organismen und ihrer unbelebten Umwelt. Er umfaßt folgende Teilaufgaben:

1. Schutz und Entwicklung der Funktionsfähigkeit des Naturhaushaltes: Ziel ist es, die Steuer-, Absorptions-, Abbau- und Aufbauleistungen von Naturgütern gezielt zu fördern. Beispiele von Bereichen, in denen dies besonders wichtig ist, sind: die Steuerung globaler Kreisläufe durch Organismen, der Zustand der belebten Kompartimente der Weltmeere, der Schadstoffabbau und -umbau im Boden, der Stoffumsatz in Wäldern, die biologische Selbstreinigungsfähigkeit von Gewässern oder - in lokalem Rahmen - die "Stabilisierungfunktion" von Hecken oder von Grünzügen in urbanen Ökosystemkomplexen. Im Zentrum steht zum einen der Erhalt einer für den Menschen "gesunden" Umwelt, zum anderen aber ebenso die Erkenntnis, daß die Natur uns in großem Umfang "kostenlose" Leistungen bereitstellt, die es im Sinne einer ökonomischen Handlungsmaxime (= sparsamer Umgang mit verfügbaren Ressourcen) umfassender als bisher zu nutzen gilt. Es ist unvernünftig, im Zeichen immer knapper werdender Ressourcen dort mit stofflichem und energetischen Verbrauch technische Lösungen zu wählen, wo vergleichbare Leistungen auch

über eine geschickte Nutzung der Natur ohne Ressourcenverbrauch verfügbar gemacht werden können (vgl. hierzu u. a. HAMPICKE 1991; STATZNER 1983).

Solche Gedanken mögen auf den ersten Blick theoretisch und praxisfern klingen. Sie sind es bei genauerem Hinsehen aber keineswegs. Das Spektrum der Nutzungsmöglichkeiten, das uns die Natur bietet, ist sehr viel breiter, als wir es heute erkennen mögen. Früheren Generationen war dies durchweg bewußter als den Gesellschaften unserer Industriegesellschaften. So waren noch zu Beginn dieses Jahrhunderts viele Landschaften Mitteleuropas durchgängiger genutzt, als dies heute der Fall ist. Allerdings auch in einem viel breiteren Muster unterschiedlicher Nutzungsformen, in dem fakultative Nutzung einen breiten Raum einnahm. Wenn der Grundgedanke der Umwelt-Verträglichkeitsprüfung (UVP) greifen soll, so muß er sich in der Praxis auch auf die Prüfung erstrecken, ob zur Befriedigung bestimmter Bedürfnisse - wie bisher üblich - eine technische Lösung realisiert wird, oder ob eine Lösung, die die Leistungen des Naturhaushaltes einschließt, letztendlich volkswirtschaftlich "ökonomischer" ist.

2. Populare und ökosystemare Dynamik: Ziel ist die Förderung der Varianz exogener und endogener Faktoren auf die Entwicklung von Populationen und Ökosystemen.

Jede Population und jedes Ökosystem unterliegen einer spezifischen Dynamik. Beschrieben sind für natürliche Verhältnisse Modelle, die zu einem über längere Zeiträume stabilen Endzustand führen (Klimaxmodell der Vegetation; logistisches Wachstum von Populationen, Abb. 3), periodische Schwingungen (exponentielles Wachstum von Populationen; langfristige Periodizität über exogene "Zeitgeber") und komplexe Zyklen, die immer wieder zu einem Ausgangszustand zurückführen ("Mosaik-Zyklus-Hypothese" für Wälder; Abb. 4).

Das konservierende Grundkonzept des Naturschutzes hat über lange Zeit übersehen, daß dynamische Prozesse eine Grundeigenschaft aller Elemente der Natur sind. Mehr noch: da Dynamik nicht koinzident sein kann mit einem statischen Denkansatz, hat der Naturschutz alle Anzeichen dafür, daß ein Systemerhalt ohne spezifische Dynamik nicht möglich ist, ignoriert. Es muß aber grundsätzlich bezweifelt werden, ob Populationen, Ökosysteme und Landschaften in einem bestimmten Zustand über längere Zeiträume hinweg quasi "eingefroren" werden können. Dies gilt nicht nur für natürliche Bedingungen. In gleicher Weise unterliegen anthropo-zoogene Lebensräume einer spezifischen, in diesem Fall in der Regel nutzungsgeprägten Dynamik. Jeder Ersatz durch andersartige Nutzungs- oder Pflegeformen muß nachhaltigen Einfluß auf Zusammensetzung und Funktion haben (PLACHTER 1992c).

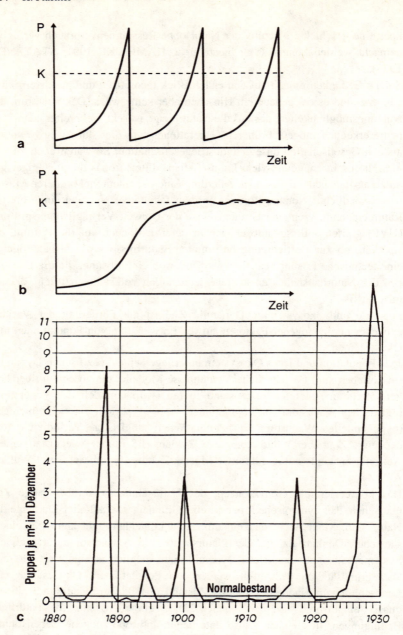

Abb. 3. Idealisierte Entwicklungskurven für exponentielles (a) und logistisches (b) Populationswachstum als Beispiel für natürliche Dynamik auf Populationsniveau. K = Kapazität des Lebensraumes. Reale Populationen folgen dem theoretischen Kurvenverlauf mehr oder weniger gut. Als Beispiel ist die Bestandsentwicklung des Kiefernspanners (Buphalus piniarius) in einem forstlichen Schadensgebiet dargestellt (c) (aus EIDMANN/KÜHLHORN 1970 nach SCHWERTFEGER).

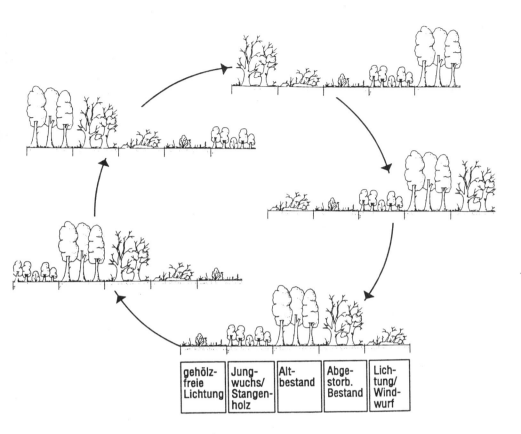

Abb. 4. Mosaik-Zyklus mitteleuropäischer Wälder durch desynchrone Entwicklung benachbarter Waldflächen als Beispiel für natürliche Dynamik auf Ökosystemniveau (aus RIECKEN 1992 nach REMMERT).

Auf popularem Niveau können in diesem Zusammenhang Einzelziele sein:
- Förderung von Neu- und Wiederbesiedlungsvorgängen im Sinne des Metapopulationskonzeptes. Dies wird z. B. durch die Verwirklichung von Biotopverbundsystemen angestrebt, die zur Zeit allerdings häufig eine zu stark anthropomorphe Ausrichtung haben;
- Erhalt der Möglichkeiten zu Arealveränderungen von Arten;
- Identifikation von Konkurrenz- und Prädationsbeziehungen als wesentliches Schutzziel;
- Erhalt von Populationen unter "suboptimalen" Bedingungen mit dem Ziel, ein breites Spektrum an Genotypen innerhalb der jeweiligen Art zu erhalten.

Auf ökosystemarem Niveau steht der Ablauf natürlicher Entwicklungsabläufe wie Sukzessionen und ökosystemarer Zyklen im Vordergrund. Hierbei spielen natürliche exogene Einflüsse wie Überschwemmungen, Windwürfe in Wäldern oder Bergrutsche ("natürliche Katastrophenereignisse") auch im mitteleuropäischen Raum eine wesentliche Rolle (Tab. 2).

Tab. 2. Natürliche "Umweltkatastrophen", die bestimmte Ökosysteme entscheidend prägen. Der Mensch hat in Mitteleuropa diese Faktoren weitgehend beseitigt. Soweit sie noch auftreten, werden die Folgen als Schäden verstanden und soweit möglich umgehend "repariert".

Faktor	**Beispiele betroffener Ökosystemtypen**
Überschwemmung	Fließgewässeraue, Meeresküste, Watt
Brand	Bestimmte Waldtypen, Grasländer, Heide
Windwurf	Wald
Bergrutsch	Versch. Ökosystemtypen
Insektengradationen	Wald

Die Landnutzung, aber auch der Naturschutz selbst, haben in der Vergangenheit versucht, gerade solche Zufallsereignisse systematisch auszuschließen. Wo sie dennoch auch heute noch auftreten, werden sie als "Schäden" empfunden, die umgehend "behoben" werden müssen. Wie anders könnte man z. B. die Praxis verstehen, daß ein großer Teil der Windwurfflächen, die in den letzten Jahren durch Sturmereignisse in Mitteleuropa entstanden sind, unverzüglich wieder aufgeforstet worden sind, obwohl die Absatzbedingungen für Holz auf absehbare Zeit denkbar schlecht sind.

Wie entscheidend dynamische Prozesse für den Erhalt von Arten und Ökosystemen sein können, soll am Beispiel eines der letzten Wildflüsse Mitteleuropas, der Oberen Isar, gezeigt werden. Dieser Flußabschnitt ist für exemplarische Untersuchungen besonders geeignet. Längsbauwerke fehlen weitgehend, zwei Querbauwerke beeinflussen die Dynamik in unterschiedlicher, jedoch genau definierbarer Form (Abb. 5): Im obersten Abschnitt fehlen substantielle Eingriffe in die natürliche Dynamik. Am Krüner Wehr wurde bis 1992 das gesamte ankommende Wasser mit Ausnahme der Spitzenhochwässer in einen Speichersee (Walchensee) abgeleitet. Der folgende Flußabschnitt fiel weitgehend trocken, Spitzenhochwässer und Geschiebenachlieferung blieben aber erhalten. Ab dem Sylvensteinspeicher ist das Bett zwar wieder kontinuierlich mit Wasser gefüllt, die Amplitude der Wasserführung ist allerdings entscheidend gedämpft (alle Spitzenhochwässer fehlen) und der Geschiebetransport ist weitestgehend unterbunden. Es zeigt sich, daß Spitzenhochwasser und Geschiebetransport, also jene Faktoren, die die Dynamik des Auekomplexes prägen, sehr viel entscheidender für den Fortbestand vieler Arten sind, als eine kontinuierliche Wasserführung im Hauptgerinne. Ohne diese "natürlichen Katastrophen" verschwinden die frühen Sukzessionsstadien der Vegetationsentwicklung allmählich. Die Gefleckte Schnarrschrecke (Bryodema tuberculata) ist eng an wenig bewachsene offene Kiesbänke gebunden. Die Teilpopulationen der einzelnen Kiesbänke sind teilweise gegeneinander isoliert und bilden ein sehr plastisches Modell für eine Metapopulation (Abb. 6). Obwohl stenotoper Bewohner von Pionierstandorten ist die Gefleckte Schnarrschrecke in vieler Beziehung ein ausgesprochener K-Stratege: ihre Ausbreitungsfähigkeit ist sehr gering (REICH 1991a, 1991b). Solche Pionierstandorte bleiben im Gebiet nur dann erhalten, wenn in kurzen Abständen Hochwässer neue Kiesflächen schaffen. Dabei verliert die Gefleckte Schnarrschrecke zwar einen Teil ihrer Individuen, gewinnt aber neuen Lebensraum. Sie kann dies kompensieren, solange Restpopulationen im Gebiet erhalten bleiben, von denen aus eine Wiederbesiedlung über kurze Distanz möglich ist. Längsverbauungen mit der Folge der gleichzeitigen Überschwemmung aller Gebiete müssen sich bei dieser Art katastrophal auswirken. Auch Pflanzenarten der Überschwemmungsaue sind entscheidend auf natürliche dynamische Prozesse angewiesen. Die Deutsche Tamariske (Myricaria germanica) weist im Untersuchungsgebiet nur noch oberhalb des Sylvensteinspeichers vitale Bestände auf (Abb. 7). Auch für sie ist eine natürliche Hochwasserdynamik entscheidender als eine kontinuierliche Wasserführung des Flusses.

Gleiches gilt für die Laufkäfergemeinschaft. Wurden oberhalb des Krüner Wehres 11 seltene oder gefährdete Arten und bis zum Sylvensteinspeicher sogar 15 Arten nachgewiesen, fallen diese danach bis auf drei Arten aus (MANDERBACH/REICH 1994). Der Verlust von Hochwässern und Geschiebetransport wirkt sich auch hier viel tiefgreifender aus als die mittlere Wasserversorgung.

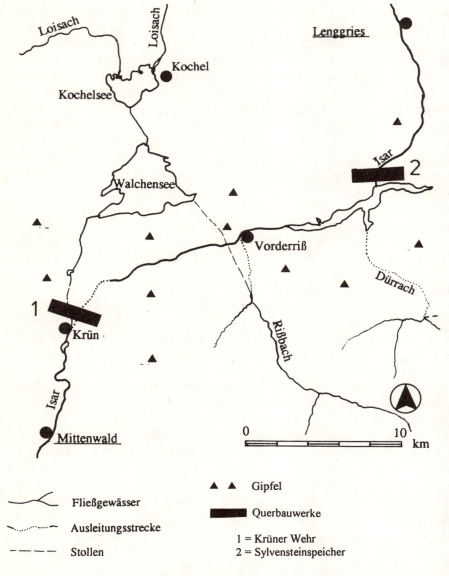

Abb. 5. Obere Isar (Süddeutschland). Die natürliche Hochwasser- und Geschiebedynamik ist durch zwei Querbauwerke in unterschiedlicher Weise verändert (näheres siehe Text).

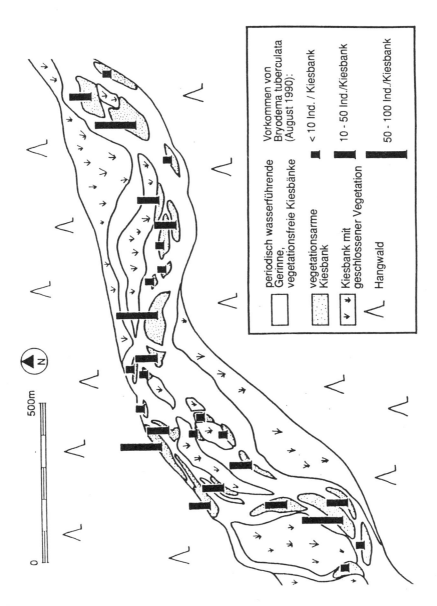

Abb. 6. Metapopulation der Gefleckten Schnarrschrecke (Bryodema tuberculata) auf Kiesbänken der Oberen Isar in einem etwa 2 km langen Flußabschnitt. Es werden nur vegetationsfreie und -arme Kiesflächen besiedelt. Die Säulen geben die Bestände auf den einzelnen Kiesflächen im Jahr 1989 wieder. Da die Wiederbesiedlungsfähigkeit beschränkt ist, ist es entscheidend, daß bei Hochwässern nicht alle Teilpopulationen vernichtet werden. Vor allem von randständigen Teilpopulationen kann die kleinräumige Wiederbesiedlung stattfinden. Längsverbauungen gefährden die Art nachhaltig (aus REICH 1991b).

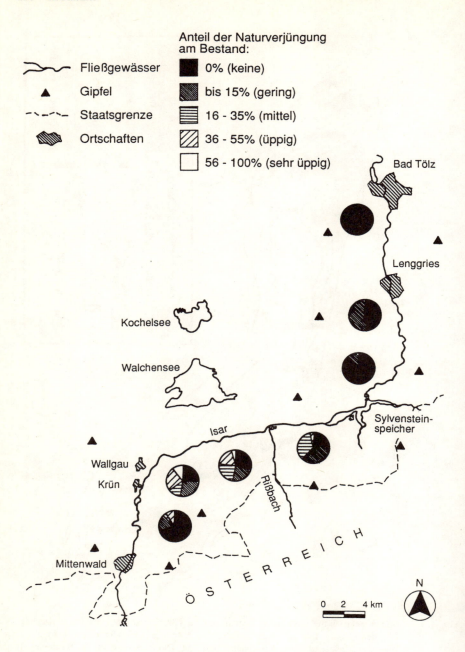

Abb. 7. Naturverjüngung der Deutschen Tamariske (Myricaria germanica) an der Oberen Isar. Aufgrund fehlender Hochwasserspitzen findet unterhalb des Sylvensteinspeichers keine Naturverjüngung mehr statt. Die durch das Krüner Wehr veränderte "Normalwasserführung" wirkt sich dagegen nicht nachhaltig aus (aus SPAHN/REICH 1994, umgezeichnet).

Menschliche Einflüsse hatten zur Folge, daß natürliche dynamische Prozesse aus den mitteleuropäischen Kulturlandschaften nahezu flächendeckend verschwunden sind. Möglichkeiten für ihren Erhalt und ihre Regeneration bestehen nur noch an wenigen Orten: an den Meeresküsten, in Wäldern, in einzelnen Fließgewässerabschnitten und in den Hochgebirgen, bevorzugt oberhalb der Waldgrenze. Hier sollten gezielt Schutzmaßnahmen zum Erhalt natürlicher dynamischer Prozesse ansetzen.

3 Naturschutz in Kulturlandschaften

3.1 Erhalten oder entwickeln?

Die Landschaften Mitteleuropas sind seit langer Zeit vom Menschen geprägt. Neuere Daten zeigen, daß die Einflußnahme sehr viel weiter zurückreicht, als noch vor wenigen Jahren angenommen. Jagd und Wanderfeldbau der vor- und frühgeschichtlichen Zeit könnten durchaus bereits in der Lage gewesen sein, an "Schaltstellen" des Naturhaushaltes einzugreifen und damit die Gesamtentwicklung in eine bestimmte Richtung zu steuern (REMMERT 1989). Rekonstruktionen der Entwicklung der Artenvielfalt (Abb. 8) machen solche frühen Einflüsse ebenso wahrscheinlich wie Hypothesen zur nacheiszeitlichen Waldentwicklung.

Mitteleuropa ist nicht erst seit wenigen Jahrhunderten, sondern bereits seit Jahrtausenden eine vom Menschen geprägte Kulturlandschaft (Tab. 3). Wenn es aber in Mitteleuropa seit dem Ende der letzten Eiszeit keine ungestörte Naturentwicklung gab, geht zwangsläufig das Kriterium "Natürlichkeit" als allgemein konsensfähige Entscheidungsmaxime für Naturschutzmaßnahmen verloren. Im Gegensatz zu den großräumigen Naturlandschaften anderer Teile der Erde, in denen der Erhalt möglichst ungestörter Natur eindeutig im Vordergrund steht, kann dies in den Kulturlandschaften Mitteleuropas nur ein punktuelles Ziel sein. Auf dem größten Teil der Fläche fehlt eine solche einfache Zielorientierung. Das, was wir an Landschaft vorfinden, ist das Ergebnis einer kontinuierlichen, vom Menschen geprägten Entwicklung, die sich bis zum heutigen Tag fortsetzt und auch in Zukunft fortbestehen wird. Der Naturschutz kann und sollte lenkend in solche Entwicklungen eingreifen, er kann aber - zumindest auf landschaftlichem Niveau - keine definierten Ausprägungen auf Dauer festschreiben.

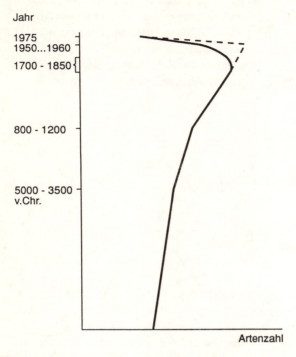

Abb. 8. Rekonstruktion der Gesamtartenzahlen der Gefäßpflanzen in Mitteleuropa zwischen 5.000 v. Chr. und heute. Gestrichelte Kurve = einschl. Neophyten. Die Artenzahl erreicht um 1850 ein Maximum (auf SUKOPP / TREPL 1987 nach FUKAREK 1980, umgezeichnet).

Naturschutz in Kulturlandschaften bedeutet demnach die Entscheidung zwischen mehreren komplexen, zunächst "gleichwertigen" Entwicklungsoptionen, für die es in der Regel keine einfachen und allgemein gültigen Entscheidungskriterien gibt. Die Natürlichkeit ist für sich allein kein Maßstab und ebensowenig der Artenreichtum. Eine Rekonstruktion der Artenzahlen höherer Pflanzen in Mitteleuropa zeigt, daß nach kontinuierlicher Zunahme ein Maximum etwa um 1850 erreicht wurde (Abb. 8). Eine alleinige Orientierung an dieser Zielmaxime würde eine Restitution der landschaftlichen Verhältnisse in der Mitte des letzten Jahrhunderts bedingen und - da es sich bereits damals um nutzungsgeprägte Kulturlandschaften gehandelt hat - auch eine durchgängige Restitution der damaligen Nutzungsformen. Dies verbietet sich schon allein aus sozialen und ökonomischen Gründen.

Tab. 3. Entwicklung der Einflußnahme des Menschen auf Natur und Landschaft in Mitteleuropa.

Zeitraum	Wirksame Faktoren
12.000 - 4.000 v.Chr.	Jagd, Feuer
ab 4.000 v. Chr.	Primitiver Ackerbau (teilw. Wechselfeldbau)
900 - 1200 n.Chr.	Großflächige mittelalterliche Waldrodungen
1800 - 1850	Großflächige Moortrockenlegungen; Umbruch von Heiden und Halbtrockenrasen
1850 - 1950	Gestaltung des heutigen Landschaftsbildes; Einführung von Maschinen, Kunstdünger und Bioziden; Kultivierung des größten Teiles der naturnahen Flächen; Entwässerungen; Aufforstungen; Verbauung von Fließgewässern
nach 1950	Weitgehende Beseitigung der verbliebenen naturnahen Reliktflächen; Zunahme flächendeckender Belastungen; Irreversible Veränderungen von Boden, Wasser und Luft.

Insgesamt sind nur in die Zukunft gerichtete Entwicklungsstrategien denkbar. Daß diese als Teilaspekte auch erhaltende, retrospektive Gesichtspunkte enthalten können, ist damit nicht ausgeschlossen. Reservate, protektiver Schutz und Pflegemaßnahmen werden in einer derartigen zukunftsorientierten Strategie keineswegs überflüssig. Ihr Stellenwert allerdings relativiert sich. Hinzukommen müssen effiziente Steuerungsmechanismen für die Landnutzung und methodische und inhaltliche Vorgaben für die Entscheidungsfindung zwischen mehreren Entwicklungsvarianten. Hierzu sind ökonomische Gesichtspunkte (im Sinne eines vernünftigen und sparsamen Umganges mit Ressourcen) stärker in den Vordergrund zu stellen als bisher (PLACHTER 1992c). Ob das Theorem der "Nachhaltigkeit" hierbei als Leitgedanke tragfähig ist, muß die inhaltliche Füllung dieses Begriffes in den nächsten Jahren zeigen.

Es wird deutlich, daß es aus diesen Gründen keine einfachen "Patentrezepte" für den Naturschutz in Kulturlandschaften geben kann. Dies gilt um so mehr, als der Zustand und die Entwicklungsmöglichkeiten von Natur und Landschaft in hohem Maß von natürlichen standörtlichen und von historischen Faktoren abhängen. Diese unterscheiden sich in den einzelnen Landschaften grundlegend. Entscheidungen über die zukünftige Entwicklung können somit immer nur auf regionaler Ebene getroffen werden. Großräumige Vorgaben sind lediglich im methodologischen Bereich möglich (und sie fehlen hier weitestgehend), nicht aber im inhaltlichen. Der "Erhalt der Eigenart von Natur und Landschaft" ist nicht nur eine gesetzliche Vorgabe (vgl. § 1 BNatSchG), sondern auch ein fachliches Muß, das sich aus den vorgegebenen physischen und sozialen Randbedingungen ergibt.

Damit wird "Naturschutz in Kulturlandschaften" aber substantiell auf die regionale Ebene verwiesen und ein "planvolles" Vorgehen in den Vordergrund gestellt. Diesem Grundgedanken folgt seit jeher die Landschaftsplanung, der es in Deutschland allerdings aufgrund verschiedener Rahmenbedingungen bis heute bei weitem nicht gelungen ist, dies in der Praxis umzusetzen. Weder berücksichtigt die Landschaftsplanung das vorhandene ökologische Wissen auch nur annähernd, noch hat sie Wege zu einer tatsächlich "naturschonenden" Landnutzung aufzeigen können. Eine substantielle "Leitplanung", die den Entwicklungsrahmen für eine Region im Sinne von Nachhaltigkeit und Ökonomie festlegt, fehlt bis heute.

3.2 Die normative Komponente des Naturschutzes

Naturschutz hat bewertende und normative Komponenten (ERZ 1986; PLACHTER 1992a). In dieser Hinsicht gleicht er vielen anderen angewandten Disziplinen, unterscheidet sich aber grundsätzlich von den grundlagenorientierten Naturwissenschaften Biologie (mit dem Teilgebiet Ökologie), Chemie, Physik usw. Handlungsentscheidungen müssen selbstverständlich auf der Grundlage der vorhandenen naturwissenschaftlichen Erkenntnisse getroffen werden, diese werden aber nie in der Lage sein, die Entscheidung über mehrere komplexe Entwicklungsoptionen zwangsläufig zu determinieren. Den Naturwissenschaften fehlen jegliche methodische und wissenschaftstheoretische Voraussetzungen für wertende Entscheidungen. (Dies schließt nicht aus, daß sich einzelne Wissenschaftler aufgrund ihres Wissens an solchen Entscheidungen beteiligen). Es wäre fatal, von den Naturwissenschaften derartige Entscheidungen in "gut" und "schlecht" und ebenso die einseitige Festlegung von Normen zu verlangen. (Eine ideologisierte Wissenschaft, wie sie bestimmte Gesellschaftssysteme leider hervorgebracht haben, wäre die Folge.) Gerade dies aber erwartet der Naturschutzvollzug heute in vielen Fällen von den Naturwissenschaften. Die Verantwortung für Entscheidungen über Natur und Landschaft wird zwischen Wissenschaft und Vollzug (Behörden und Verbänden) wechselseitig hin- und hergeschoben. Die Enttäuschung ist auf beiden Seiten groß, notwendige Entscheidungen bleiben aus.

Für eine Vielzahl von Aufgaben des Naturschutzes sind bewertende Schritte erforderlich. Hierzu liegt eine große Zahl unterschiedlicher Verfahrensvorschläge unterschiedlicher Ausrichtung und Qualität vor. Eine allgemein verbindliche Festlegung bei bestimmten Fragestellungen heranzuziehender Verfahren oder zumindest von inhaltlichen und methodischen Mindeststandards steht jedoch aus, obwohl hiervon die Qualität und Umsetzbarkeit der meisten naturschutzbezogenen Entscheidungen abhängen würde (PLACHTER 1994). Gleiches gilt z. B. für Festlegungen zur Dauerbeobachtung (Monitoring), zur Auswahl von Schutzgebieten, zu Pflege- und Entwicklungsplänen oder zur sog. "Erfolgskontrolle" von Naturschutzmaßnahmen einschließlich Ausgleichs- und Ersatzmaßnahmen. Hierzu sind zum einen methodische Fragen zu klären. Die Entscheidung für bestimmte Verfahren hat jedoch generell normativen Charakter. Sie leitet sich nicht zwangsläufig aus den wissenschaftlichen Daten ab, sondern besitzt den Charakter einer Konvention. Konventionen sind im Naturschutz auch an anderen Stellen erforderlich, zum Beispiel bei der Festlegung raum- oder flächenbezogener Nutzungs- oder Belastungsgrenzwerte und der Frage nach der Mindestausstattung mit naturnahen Landschaftselementen (Naturschutz-Qualitätsziele) oder der künftigen Gesamtentwicklung (Leitbilder).

Andere angewandte Disziplinen haben hierzu längst tragfähige und transparente organisatorische Formen gefunden. Ein oft beschrittener Weg sind Spezialistengremien oder gemischte Arbeitsgruppen aus Fachdisziplin, Verwaltung und Politik. Selbst in nahe verwandten Disziplinen, z. B. im Technischen Umweltschutz (Grenzwertbestimmung, z. B. Technische Anleitung Luft) ist eine solche Vorgehensweise inzwischen längst eingeführt. Lediglich dem Naturschutz fehlen die entsprechenden organisatorischen Strukturen, ja selbst die Einsicht in ihre Notwendigkeit bisher fast ganz. Man verläßt sich - bei zunehmender Komplexität der Entscheidungslage - nach wie vor auf das Wissen und die Urteilsfähigkeit (und damit ein allgemein nachvollziehbares Werteschema) des einzelnen Fachmanns.

Nicht jede Ermittlung von Daten, und sei sie noch so zweckdienlich, ist bereits wissenschaftliche Forschung. Auch dies wird im Naturschutz bisher nur ungenügend gesehen. Generell kann unterschieden werden zwischen Forschung und Datenermittlung für praktische Zwecke. Innerhalb der Forschung kann wiederum ein grundlagenorientierter und ein eher angewandter Bereich definiert werden (Abb. 9). Grundlagenforschung entwickelt sich im Kreis der einschlägigen Wissenschaftler und hat die Erarbeitung und Verfeinerung von Hypothesen, Theorien und Modellen zum Ziel. Fragestellungen ergeben sich demzufolge aus Wissenslücken im jeweiligen fachwissenschaftlichen Gebäude. In der angewandten Forschung spielt dagegen der Wissensbedarf, der sich aus der Praxis ergibt, eine entscheidende Rolle. Prioritäre Fragestellungen sind jene, die die Praxis für ihre Arbeit besonders dringend benötigt. Beide Richtungen sind aber exemplarisch und auf die Ermittlung allgemein gültiger, übertragbarer Ergebnisse ausgerichtet.

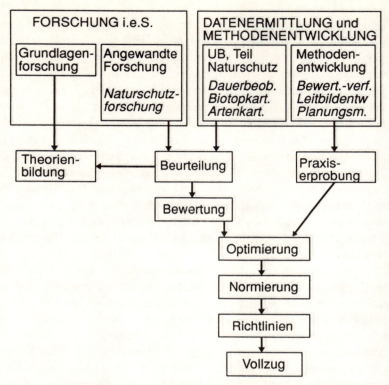

Abb. 9. Trennende Merkmale und Bezüge von Forschung und Datenermittlung im Naturschutz. UB = Umweltbeobachtung. Die Ergebnisse aus angewandter Forschung sowie Datenermittlung und Methodenentwicklung münden nach mehreren Zwischenschritten in praktisches Handeln.

Darüber hinaus benötigt der Naturschutz in großem Umfang fallbezogene Informationen, z. B. bei einzelnen Planungsvorhaben bzw. Eingriffen, zur Inventarisierung von Natur und Landschaft oder zur Beobachtung ihrer Entwicklung. Auch die Ermittlung solcher Daten sollte den methodischen Anforderungen der jeweiligen Wissenschaften und entsprechenden Mindeststandards folgen (was oft nicht geschieht). Ziel ist jedoch nicht (jedenfalls nicht primär) die Erarbeitung allgemein gültiger Erkenntnisse, sondern die Vorbereitung einer konkreten Entscheidung. Hieran müssen sich räumliche Abgrenzung, Methodenwahl, Untersuchungstiefe usw. orientieren. Die Arbeitsmethoden sind damit teilweise andere als in der Forschung. So bedient sich die Datenermittlung im Naturschutz in großem Umfang indikatorischer Verfahren: Einzelne Parameter sollen einen komplexeren Sachverhalt möglichst gut abbilden. Es ist offensichtlich, daß indikatorische Verfahren stets mit wesentlich geringeren Aussagesicherheiten auskommen müssen als die exemplarische Forschung. Kausalanalytische Forschung sollte demzufolge indikatorische Verfahren soweit möglich vermeiden.

Ebenso folgt die Entwicklung operabler Arbeitsweisen einem grundsätzlich anderen Weg. Aufgrund des aktuellen Informationsbedarfs muß in vielen Fällen zunächst mit provisorischen Methoden und geringen Aussagesicherheiten gearbeitet werden. Ob das Verfahren überhaupt tauglich ist, kann in Modellgebieten getestet werden. Eine allmähliche Optimierung des Verfahrens ergibt sich allerdings erst aus seiner praktischen Anwendung (Abb. 10).

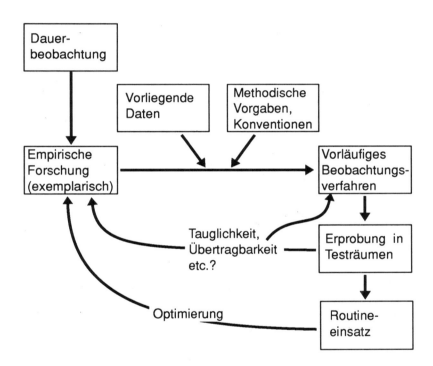

Abb. 10. Entwicklung von Routineverfahren

3.3 Naturschutzfachliche Leitbilder

Die Zielvorstellungen des Naturschutzes müssen konkretisiert werden, bevor sie zum Rahmen einer zukunftsorientierten Entwicklungsstrategie umgesetzt werden können (s. o.). Hierzu müssen sog. "Leitbilder" entwickelt werden. In Bezug auf die Einbindung herausragender Naturschutzobjekte in die landschaftliche Gesamtentwicklung reichen (zumindest in Kulturlandschaften) sektorale Leitbilder des Naturschutzes, z. B. für vorrangig zu schützende Arten, nicht aus. Erforderlich sind demzufolge "landschaftliche Leitbilder", die Aussagen zur gesamten Fläche des Bezugsgebietes enthalten. Sie können nicht für größere Regionen (z. B. Deutschland) in einheitlicher Form festgelegt werden, sondern sind stets unter Berücksichtigung der regionalen Situation zu entwickeln.

Die Diskussion um regionalisierte landschaftliche Leitbilder ist keineswegs neu (FINCK et al. 1993; HAEMISCH/KEHMANN 1992; KIEMSTEDT 1991). Sie hat aber in jüngster Zeit im Zusammenhang mit den aktuell anstehenden Problemen und der geringen Effizienz von Naturschutzmaßnahmen wieder vermehrte Aufmerksamkeit erlangt. Regionale landschaftliche Leitbilder sind primär ein innerfachliches Problem. Für eine konkrete Landschaft gibt es ganz unterschiedliche Leitbilder, die sich an voneinander zunächst unabhängigen allgemeinen Zielvorstellungen orientieren. Wichtige sektorale Leitbilder sind in Abb. 11 dargestellt. Diese benötigen nicht nur ganz unterschiedliche Grundinformationen, sondern führen auch zu weitgehend voneinander abweichenden Modellvorstellungen über die jeweilige Landschaft und - in ihrer Umsetzung - zu ganz anderen Landschaften selbst. Es ist offensichtlich, daß sich nicht alle sektoralen Leitbilder gleichrangig in ein und derselben Landschaft verwirklichen lassen. Dennoch haben sie alle ihre fachliche Berechtigung. Auch hieraus erwächst zwangsläufig die Notwendigkeit zur Regionalisierung des Naturschutzes. Erhalt der Eigenart von Natur und Landschaft bedeutet eben, daß man die sektoralen Leitbilder in den einzelnen Naturausschnitten und Landschaften unterschiedlich gewichtet. Das ist die eigentliche "Kunst" des Landschaftsplaners. Und hierbei sind verschiedene Modelle für eine Synopse der sektoralen Leitbilder denkbar (s. u.). Die Praxis des Naturschutzes sieht anders aus. Die Landschaftsplanung entwickelt zwar Leitbilder, wie sie im Sinne der Abb. 11 zustande kommen, bleibt aber vielfach im unklaren. Es entsteht eher der Eindruck einer subjektiven Meinung des Fachplaners als einer logisch nachvollziehbaren Herleitung aus den Grundzielen des Naturschutzes und der landschaftsökologischen Gegebenheiten. In den "klassischen" Feldern des Naturschutzes (Arten- und Biotopschutz) sind es nicht selten bloße Einzelziele aus dem Spektrum der sektoralen Leitbilder, die in den Vordergrund gestellt werden (z. B. Schutz einzelner bedrohter Arten).

Leitbilder sind konkrete Vorgaben für die zukünftige Entwicklung einer Landschaft. Sie dürfen aber andererseits Entwicklungsspielräume nicht zu sehr einengen. Eine im Detail "festgeschriebene" Landschaftsentwicklung wird den genannten Rahmenzielen des Naturschutzes ebensowenig gerecht wie der statisch-erhaltende Naturschutz der Vergangenheit. Leitbilder sollten vielmehr den allgemeinen Rahmen setzen, innerhalb dessen sich Natur und Landschaft nach örtlichem Bedarf und Zufälligkeiten (!) in Zukunft entwickeln können. Sie sollten die Gesamtheit der Naturschutzziele in der jeweiligen Bezugsregion wiedergeben.

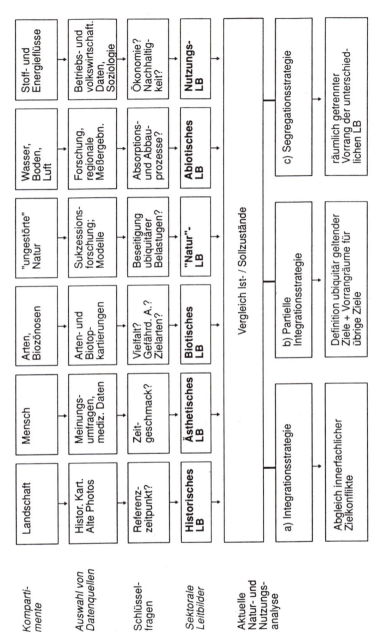

Abb. 11. Ausgehend von den Aufgabenfeldern besteht im Naturschutz eine Reihe voneinander zunächst unabhängiger sektoraler Leitbilder. Sie betreffen unterschiedliche Kompartimente der Natur und benötigen zu ihrer konkreten Herleitung (siehe "Schlüsselfragen") unterschiedliche Informationen zu Natur und Landschaft. Zur Erarbeitung einer Synopse über eine aktuelle Natur- und Nutzungsanalyse sind verschiedene methodische Modelle denkbar (vgl. Abb.14).

3.4 Integrative oder segregative Strategien

Zur Verwirklichung der Ziele des Naturschutzes kann räumlich einer integrativen oder einer segregativen Strategie gefolgt werden. HAMPICKE (1991) unterscheidet innerhalb der Integration noch zwischen Kombination und Vernetzung (Abb. 12). Der Tendenz der Landnutzung der letzten Jahrzehnte liegt eindeutig das Segregationsmodell zugrunde: Jeder Fläche wird eine einzelne Nutzungsfunktion zugewiesen. Die multifunktionale Sichtweise von Natur und Landschaft geht aus der Sicht der Nutzer immer stärker verloren (vgl. HABER 1971). Auch der Naturschutz konnte sich diesem allgemeinen Trend nicht entziehen. Ihm wurden "Naturschutzflächen", vor allem in Form von Reservaten, zugewiesen und hieraus das Recht abgeleitet, auf den "Nutzflächen" ohne Einschränkungen wirtschaften zu können. Es kann kein Zweifel daran bestehen, daß eben diese Sichtweise zu einem großen Teil der aktuellen Umwelt-Überlastungen geführt hat, aber auch durch Fernwirkungen den Fortbestand der "Naturschutzflächen" in Frage stellt. Ebenso wenig kann übersehen werden, daß der Naturschutz selbst durch seine Strategien diese Segregation noch verstärkt hat. Reservatsschutz, protektiver Artenschutz, Biotopkartierungen, all das sind im Grunde segregative Instrumente der Verwirklichung von Naturschutzzielen. Auch innerhalb des Naturschutzes kam es bisher nur ungenügend zu einem Abgleich verschiedener Fachziele auf der gleichen Fläche.

Zwei Schritte sind also in diesem Zusammenhang von Bedeutung:
1. Abgleich unterschiedlicher Naturschutzziele für den gleichen Raum mit dem Ziel eines stimmigen landschaftlichen Leitbildes.
2. Abgleich des landschaftlichen Leitbildes mit den übrigen Interessen an Natur und Landschaft.

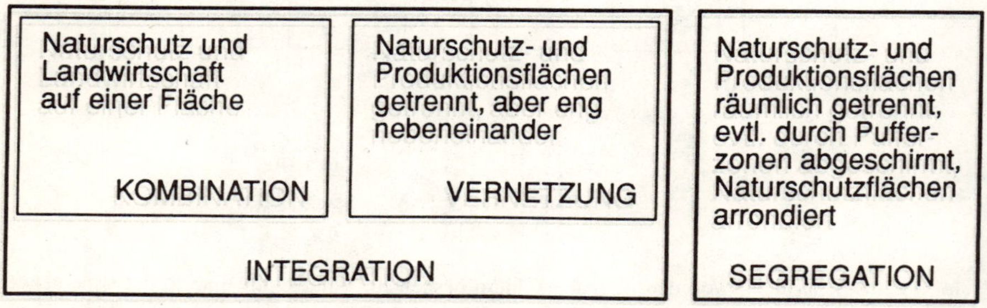

Naturschutz und Landwirtschaft auf einer Fläche	Naturschutz- und Produktionsflächen getrennt, aber eng nebeneinander	Naturschutz- und Produktionsflächen räumlich getrennt, evtl. durch Pufferzonen abgeschirmt, Naturschutzflächen arrondiert
KOMBINATION	**VERNETZUNG**	**SEGREGATION**
INTEGRATION		

Abb. 12. Räumliche Konzepte für das Verhältnis von Naturschutz und Landwirtschaft (aus HAMPICKE 1991).

Für beide Schritte ist sowohl ein segregierendes als auch ein integrierendes Vorgehen denkbar. Die augenfälligen Belastungen des Naturhaushalts und die Gefährdung der menschlichen Gesundheit, die von den Nutzflächen ausgehen, haben in den letzten Jahren den Ruf nach einer Integration der Naturschutzziele in die Nutzungsformen immer lauter werden lassen (vgl. hierzu z. B. BLAB 1992; ERZ 1986; HEIDENREICH 1993; GOODLAND et al. 1992; HAMPICKE 1991; PFADENHAUER 1988; PLACHTER 1991; RAT VON SACHVERSTÄNDIGEN FÜR UMWELTFRAGEN 1985). Dies hat zweifellos seine Berechtigung. Unter Berücksichtigung der Tatsache, daß der Naturschutz im gesellschaftlichen Prozeß der Interessenabwägung immer nur eine von vielen Stimmen sein wird (über das Gewicht kann man allerdings streiten), kann eine einseitige Präferierung der Integrationsstrategie allerdings fatale Folgen haben: eine funktionale Überlastung des Naturhaushaltes wird zwar zunächst möglicherweise vermieden, für sehr viele empfindliche Ökosysteme, Arten und Funktionsgefüge wären aber die Grundbedingungen ihrer Existenz an keiner Stelle der Landschaft mehr verwirklicht. Eine Nutzungsform hat eine solche Integrationsstrategie in den letzten Jahren (allerdings nicht aus Einsicht) konsequent verfolgt: die Erholungsnutzung. Sie ist praktisch auf der gesamten Fläche Mitteleuropas präsent. Die tiefgreifenden Folgen, z. B. für viele Naturschutzgebiete aber auch für störempfindliche Tierarten, sind vielfach dokumentiert (z. B. LIDDLE/SCORGIE 1980; PUTZER 1989; STOCK et al. 1994).

Es ist offensichtlich: ein zeitgemäßer Naturschutz muß - will er erfolgreich sein - beide Strategien gleichzeitig verfolgen. Sowohl für den innerfachlichen Abgleich sektoraler Leitbilder zu einem synoptischen landschaftlichen Leitbild als auch für die Festschreibung naturschutzfachlicher Ziele im Rahmen der landschaftlichen Gesamtentwicklung in den mitteleuropäischen "Normallandschaften" bietet sich eine "partielle Integrationsstrategie" an. Hierzu ist folgendes zu verwirklichen:

1. Räumlich differenzierte, jedoch in ihrer Gesamtheit flächendeckende Naturschutz-Qualitätsziele. Sie umfassen ökologisch orientierte Nutzungs- und Belastungsgrenzwerte sowie Richtwerte für eine Mindestausstattung mit Naturelementen (z. B. Anteil und Art naturnaher Biotope in Kulturlandschaften) und setzen so den Rahmen, innerhalb dessen sich die Nutzung bewegen sollte (vgl. hierzu GUSTEDT et al. 1989; HAEMISCH/ KEHMANN 1992).

2. Meist großflächige Vorrangräume, in denen Ziele des Naturschutzes Vorrang vor anderen (Nutzungs-)Interessen besitzen. Eine Nutzung ist möglich, hat sich jedoch strikt an ihrer "Naturverträglichkeit" und evtl. darüber hinausgehenden lokalen Zielen des Naturschutzes zu orientieren. Hiermit wird der Gedanke der "differenzierten Landnutzung" von HABER (1971), aber auch eine Grundidee internationaler Programme wie des UNESCO-Programmes "Der Mensch und die Biosphäre" (MAB) wieder aufgenommen. Biosphärenreservate (s. u.) könnten Modellgebiete sein, in denen das Konzept der Vorrangräume exemplarisch entwickelt und getestet wird (ERDMANN/NAUBER 1990,

1991). Verwirklicht ist der Gedanke der Vorrangfunktion schon heute, z. B. in Wasserschutzgebieten. Gegebenenfalls kann dieses System durch "Defiziträume" ergänzt werden, in denen bereits heute gravierende Umweltschäden eingetreten sind oder die bestehende Nutzung Naturschutzziele bei weitem zu gering berücksichtigt (vgl. BÜTEHORN / PLACHTER 1991; Abb. 13).

Der Beitrag des Naturschutzes.... 233

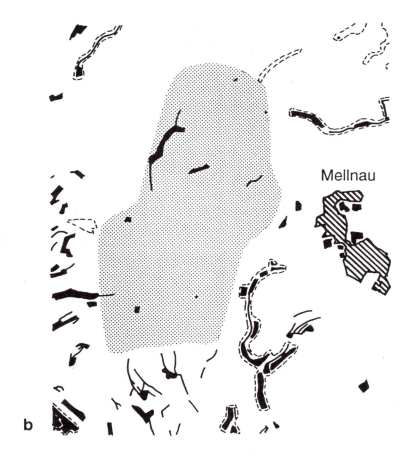

Abb. 13. Beispiele für die Abgrenzung von Vorrangräumen (a) und Defiziträumen (b) als mittelgroße Raumeinheiten auf der Grundlage der Ergebnisse der Hessischen Biotopkartierung, Lkrs. Marburg-Biedenkopf. Biotope = schwarze Flächen, Vorrang- bzw. Defizitraum = gerastert. Wertigkeit und Abgrenzung wurden durch zusätzliche landschaftsökologische Analyse bestätigt. Unter Umständen müssen derartige Räume wesentlich großflächiger abgegrenzt werden.

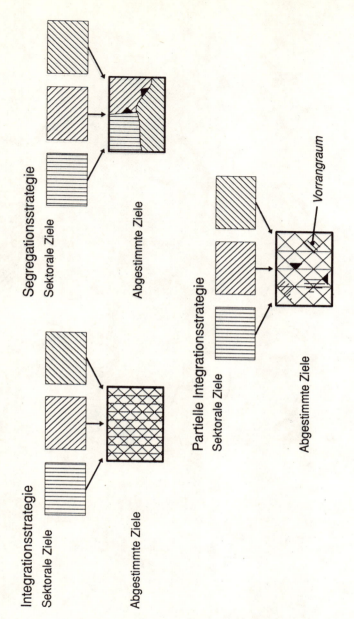

Abb. 14. Theoretisch wäre sowohl für die Synopse sektoraler Leitbilder als auch für die Verwirklichung der Naturschutzziele in der Landnutzung eine räumliche Integrationsstrategie zu fordern; die Realität folgt weitgehend einer Segregationsstrategie. Ein operabler Kompromiß für Kulturlandschaften wäre eine partielle Integrationsstrategie mit flächendeckenden Naturschutz-Qualitätszielen (Mindeststandards) und großflächigeren Naturschutz-Vorrangräumen (enge Schraffur). Lokal vervollständigen Schutzgebiete (schwarze Dreiecke) das Konzept.

3. Reservate, in denen Nutzungen (einschl. Erholung) allenfalls im Einzelfall und nach gründlicher vorheriger Prüfung zugelassen werden können. Sie sind unverzichtbar für den Erhalt vieler empfindlicher Arten und Ökosysteme aber auch zur Sicherung bestimmter ökosystemarer Funktionsgefüge (z. B. Überschwemmungsaue von Fließgewässern). Es können zwei Varianten unterschieden werden:
   a) Gebiete, in denen einzelne Nutzungen nach Prüfung zugelassen werden können. Hierzu zählt eigentlich ein großer Teil der mitteleuropäischen Naturschutzgebiete, wenngleich derzeit "de facto" ein weitaus geringerer Schutzstatus gegeben ist.
   b) Totalreservate, in denen generell keine Nutzungen zugelassen sind (vgl. entsprechende Schutzform in der ehemaligen DDR). Sie sollten u. a. dem Schutz besonders störungsempfindlicher Arten und natürlicher dynamischer Prozesse dienen.

Ein derart gestuftes, insgesamt flächendeckendes Zielsystem des Naturschutzes wird seit langem gefordert (vgl. z. B. ERZ 1980). Seine Verwirklichung ist aber bisher nicht nur am Widerstand aktueller Nutzungsinteressen gescheitert, sondern auch daran, daß der Naturschutz bisher weder Naturschutz-Qualitätsziele für einzelne Räume präzisieren noch Vorrangräume und deren fachliche Inhalte konkret beschreiben konnte. Der Hinweis auf fehlende Forschungsdaten ist zur Erklärung dieses Defizits nicht ausreichend. Vielmehr fehlen auch und gerade die organisatorischen Strukturen, die bereits vorhandenen Daten über Natur und Landschaft systematisch zu sammeln bzw. auszuwerten und die erforderlichen normativen Festlegungen zu erarbeiten. Einzelne Landschaftsplaner sind in Anbetracht der Komplexität der Materie und aus grundsätzlichen Überlegungen, wie Normen festgelegt werden sollten, mit dieser Aufgabe überfordert.

3.5 Das Dilemma der Naturschutz-Qualitätsziele

Der Technische Umweltschutz hat in den letzten Jahren ein differenziertes System von Belastungsgrenzwerten für bestimmte (überwiegend stoffliche) Belastungsfaktoren und verschiedene Umweltmedien implementiert (vgl. UMWELTBUNDESAMT 1992). Es arbeitet überwiegend mit quantitativen Grenzwerten. Ihre Einhaltung wird über physikalisch-chemische Meßsysteme überwacht. Für die meisten Aufgaben des Naturschutzes sind derartige, relativ einfache Grenzwerte, zumal wenn sie über große Regionen gleichartig gelten sollen, nicht ausreichend.

Selbst im Bereich stofflicher Belastungen ergeben sich grundsätzliche Probleme: Jeder Ökosystemtyp hat eine unterschiedliche Kompensationsfähigkeit für

Schad- und vor allem auch für Nährstoffe (vgl. z. B. ELLENBERG 1985; DIERSSEN 1989). Gleiches gilt für die verschiedenen Bodentypen. Qualitätsziele können hier nur typenbezogen festgelegt werden. Folgt die Häufigkeitsverteilung unterschiedlicher Ausprägungen der Ökosysteme in einem Gradienten, z. B. der Nährstoffversorgung, einer Gaußschen Kurve (Abb. 15), so hat die Festlegung eines definierten Nährstoffgrenzwertes erfahrungsgemäß eine beidseitige Verengung der Verteilungskurve zur Folge. Hohe Belastungen werden abgebaut. Bisher unbelastete Ökosysteme können aber ohne Folgen bis zum Grenzwert belastet werden. So hat z. B. die Einführung der Gewässergüte II als Mindeststandard der Wasserwirtschaft zwar erfreulicherweise zur Folge gehabt, daß stark belastete Fließgewässer der Güteklassen III und IV in den letzten Jahren deutlich abgenommen haben, aber auch, daß die besonders schutzbedürftigen Gewässer der Güteklassen I und I - II zusätzlich belastet wurden.

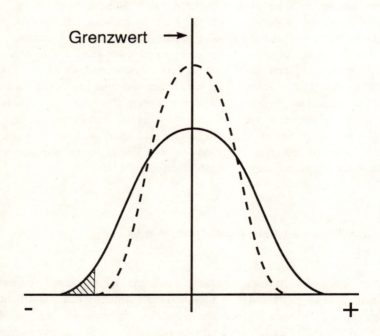

Abb. 15. Fiktive Verteilung von Biotopen eines Raumes in einem Nährstoffgradienten (-/+). Die Häufigkeitsverteilung soll einer Gaußschen Kurve folgen. Die Einführung eines definierten Belastungsgrenzwertes ohne weitere Maßnahmen hätte zwar einen Abbau sehr hoher Belastungen, aber im Laufe der Zeit auch einen weitgehenden Verlust aller oligotrophen Standorte (schraffiert) zur Folge. Zu erwarten ist die gestrichelte Häufigkeitsverteilung.

Im vorliegenden Beispiel sind quantitative Grenzwerte durchaus zielführend im Sinne eines Abbaus von Überbelastungen. Sie müssen aber ergänzt werden durch das Gebot, alle nährstoffarmen (oligotrophen) Ökosysteme besonders gegen weiteren Nährstoffeintrag zu schützen.

Noch schwieriger wird eine Definition von Naturschutz-Qualitätszielen im funktionalen Bereich. Wieviele Populationen einer Art sind im Sinne des Metapopulationskonzeptes in einer Region in welcher räumlichen Verteilung erforderlich, um dem Ziel der Arterhaltung zu genügen? Wann sind z. B. die Kompensations- und Abbauleistungen von Saumstrukturen wie Hecken und Rainen in der Agrarlandschaft und damit ihre Menge und Qualität in diesem Sinne ausreichend? Wann werden ökosystemare Leistungen des Bodens soweit verändert bzw. geschädigt, daß dies trotz Nutzungsinteresse nicht mehr toleriert werden kann? Die Beantwortung dieser Fragen hat zweifellos konventionellen Charakter. Hinzu kommt aber, daß hier auch die wissenschaftlichen Daten als Grundlage der Entscheidungen weitestgehend fehlen. Dennoch: trotz aller inhaltlicher und methodischer Verzichte ist die Entwicklung von Naturschutz-Qualitätszielen eine vorrangige Aufgabe. Wege hierzu dürfen nicht mit der Argumentation verstellt werden, daß ihre Verwirklichung heute fast unlösbar erscheinende Probleme aufwirft.

3.6 Vorrangräume und Großschutzgebiete

Zur Verwirklichung einer Reihe grundlegender Naturschutzziele ist großflächiges Denken und Handeln unerläßlich. Dies gilt nicht nur für jene Teile der Erde, in denen Großschutzgebiete seit jeher im Vordergrund standen (z. B. Nordamerika, Tropen), sondern ebenso für Kulturlandschaften. Aufgaben, die in diesem Zusammenhang besondere Erwähnung verdienen sind:
- Der Schutz der Naturgüter Wasser, Boden und Luft: Aufgrund ubiquitärer Belastungen und v. a. im Bereich des Wassers der großflächigen Vernetzung sind punktuelle Schutzansätze hier von vorne herein zum Scheitern verurteilt. Zu beachten sind im Bereich Wasser komplette Einzugsgebiete. Bodenschutz gibt nur Sinn, wenn die Nutzflächen in die Überlegungen mit einbezogen werden.
- Der Gesamtbereich des Prozeßschutzes: Ökologische Funktionen können nur dann gesichert und gefördert werden, wenn in Funktionseinheiten geplant und gehandelt wird. Auf Artniveau sind dies mindestens Aggregate benachbarter Populationen, auf Ökosystemniveau jene Mindestflächen, die eine vollständige Ausprägung des jeweiligen Typs zulassen. Natürliche Dynamik ist ebenfalls nur in ausreichend großen Gebieten möglich.
- Schutz regionstypischer Landschaftsbilder: Diese Aufgabe ist als einzige der genannten zumindest teilweise bereits heute verwirklicht (Naturparke, Land-

schaftsschutzgebiete). Entwicklung und Implementierung "nachhaltiger", naturschonender Landnutzungsformen: Es ist ein breites Spektrum von Landnutzungsformen denkbar, die im Einklang mit den Zielen des Naturschutzes stehen. Erfolgreich wird die Einführung solcher Landnutzungsformen aber nur dann sein, wenn sie betriebswirtschaftlich tragfähig und sozial akzeptabel sind. Die Größe einzelner Betriebe wird für eine diesbezügliche Prüfung in den meisten Fällen nicht ausreichen. Planungseinheiten könnten Gemeinden oder Teile von Kreisen sein.

- Synopse der Ziele und Handlungsschwerpunkte des Technischen Umweltschutzes und des Naturschutzes: Wie eingangs erwähnt, sind beide Bereiche konzeptionell und im Vollzug zu stark voneinander getrennt mit der Folge, daß etliche gemeinsame Aufgaben nur unzureichend wahrgenommen werden. Hier müssen umgehend gemeinsame Strategien entwickelt werden.

Der Bedarf an großflächigen Planungseinheiten und Schutzgebieten kann anhand des folgenden Bedarfs weiter präzisiert werden.

1. Artbezogene Argumente:

In der Diskussion der letzten Jahre haben die populationsökologischen Konzepte der "Minimalgroßen überlebensfähigen Population" (Minimum Viable Population = MVP) und der Metapopulation besondere Beachtung gefunden (HOVESTADT et al. 1992; SOULE 1987). Lokales Aussterben und Wiederbesiedlung wurden als regelmäßig auftretende, natürliche Ereignisse erkannt mit der Konsequenz, daß der Schutz von Arten nur im "Verbund" benachbarter Populationen unter Erhalt und Förderung der Wiederbesiedlungsmöglichkeiten gelingen kann (Abb. 16).

Als Folge der menschlichen Einflußnahme hat Mitteleuropa einen erheblichen Teil seiner Großtierarten (Megafauna) bereits in historischer Zeit verloren. Die noch vorhandenen Großtierarten sind besonders schutzbedürftig (z. B. Luchs, Wolf, Fischotter, Schreiadler, Kranich). Der individuelle Raumbedarf solcher Arten ist in vielen Fällen sehr hoch. Um lebensfähige Populationen zu tragen, müssen sehr große Gebiete in einem für diese Art verträglichen Zustand sein. "Verträglich" bedeutet in diesem Fall keineswegs "nutzungsfrei", jedoch müssen bestimmte Umweltrequisiten in ausreichender Qualität verfügbar sein. Der Schutz von Großtierarten in den mitteleuropäischen Kulturlandschaften ist bis heute im Prinzip nicht gelöst und läßt sich über das herkömmliche Instrumentarium der Schutzgebiete wohl auch nur teilweise lösen. Vergleichbare Probleme treten bei sog. "Teilsiedlern" und "Doppelbiotopbewohnern" auf (z. B. Fledermäuse, größere Vogelarten, Amphibien; vgl. Abb. 17). Der Raumanspruch liegt bei vielen Arten mindestens im Bereich von Quadratkilometern, die Teillebensräume sind oft weit voneinander getrennt (BLAB 1993). Die Wanderrouten können durchaus in genutzten Gebieten liegen, auch hier müssen aber bestimmte Mindestqualitäten erfüllt sein. Erforderlich ist für solche Arten mit hohen Raumansprüchen ein funktionales Konzept für den jeweiligen Gesamtlebensraum.

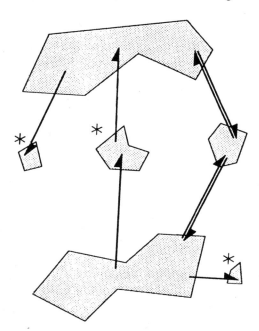

Abb. 16. Räumliches Modell einer Metapopulation. Dargestellt sind für die jeweilige Art geeignete Lebensräume (gerastert) und regelmäßiger oder episodischer Austausch von Individuen zwischen Teilpopulationen (Pfeile). Die Teilpopulationen in einigen Lebensräumen (Sterne) erlöschen nach jeweils wenigen Jahren und müssen von außen neu gegründet werden.

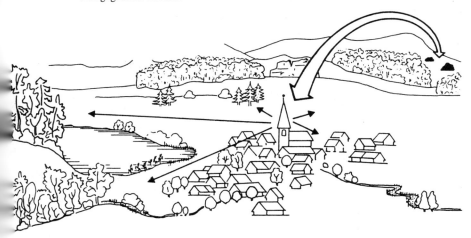

Abb. 17. Jahreslebensraum einer Kolonie der Kleinen Hufeisennase (Rhinolophus hipposideros). Das Winterquartier der Art befindet sich in Felshöhlen, die Wochenstube im Turm der Dorfkirche. Zwischen beden Teillebensräumen erfolgen die großen, jahreszeitlich gebundenen Überflüge (Wanderungen) im Frühjahr und Herbst. Der Jagdbiotop des Wochenstubenverbandes umfaßt die an das Dorf anrainenden Waldränder und Flurstücke (aus BLAB 1993).

Mit der internationalen Konvention zum Schutz der biologischen Vielfalt wurden im Artenschutz neue Schwerpunkte gesetzt (BMU 1993). Ziel ist nicht mehr allein der Schutz bedrohter Arten, sondern - im umfassenderen Sinn - der Schutz der biologischen Vielfalt. Das bedeutet einerseits Vielfalt von Arten, einschließlich der "unscheinbaren", es bedeutet aber auch (genetische) Vielfalt innerhalb der Art. Damit sind einerseits die funktional wichtigen Arten stärker in den Mittelpunkt des Interesses gerückt. Der Schutz solcher Arten macht aber nur dann Sinn, wenn im Naturhaushalt spürbare Wirkungen erzielt werden. Schutz solcher Arten in punktuell in der Landschaft verteilten kleinen Schutzgebieten allein wird dies nicht leisten.

2. Biozönotische Argumente:

Als Begründung für die Einrichtung großer Schutzgebiete werden häufig Ergebnisse der Inselbiogeographie angeführt. Nach der Arten-Areal-Beziehung ist der Artenreichtum eines Gebietes u. a. abhängig von seiner Fläche. Größere Gebiete können im Durchschnitt mehr Arten beherbergen. Ohne die sehr umfangreiche Fachdiskussion (SLOSS) zur Arten-Areal-Beziehung hier im einzelnen wiederzugeben, bleibt als Fazit, daß diesbezügliche Überlegungen für Kulturlandschaften wohl wenig geeignet sind. Voraussetzung ist ein dynamisches Artengleichgewicht, das sich aufgrund wechselnder Einflußnahme des Menschen in Mitteleuropa nie einstellen konnte. Weitere Argumente nennt HOVESTADT et al. (1992).

Großräumige Schutzgebiete sind hingegen unverzichtbar zum Schutz jener Ökosystemtypen, die nur in sehr großflächiger Ausprägung in einem naturnahen Zustand fortbestehen können (Großflächen-Ökosysteme). Hierzu zählen in Mitteleuropa Wälder, Überschwemmungsauen größerer Flüsse, Ökosysteme der Meeresküsten und Flachwasserbereiche (Watt etc.) sowie hochmontane und alpine Ökosystemkomplexe. Hierzu ist auch eine substantielle Restitution der natürlichen dynamischen Prozesse, einschließlich natürlicher "Umweltkatastrophen" (z. B. Windwurf, Überschwemmung), Voraussetzung.

3. Funktionale Argumente:

Daß landschaftsökologische Funktionsgefüge nur in größeren Gebieten erhalten werden können, bedarf keiner weiteren Erläuterung. Auf einen Sachverhalt soll an dieser Stelle jedoch noch zusätzlich hingewiesen werden: Nach den vorliegenden Daten kann kaum mehr ein Zweifel daran bestehen, daß es aufgrund anthropogener Faktoren in absehbarer Zeit zu globalen Klimaveränderungen kommen wird (ENQUETEKOMMISSION 1992). Auch Mitteleuropa wird hiervon betroffen sein, wobei Art und Ausmaß der Wirkungen noch nicht im einzelnen abgeschätzt werden können. In jedem Fall bedeutet Klimaänderung aber eine Veränderung der Umweltbedingungen für heimische Arten und Ökosysteme. Unabhängig von der Wanderungsgeschwindigkeit einzelner Arten oder einzelner Ökosysteme bestehen allein aufgrund der Tatsache, daß die Landschaften in Mitteleuropa weitestgehend "festgelegt" sind, daß naturnahe Ökosysteme in isolierte Schutzgebiete "verbannt" sind, kaum Möglichkeiten für ein Ausweichen in dann günstigere Lebensräume. Für diesen Prozeß sind "Ausweichräume" erforderlich, die es derzeit nicht gibt. Besonders hiervon betroffen werden u. a. die mitteleuropäischen Waldökosysteme sein. Nordamerikanische Simulationen geben einen Eindruck vom Ausmaß der zu erwartenden Veränderungen (Abb. 18).

4. Naturschonende Landnutzung:

Das Bekenntnis zur Entwicklung schonender Naturnutzungsformen auf globaler Ebene ist eines der wesentlichen Ergebnisse des UNCED-Gipfels von Rio (BMU 1992, 1993). Der dort verwendete Begriff der Nachhaltigkeit (sustainable development) ist allerdings nur ungenügend definiert (vgl. auch ENQUETEKOMMISSION 1993; GOODLAND et al. 1992; McNEELY et al. 1990). Jedenfalls hat dieses Thema nicht nur für Länder der Dritten Welt Bedeutung, sondern ebenso für die mitteleuropäischen Verhältnisse. Zwar war - entgegen mancher Auffassung - die mitteleuropäische Landnutzung in historischer Zeit keineswegs immer "nachhaltig". Vieles, was wir heute schützen, ist das Ergebnis einer degradierenden Landnutzung (z. B. viele Magerrasen, Nieder- und Weidewälder). Wenn aber zukunftsorientierte Strategien der Landschaftsentwicklung gefordert sind (s. o.), so kommt diesem noch zu präzisierenden Begriff der Nachhaltigkeit sicherlich eine zentrale Bedeutung zu. Nicht nur Entwicklungsländer sind aufgerufen, nachhaltig zu wirtschaften, auch wir in Europa müssen erst lernen, schonend mit den natürlichen Ressourcen umzugehen. Die hierfür erforderlichen Nutzungsvarianten stehen in vielen Bereichen noch nicht zur Verfügung oder sind unter den gegebenen Bedingungen nicht wirtschaftlich. Sie zu entwickeln, ist eine prioritäre Aufgabe, für deren Lösung angesichts der strukturellen Probleme in der Landwirtschaft nur noch wenig Zeit bleibt. Zieht sich z. B. die Landwirtschaft aufgrund ungünstiger Produktionsbedingungen aus großen Teilen des deutschen Mittelgebirgsraumes in den nächsten Jahren zurück, so dürfte dort eine Restitution der Betriebs- und Vermarktungsstrukturen nur mit allergrößten Anstrengungen möglich sein.

Die genannten Ziele werden sich nur durch eine Kombination aus planerisch festgelegten Vorrangräumen und Großschutzgebieten verwirklichen lassen. So ist z. B. für die Ziele des Boden- und Wasserschutzes das erste Instrument sicher weitaus geeigneter, während ein Schutz von Großflächenökosystemen wohl eher über Schutzgebiete im herkömmlichen Sinn (allerdings mit mehr oder weniger anderen Inhalten und präziserer Zielorientierung) verwirklicht werden muß.

Abb. 18. Aktuelles (A) und zukünftiges (B) Verbreitungsareal der nordamerikanischen Buche. (B) für das Jahr 2090 unter der Annahme einer Verdoppelung des atmosphärischen CO_2. Die schwarze Fläche stellt das prognostizierte Areal unter Berücksichtigung der Wandergeschwindigkeit der Art dar, das schraffierte jenes, in dem zum gegebenen Zeitpunkt für die Art außerdem verträgliche Klimabedingungen herrschen würden (aus GATES 1993, umgezeichnet).

Das Konzept der Vorrangräume ist raumplanerisch nicht neu, es hat aber bisher im Naturschutzbereich substantiell keine Anwendung gefunden. In besonders empfindlichen oder erhaltenswerten Landschaften führt jedoch kein Weg an einem solchen Konzept vorbei. Dies gilt vor allem für den dauerhaften Schutz typischer Kulturlandschaften und für die Entwicklung einer naturschonenden, ökonomisch "vernünftigen" Landnutzung. Sollen Wege hierzu tatsächlich ernsthaft verfolgt werden, so müssen zukunftsweisende Leitlinien für derartige Entwicklungen gefunden werden. Dies ist über das herkömmliche Instrumentarium protektiver Schutzgebiete nicht möglich und fachlich auch nicht wünschenswert.

Großschutzgebiete waren bis vor kurzem, mit Ausnahme der wenigen Nationalparke, in Mitteleuropa wenig eingeführt. Die bestehende Landnutzungssituation schien ihre Realisierung fast unmöglich zu machen. Das innerhalb weniger Monate aufgebaute System der Großschutzgebiete (Nationalparke, Naturparke, Biosphärenreservate) in den neuen Bundesländern hat jedoch gezeigt, daß die Einrichtung sehr großer Schutzgebiete auch in Kulturlandschaften durchaus möglich und vertretbar ist (vgl. REICHHOFF/BÖHNERT 1991; UMWELTBUNDESAMT 1992). Zu besonders überzeugenden Verbesserungen führten hierbei die Biosphärenreservate (als Teil des weltweiten MAB-Programms "Der Mensch und die Biosphäre" [MAB]; ERDMANN/NAUBER 1990). Das Interesse an der Einrichtung solcher Gebiete ist demzufolge auch in den westlichen Bundesländern sehr stark gestiegen.

Für den Schutz von Kultur- und Mischlandschaften kommt Biosphärenreservaten zweifellos eine besonders wichtige Funktion zu. Als Teil eines internationalen Programmes implizieren sie als solches keinen nationalen Schutzstatus. Allein die Deklaration eines solchen Gebietes, der Aufbau einer spezifischen Fachverwaltung und die Zentrierung öffentlicher Maßnahmen (Förderung, Planung) schafft aber bereits wesentlich verbesserte Möglichkeiten für eine naturschonende Entwicklung. Biosphärenreservate sind damit nicht nur Modelle für die Entwicklung naturschonender Landnutzung und Zentren der Umweltforschung und -beobachtung, wie dies das UNESCO-Programm vorsieht, sondern auch Modelle für Vorrangräume in dem Sinne, wie dies hier erläutert wurde.

4 Der Beitrag Deutschlands zu einer globalen Strategie

4.1 Fehlende Konzepte

Deutschland ist ein vergleichsweise sehr kleiner Staat mit hoher Bevölkerungsdichte und einer vom Menschen seit langem geprägten Natur. Hinzu kommt, daß als Folge der Eiszeiten Fauna, Flora und (natürliches) Ökosystemspektrum in Mitteleuropa deutlich verarmt sind. So fehlen z. B. endemische Arten mit wenigen Ausnahmen. Die Zahl der Baumarten ist im Vergleich zu Nordamerika (wo die Hochgebirge eine nacheiszeitliche Einwanderung nicht behindert haben) deutlich herabgesetzt. Was kann ein solches Land zu einer globalen Strategie des Naturschutzes überhaupt beitragen?

Die bisherigen Konzepte sind wenig überzeugend. Sie beschränken sich weitgehend auf finanzielle und wissenschaftliche Hilfe und folgen im Grundsatz der bisherigen Strategie wirtschaftlich orientierter Entwicklungshilfe. Ein Katalog des Bundesministeriums für wirtschaftliche Zusammenarbeit (BMZ 1993) zur laufenden Hilfe im Bereich des Naturschutzes nennt zwar auf drei Seiten 55 Einzelvorhaben mit einem Gesamtumfang von 427,2 Mio. DM, eine Schwerpunktsetzung ist jedoch nicht erkennbar, geschweige denn eine Zentrierung auf besonders brennende Probleme (vgl. auch BMZ 1992). Eine aktuelle Studie der "Gesellschaft für technische Zusammenarbeit" (GTZ 1992) steckt zwar einen weitaus weiteren Rahmen der Möglichkeiten ab, in dem Gedanken einer integrierten Landschaftsentwicklung unter Berücksichtigung soziologischer Gesichtspunkte durchaus ihren Stellenwert haben (Tab. 4). Eine Umsetzung dieses Konzeptes steht aber noch aus (ELLENBERG 1993).

Tab. 4. Handlungsfelder des Naturschutzes im Rahmen der Technischen Zusammenarbeit der Bundesrepublik Deutschland mit Staaten der Dritten Welt (nach GESELLSCHAFT FÜR TECHNISCHE ZUSAMMENARBEIT [1992] verkürzt).

Entwicklung von Naturschutzstrategien und Umweltaktionsplänen

Ausweisung von Schutzgebieten innerhalb der Landnutzungsplanung

Konzepte für das Management von Schutzgebieten

Konzepte des Pufferzonen-Managements

Konzepte zur Umwelterziehung und Umweltbildung

Aufbau von Informationszentren in Schutzgebieten

Konzepte des "Ökotourismus" in Verbindung mit Schutzgebieten

Regierungsberatung für die Umformulierung der gesetzlichen Basis des Naturschutzes

Ausbildung von Naturschutzpersonal

Aufbau und fachliche Beratung von Naturschutzbehörden

Beratung von Naturschutzorganisationen (NGO's) bei der Naturschutzarbeit

Praxisorientierte Forschung

Aufwertung von ökologisch verträglichen Nutzungsformen

Satelliten- und Luftbildanalysen zur Planung und zum Monitoring von Naturschutzvorhaben

Internationale Konventionen

4.2 Vorbildfunktion und "Technologietransfer"

Die Länder der Dritten Welt empfinden die laufenden Hilfeversuche der Industrienationen zunehmend als "Bevormundung". Dies gilt auch für den Naturschutzbereich. Wenngleich die Verhältnisse äußerst komplex und vernetzt sind und einfache "Schuldzuweisungen" kaum zu Lösungen beitragen können, ist doch diese Sichtweise nicht ohne weiteres von der Hand zu weisen. Vor allem wirken noch so zielführende Ratschläge wenig überzeugend, solange es den Industrienationen nicht gelingt, ihre eigenen Naturschutzprobleme ausreichend zu bewältigen. Wie gezeigt wurde, sind Großschutzgebiete nicht nur in tropischen Regionen und Nordamerika wichtig, sondern ebenso in Europa. Auf die Situation im Mittelmeerraum und in Nordeuropa sei hier nur hingewiesen. Als Folge der Bevölkerungsentwicklung und gesellschaftlicher Defizite stehen viele Entwicklungsländer vor substantiellen Landnutzungsproblemen. Wie soll unsere Hilfe (auch im Sinne von "Hilfe zur Selbsthilfe") Akzeptanz finden, wenn es uns selbst - bei sozial stabilen Verhältnissen und hohen Einkommen - nicht gelingt, in Europa eine naturschonende Landnutzung zu verwirklichen, wenn überall in Europa die seit Jahrtausenden gewachsenen Kulturlandschaften dem Diktat einer industriell verstandenen Landwirtschaft geopfert werden? Wie sollen wir Entwicklungsländer zum Artenschutz motivieren, wenn es nicht gelingt, die einschlägigen Anstrengungen auf jene wenigen Arten (Endemiten und Arten mit weltweit kleinem Areal) und Ökosysteme (Wattenmeer, Buchenwälder) zu zentrieren, für die Deutschland eine globale Verantwortung trägt?

Einer der zentralen Beiträge, die Deutschland im Rahmen einer globalen Naturschutzstrategie leisten kann, ist sicherlich seine Vorbildfunktion. Nur wenn es hier unter vergleichsweise günstigen Rahmenbedingungen gelingt, jene grundlegenden Probleme im Konfliktfeld zwischen Nutzung und Schutz, ausreichend zu lösen, haben auch Konzepte für Entwicklungsländer eine realistische "Verwirklichungschance". Hierzu ist Voraussetzung, das Gesamtkonzept des Naturschutzes in Deutschland bzw. im Rahmen der EU neu zu überdenken, die Trennung zwischen Technischem Umweltschutz und Naturschutz zu überwinden und Abhängigkeiten zu anderen gesellschaftlichen Feldern aufzuzeigen und abzubauen. Ein neues, integriertes und flächendeckendes Konzept des Schutzes, der Nutzung und der "nachhaltigen" Entwicklung der Natur ist hier ebenso erforderlich wie in den Ländern der Dritten Welt. Wir sind heute von diesem Ziel weiter entfernt denn je zuvor.

Die methodischen und normativen Probleme im Naturschutz sind genereller Natur. Sie erschweren die Umsetzung der Naturschutzziele in allen Teilen der Erde. Die Bundesrepublik gab 1993 ca. 1,1 Milliarden DM für Umweltforschung aus. Der Anteil methodologischer Neuentwicklungen und der Aufwand für die Implementierung von Organisationsstrukturen zur verbindlichen Festlegung von Konventionen ist hiermit verglichen sehr bescheiden. Gerade auf diesen Feldern könnte aber Deutschland einen ganz wesentlichen Beitrag zu einer effektiven "Entwicklungshilfe" im Naturschutz leisten. Die für Mitteleuropa zu entwickelnden Methoden und Organisationsformen können ohne weiteres auf andere Teile der Erde übertragen werden. Während im wirtschaftlichen Bereich das Schlagwort vom "Technologietransfer" eine entscheidende Rolle spielt, ist es im Naturschutz ohne Bedeutung. Beispiele für wichtige Aufgaben in diesem Bereich sind:

- Die Entwicklung standardisierter Analyse- und Bewertungsverfahren zur Beurteilung von Eingriffen als zentrale Voraussetzung u. a. für substantielle Umwelt-Verträglichkeitsprüfungen (UVP).
- Eine stärkere Gewichtung funktionaler Gesichtspunkte unter bio-ökologischem Blickwinkel mit besonderer Berücksichtigung der Kompartimente Wasser und Boden. Auf diesem Feld ist auch in großem Umfang noch problemorientierte Forschung erforderlich. Daneben fehlen aber auch die Methoden, derartige Sachverhalte in die Planung und die gesellschaftlichen Entscheidungsprozesse zu integrieren. Eine stärkere Gewichtung ökonomischer und soziologischer bzw. umweltpsychologischer Sachverhalte (vgl. HEIDENREICH 1993). Hier muß bereits im Bereich der Grundlagenforschung die Zusammenarbeit zwischen den einzelnen Disziplinen deutlich verbessert werden. In der Umsetzung müssen in vielen Fällen völlig neue Wege beschritten werden. Das Beispiel "Erholungsnutzung/Tourismus", früher als wesentliche Aufgabe der herkömmlichen Landespflege verstanden (Erschließung der Landschaft für Erholungszwecke), zeigt die Vernetzung zwischen Natur, einzelnem menschlichen Individuum, gesellschaftlichen Strömungen und Wirtschaft besonders augenfällig auf.
- Die Implementierung langfristig angelegter Forschungsschwerpunkte einschließlich der erforderlichen organisatorischen Strukturen (Institutionen), da viele Entwicklungen im Naturhaushalt erst in sehr langen Zeiträumen ausreichend dokumentiert werden können (PLACHTER 1992d).
- Die Entwicklung eines umfassenden Systems der Naturüberwachung (teilweise sinngleich zum Begriff "Umweltbeobachtung"). Hierzu gehört auch eine effiziente Erfolgskontrolle von Naturschutzmaßnahmen. Tragfähige und operable Methodenvorschläge sowie die erforderlichen institutionellen Voraussetzungen hierzu fehlen noch weitestgehend.
- Die Entwicklung einer flächendeckenden Landschaftsplanung, die dem aktuellen ökologischen Kenntnisstand gerecht wird.
- Die Bereitstellung der methodologischen Grundlagen zur Festlegung regionaler landschaftlicher Leitbilder und von Naturschutz-Qualitätszielen. Dies schließt den Aufbau entsprechender "Verfahrensabläufe" und Organisationsstrukturen ein.
- Die Planung und konsequente Verwirklichung repräsentativer Systeme von Schutzgebieten und Vorrangräumen unter Entwicklung von Verfahrensweisen zur verträglichen Integration in die gesellschaftliche Gesamtentwicklung.

- Entwicklung von Naturnutzungsformen, die unter den heutigen gesellschaftlichen und ökonomischen Rahmenbedingungen tragfähig und gleichzeitig naturschonend im Sinne nachhaltiger Nutzung sind. Gerade diese Aufgabe erfordert deutlich vermehrte Anstrengungen und kann nur unter Zentrierung mehrerer Wissenschaftsbereiche und Verwaltungsressorts erfolgversprechend angegangen werden. Die bisherigen Schritte (z. B. in Biosphärenreservaten) und aus den Wirtschaftswissenschaften vorliegende Daten zeigen zwar, daß dieses Ziel grundsätzlich verwirklicht werden könnte, von einer Umsetzung in die "Normallandschaft" kann aber noch keineswegs die Rede sein.

So wichtig dies im Einzelfall ist: die Beispiele zeigen, daß der Beitrag Deutschlands im Rahmen einer globalen Naturschutzstrategie nicht nur aus einer Hilfe für andere Länder bestehen darf. Wenn es durch Verbesserung des methodischen und organisatorischen Repertoires gelingt, die anstehenden Probleme "im eigenen Land" besser als bisher zu lösen, so würde dies auch eine substantielle Hilfe für die Naturschutzprobleme in anderen Teilen dieser Erde bedeuten.

5 Literatur

AUHAGEN, A. und H. SUKOPP (1983): Ziel, Begründungen und Methoden des Naturschutzes im Rahmen der Stadtentwicklungspolitik von Berlin in: Natur und Landschaft 58, S.9-15

BLAB, J. (1988): Bioindikatoren und Naturschutzplanung. Theoretische Anmerkungen zu einem komplexen Thema in: Natur und Landschaft 63, S.147-149

BLAB, J. (1992): Isolierte Schutzgebiete, vernetzte Systeme, flächendeckender Naturschutz? Stellenwert, Möglichkeiten und Probleme verschiedener Naturschutzstrategien in: Natur und Landschaft 67, S.419-424

BLAB, J. (1993): Grundlagen des Biotopschutzes für Tiere. - Greven (4. Aufl.)

BLAB, J. und E. NOWAK (Hrsg.) (1989): Zehn Jahre Rote Liste gefährdeter Tierarten in der Bundesrepublik Deutschland. - Schriftenreihe für Landschaftspflege und Naturschutz 29

BLUME, H.-P. (1990): Handbuch des Bodenschutzes. - Landsberg/Lech

BOTKIN, D.B./M.F CASWELL/J.E. ESTES und A.A ORIO (Hrsg.) (1989): Changing the global environment. Perspectives on human envolvement. - San Diego

BMU [BUNDESMINISTERIUM FÜR UMWELT, NATURSCHUTZ UND REAKTORSICHERHEIT] (1992): Umweltschutz in Deutschland. - Bonn

BMU [BUNDESMINISTERIUM FÜR UMWELT, NATURSCHUTZ UND REAKTORSICHERHEIT] (1993): Konferenz der Vereinten Nationen für Umwelt und Entwicklung im Juni 1992 in Rio de Janeiro: Agenda 21. - Bonn

BMZ [BUNDESMINISTERIUM FÜR WIRTSCHAFTLICHE ZUSAMMENARBEIT] (1992): Eine Welt - eine Umwelt. Umweltschutz: Schwerpunkt der deutschen Entwicklungszusammenarbeit. - Bonn

BMZ [BUNDESMINISTERIUM FÜR WIRTSCHAFTLICHE ZUSAMMENARBEIT] (1993): Naturschutz und Entwicklung. - Bonn

BÜTEHORN, N. und H. PLACHTER (1991): Methodische Leitlinien für zeitgemäße Biotoperfassungen in: Vogel und Umwelt 6, S.299-311

DIAMOND, J.M. (1986): Human use of world resources in: Nature 328, S. 479-480

DIERSSEN, K. (1989): Eutrophierungsbedingte Veränderungen der Vegetationszusammensetzung (Fallstudien aus Schleswig-Holstein). - Berichte der Norddeutschen Naturschutzakademie 2/1, S. 27-30

EDWARDS, C.A./B.R. STINNER/D. STINNER und S. RABATIN (Hrsg.) (1988): Biological interactions in soil. - Amsterdam

EIDMANN, H. und F. KÜHLHORN (1970): Lehrbuch der Entomologie. - Hamburg

ELLENBERG, H./R. MAYER und J.H. SCHAUERMANN (1986): Ökosystemforschung. Ergebnisse des Sollingprojektes 1966-1986. - Stuttgart

ELLENBERG, H. (1985): Veränderung der Flora Mitteleuropas unter dem Einfluß von Düngung und Immissionen in: Schweizerische Zeitschrift für Forstwesen 136, S.19-39

ELLENBERG, H. (1987): Fülle - Schwund - Schutz: Was will der Naturschutz eigentlich? - Verhandlungen der Gesellschaft für Ökologie 16, S.449-450

ELLENBERG, H. (1988): Eutrophierung - Veränderungen der Waldvegetation. Folgen für den Reh-Wildverbiß und dessen Rückwirkungen auf die Vegetation in: Schweizerische Zeitschrift für Forstwesen 139, S.261-282

ELLENBERG, H. (1989): Eutrophierung - das gravierendste Problem im Naturschutz. - Berichte der Norddeutschen Naturschutzakademie 2/1, S.4-13

ELLENBERG, L. (1993): Naturschutz und Technische Zusammenarbeit in: Geographische Rundschau 1993, S.290-300

ENQUETEKOMMISSION "SCHUTZ DER ERDATMOSPHÄRE" (1992): Klimaänderung gefährdet globale Entwicklung. - Bonn

ENQUETEKOMMISSION "SCHUTZ DES MENSCHEN UND DER UMWELT" (1993): Verantwortung für die Zukunft. Wege zum nachhaltigen Umgang mit Stoff- und Materialströmen. - Bonn

ERDMANN, K.-H. und J. NAUBER (1990): Biosphären-Reservate - Ein zentrales Instrument des UNESCO-Programms "Der Mensch und die Biosphäre" (MAB) in: Natur und Landschaft 65, S.479-483

EBDMANN, K.-H. und J. NAUBER (1991): UNESCO-Biosphärenreservate in: Umwelt 10/91, S.440-450

ERZ, W. (1980): Naturschutz - Grundlagen, Probleme und Praxis in: BUCHWALD D.K. und W. ENGELHARDT (Hrsg.): Handbuch für Planung, Gestaltung und Schutz der Umwelt. - Bd. 3.- S. 560-637

ERZ, W. (1986): Ökologie oder Naturschutz? Überlegungen zur terminologischen Trennung und Zusammenführung. - Berichte der Akademie für Naturschutz und Landschaftspflege 10, S.11-17

FINCK, P./U. HAUKE und E. SCHRÖDER (1993): Zur Problematik der Formulierung regionaler Landschafts-Leitbilder aus naturschutzfachlicher Sicht in: Natur und Landschaft 68, S.603-607

FREEDMAN, B. (1989): Environmental ecology. The impact of pollution and other stresses on ecosystem structure and function. - San Diego

FUKAREK, F. (1980): Über die Gefährdung der Flora der Nordbezirke der DDR in: Phytocoenologia 7, S.174-182

GATES, D.M. (1993): Climate change and its biological consequences. - Sunderland/Mass.

GERTH, J. und U. FÖRSTNER (1992): Die Belastung von Böden in: WARNECKE, G./M. HUCH und K. GERMANN (Hrsg.): Tatort Erde. - Berlin, S.51-72

GESELLSCHAFT FÜR TECHNISCHE ZUSAMMENARBEIT (GTZ) (1992): Handlungsfelder der Technischen Zusammenarbeit im Naturschutz. - Roßdorf

GOODLAND, R./H. DALY/S. EL SERAFY und B. von DROSTE (Hrsg.) (1992): Nach dem Brundlandt-Bericht: Umweltverträgliche wirtschaftliche Entwicklung. - Bonn

GOUDIE, A. (1990): The human impact on the natural environment. - Oxford

GUSTEDT, E./P. KNAUER und F. SCHOLLES (1989): Umweltqualitätsziele und Umweltstandards für die Umweltverträglichkeitsprüfung in: Landschaft + Stadt 21, S.9-14

HAARMANN, K. und P. PRETSCHER (1988): Naturschutzgebiete in der Bundesrepublik Deutschland. - Greven

HABER, W. (1971): Landschaftspflege durch differenzierte Bodennutzung in: Bayerisches Landwirtschaftliches Jahrbuch 48, Sonderheft 1, S.19-35

HABER, W. (1986): Umweltschutz - Landwirtschaft - Boden. - Berichte der Akademie für Naturschutz und Landschaftspflege 10, S.19-26

HABER, W. (1993): Ökologische Grundlagen des Umweltschutzes. - Bonn

HAEMISCH, M. und L. KEHMANN (1992): Naturschutzbilanzen. Definierte Umweltqualitätsziele und quantitative Umweltqualitätsstandards im Naturschutz in: Natur und Landschaft 67, S.143-148

HAMPICKE, U. (1991): Naturschutz-Ökonomie. - Stuttgart

HAMPICKE, U./K. TAMPE/H. KIEMSTEDT/T. HORLITZ/M. WALTERS und D. TIMP (1991): Kosten und Wertschätzung des Arten- und Biotopschutzes. - Berichte des Umweltbundesamtes 3/91

HEIDENREICH, K. (1993): Grundsätze des Naturschutzes in Deutschland in: Natur und Landschaft 68, S.99-101

HEYDEMANN, B. und H. MEYER (1983): Auswirkungen der Intensivkultur auf die Fauna in den Agrarbiotopen. - Schriftenreihe des Deutschen Rates für Landespflege 31, S.21-51

HERKENDELL, J. und E. KOCH (1991): Bodenzerstörung in den Tropen. - München

HOFMEISTER, H. (1990): Lebensraum Wald. - Hamburg (3. Aufl.)

HOVESTADT, T./J. ROESER und M. MÜHLENBERG (1992): Flächenbedarf von Tierpopulationen. - Berichte aus der ökologischen Forschung 1

IMMLER, H. (1989): Vom Wert der Natur. - Opladen

INTERNATIONAL UNION FOR CONSERVATION OF NATURE (IUCN) (1980): World conservation strategy: living resource conservation for sustainable development. - Gland

JEDICKE, E. (1990): Biotopverbund. - Stuttgart

KAISER, R. (Hrsg.) (1981): Global 2000. Der Bericht an den Präsidenten. - Frankfurt/Main (24. Aufl.)

KAULE, G. (1991): Arten- und Biotopschutz. - Stuttgart (2. Aufl.)

KIEMSTEDT, H. (1991): Leitlinien und Qualitätsziele für Naturschutz und Landschaftspflege in: HENLE, K. und G. KAULE (Hrsg.): Arten- und Biotopschutzforschung für Deutschland. - Berichte aus der Ökologischen Forschung 4, S. 338-342

KORNECK, D. und H. SUKOPP (1988): Rote Liste der in der Bundesrepublik Deutschland ausgestorbenen, verschollenen und gefährdeten Farn- und Blütenpflanzen und ihre Auswertung für den Arten- und Biotopschutz. - Schriftenreihe für Vegetationskunde 19

KREMER, B.P. (1989): Robbenepedemie in der Nordsee in: Naturwissenschaftliche Rundschau 42, S.359-361

LANDOLT, E. (1989): Von der Naturschutzbewegung zur Ökologie von heute in: Dokumente und Informationen zur Schweizerischen Orts-, Regional- und Landesplanung 96, S.28-34

LIDDLE, M.J. und H.R.A. SCORGIE (1980): The effects of recreation on freshwater plants and animals: a review in: Biological Conservation 17, S.183-206

LOVELOCK, J.E. (1991): Das GAIA-Prinzip. Die Biographie unseres Planeten. - Zürich

MANDERBACH, R. und M. REICH (1994): Auswirkungen wasserbaulicher Maßnahmen auf die Laufkäfergemeinschaften (Coleoptera, Carabidae) naturnaher Umlagerungsstrecken der Oberen Isar. - (im Druck)

MARKL, H. (1985): Die ökologische Herausforderung. - Verein der Freunde der Universität Regensburg 11, S.4-22

McNEELY, J.A. und K.R. MILLER (Hrsg.) (1984): National Parks, Conservation and Development. - Washington

McNEELY, J.A./K.R. MILLER/W.V. REID/R.A. MITTERMEIER und T.B. WERNER (1990): Conserving the world's biological diversity. - Gland

MEISEL, K. (1984): Landwirtschaft und "Rote-Liste"-Pflanzenarten in: Natur und Landschaft 29, S. 301-307

OLSCHOWY, G. (Hrsg.) (1978): Natur- und Umweltschutz in der Bundesrepublik Deutschland. - Hamburg und Berlin

PAOLETTI, M.G./B.R. STINNER und G.G. LORENZONI (Hrsg.) (1989): Agricultural ecology and environment. - Amsterdam

PFADENHAUER, J. (1988): Naturschutzstrategien und Naturschutzansprüche an die Landwirtschaft. - Berichte der Akademie für Naturschutz und Landschaftspflege 12, S. 51-57

PLACHTER, H. (1991): Naturschutz. - Stuttgart

PLACHTER, H. (1992a): Grundzüge der naturschutzfachlichen Bewertung in: Veröffentlichungen aus Naturschutz und Landschaftspflege in Baden-Württemberg 67, S. 9-48

PLACHTER, H. (1992b): Naturschutz in der Bundesrepublik Deutschland - Versuch einer Bilanz. - Mitteilungen der Norddeutschen Naturschutzakademie 5/1, S. 67-75

PLACHTER, H. (1992c): Naturschutzkonforme Landschaftsentwicklung zwischen Bestandssicherung und Dynamik in: Tagungsbericht "Landschaftspflege - Quo Vadis?" der Landesanstalt für Umweltschutz in Baden-Württemberg, S. 143-198.

PLACHTER, H. (1992d): Ökologische Langzeitforschung und Naturschutz. - Veröffentlichung Projekt Angewandte Ökologie (PAÖ) 1, S. 59-96

PLACHTER, H. (1994): Methodische Rahmenbedingungen für synoptische Bewertungsverfahren. - Zeitschrift für Ökologie und Naturschutz 3 (im Druck)

PRINZINGER, G. und R. PRINZINGER (1980): Pestizide und Brutbiologie der Vögel. - Greven

PUTZER, D. (1989): Wirkung und Wichtung menschlicher Anwesenheit und Störung am Beispiel bestandsbedrohter, an Feuchtgebiete gebundener Vogelarten. - Schriftenreihe für Landschaftspflege und Naturschutz 29, S. 160-194

RAMBLER, M.B./L. MARGULES und R. FESTER (Hrsg.) (1989): Global Ecology. Towards a science of the biosphere. - Boston

RATCLIFFE, D.A. (1976): Thoughts towards a philosophy of nature conservation in: Biological Conservation 9, S. 45-53

RAT VON SACHVERSTÄNDIGEN FÜR UMWELTFRAGEN (1985): Umweltprobleme der Landwirtschaft. - Stuttgart

REICH, M. (1991a): Grashoppers (Orthoptera, Saltatoria) on alpine and dealpine riverbanks and their use as indicators for natural floodplain dynamics in: Regulated Rivers 6, S. 333-339

REICH, M. (1991b): Struktur und Dynamik einer Population von Bryodema tuberculata (Fabricius, 1775) (Saltatoria, Acrididae). - Dissertation Universität Ulm

REICHHOFF, L. und W: BÖHNERT (1991): Das Nationalparkprogramm der ehemaligen DDR in: Natur und Landschaft 66, S. 195-203

REMMERT, H. (1989): Ökologie. - Berlin-Heidelberg (4. Aufl.)

REMMERT, H. (Hrsg.) (1991): The mosaic-cycle concept of ecosystems. - Ecological Studies 85

RIECKEN, U. (1992): Planungsbezogene Bioindikation durch Tierarten und Tiergruppen. - Schriftenreihe für Landschaftspflege und Naturschutz 36

SCHERZINGER, W. (1990): Das Dynamik-Konzept im flächenhaften Naturschutz, Zieldiskussion am Beispiel der Nationalpark-Idee in: Natur und Landschaft 56, S. 292-298

SCHMIDT, W. (1992): Der Einfluß von Kalkungsmaßnahmen auf die Waldbodenvegetation in: Zeitschrift für Ökologie und Naturschutz 1, S. 79-88

SCHREINER, J. (1994): Naturschutz als angewandte Wissenschaft in: Zeitschrift für Kulturtechnik und Landentwicklung. - (im Druck)

SCHRÖDER, W. (1992): Immissionsbelastungen und Umweltschäden: Gedanken zum Verhältnis von Ökologie und Umwelterziehung in: Natur und Landschaft 67, S. 149-152

SOULE, M.E. (1987): Viable populations for conservation. - Cambridge

SPAHN, P. und M. REICH (1994): Populationsökologie der Deutschen Tamariske (Myricaria germanica) an der Oberen Isar. - Schriftenreihe des Bayerischen Landesamtes für Umwelt. - (im Druck)

SPELLERBERG, I.F. und S.R. HARDES (1992): Biological conservation. - Cambridge

STATZNER, B. (1983): Ökologie gleich Ökonomie am Beispiel heimischer Bäche in: Umschau 83, S. 368-373

STOCK, M./H.-H. BERGMANN/H.-W, HELB/V. KELLER/R. SCHNIDDRIG-PETRIG und H.-C. ZEHNTER (1994): Der Begriff Störung in naturschutzorientierter Forschung: ein Diskussionsbeitrag aus ornithologischer Sicht in: Zeitschrift für Ökologie und Naturschutz 3, S. 25-33

STURM, X. (1993): Prozeßschutz - ein Konzept für naturgerechte Waldwirtschaft in: Zeitschrift für Ökologie und Naturschutz 2, S. 181-192

SUKOPP, H. und L. TREPL (1987): Extinction and naturalization of plant species as related to ecosystem structure and function. - Ecological Studies 51, S.245-276

SUKOPP, H. und L. TREPL (1990): Welche Natur wollen wir schützen? - aus der Sicht der Vegetations- und Naturschutzforschung in: BAYERISCHE AKADEMIE DER WISSENSCHAFTEN (Hrsg.): Rundgespräch "Welche Natur wollen wir schützen?" - München, S. 19-22

UMWELTBUNDESAMT (1992): Daten zur Umwelt 1990/91. - Berlin

VOGEL, H. (1988): Naturschutzprogramme mit der Landwirtschaft in der Bundesrepublik Deutschland in: Jahrbuch für Naturschutz und Landschaftspflege 41, S. 183-195

WARNECKE, G./M. HUCH und K. GERMANN (Hrsg.) (1992): Tatort Erde. Menschliche Eingriffe in Naturraum und Klima. - Berlin (2. Aufl.)

WESTERN, D. und M. PEARL (Hrsg.) (1989): Conservation for the twenty-first century. - New York

WILSON, E.O. (Hrsg.) (1992): Ende der biologischen Vielfalt? - Heidelberg

WRIGHT, D.H. (1987): Estimating human impacts on global extinction. - International Journal of Biometeorologie 31, S. 293-299

ZWÖLFER, H./P. HARTMANN/R. FISCHER und M. SCHNEIDLER (1988): Untersuchungen über den Einfluß von Schadstoffbelastung und Düngungsmaßnahmen auf die Wirbellosenfauna oberfränkischer Nadelwälder. - Forschungsberichte des Bayerischen Staatsministeriums für Umwelt und Landesentwicklung

Umwelt- und Naturschutz am Ende des 20. Jahrhunderts. Perspektiven aus politischer Sicht

Klaus Töpfer (Bonn)

Bei dem Thema "Umwelt- und Naturschutz am Ende des 20. Jahrhunderts" fragt man sich zunächst, wie - mit wenigen Strichen gezeichnet - dieses Ende des 20. Jahrhunderts aussieht? Zur Überraschung vieler ist das Ende des Jahrhunderts nicht mehr durch eine bipolare Welt gekennzeichnet, eine bipolare Welt des Bruchs und Gegensatzes zwischen ideologischen, voneinander abgeschotteten Blöcken. Intelligenz, Kraft und viele Ressourcen wurden eingesetzt, damit sich die Blöcke im Inneren ihres jeweiligen Einzugsgebietes stabil entwickeln konnten. Diese bipolare Welt existiert nicht mehr. Für viele ist es überraschend, daß - wie in einem naturwissenschaftlichen Experiment - folgendes passiert: Bei Flüssigkeiten sind Unterschiede durch eine Trennwand gut zu stabilisieren, wird diese weggezogen, kommt es zu einem Ausgleich der Flüssigkeiten. Hierbei stellt sich die Frage, wie sich diese Unterschiede ausgleichen.

Auf der einen Seite sehen wir, daß dort, wo bindende ideologische Kräfte weggefallen sind, sich neue Suchprozesse nach Stabilität entwickeln. Wir sehen mit viel Schrecken, daß dadurch nationalistische, gar chauvinistische Entwicklungen möglich werden. Wir sehen uns fast am Anfang dieses Jahrhunderts wieder: Wenn man sich die Staatennamen vergegenwärtigt, die jetzt wieder die Landkarten kennzeichnen, dann sind es zum Teil jene, die bereits am Anfang dieses Jahrhunderts auf dem Balkan und im mittleren Osteuropa existierten.

Wir lernen heute wieder Staatennamen, die fast alle vergessen hatten; wer wußte noch, wo Aserbaidschan liegt und welche Beziehungen zwischen Aserbaidschan und Armenien oder zwischen Usbekistan und dem Iran bestehen. Wir sehen, daß vieles, was zentrierend gewesen ist, wegfällt. Eine neue Stabilität ist nicht gegeben, und die Hoffnung, die Möglichkeit der Friedensdividende in die Bewältigung anderer Aufgaben in dieser Welt einzusetzen, erfüllt sich noch nicht so, wie man es gewünscht hat. Wir sehen dramatische Auseinandersetzungen beispielsweise im ehemaligen Jugoslawien - alles nur denkbar als Folge des Zerbrechens der bipolaren Ordnung.

Gleichzeitig sehen wir, daß eine Wirtschaftsordnung, die zentrale Planwirtschaft, untergegangen ist. Es stellt sich nun die Frage, ob sich mit den Mechanismen der sozialen Marktwirtschaft diese Ungleichgewichte abbauen und Wachstumsprozesse auslösen lassen, die sich auch auf die ökologischen Bedingungen unmittelbar positiv auswirken können. Da sich vieles neu orientiert, da - ökonomisch gesprochen - die de-facto-Preise auf einmal nicht mehr stimmen, wird es auch im Westen Europas krisenhafte wirtschaftliche Entwicklungen geben. Daraus könnten Gefahren erwachsen: Zur Überwindung der Wirtschaftsschwäche werden Möglichkeiten gesucht, Kosten aus der betrieblichen Kalkulation abzuwälzen und zu einem Dumping auch im Umweltbereich zu kommen. Man könnte sich sehr schnell - um diese krisenhafte Situation zu überwinden - in einen Abwälzungswettbewerb von Kosten zu Lasten der Umwelt, kommender Generationen und der Dritten Welt wiederfinden.

Am Ende dieses Jahrtausends ist Wachstum zum Ausgleich von Instabilitäten erforderlich; dies vor dem Hintergrund, daß pro Tag etwa 280.000 Menschen netto mehr auf unserem blauen Planeten Erde leben, die wiederum Ansprüche an die Ressourcen dieser Erde stellen.

Wir sehen, Strukturen verändern sich! Strukturen aber, so lehrt es die Ökonomie, sind in einem marktwirtschaftlichen System immer der Reflex auf die Preise der Vergangenheit. Abhängig von den Preisen haben sich Strukturen entwickelt: z. B. kann von der Siedlungsstruktur auf den Preis für Benzin geschlossen werden. Je billiger Benzin ist, um so stärker wird eine flächendeckende Besiedlung die Folge sein; je teurer es ist, desto ausgeprägter werden sich Agglomerationen herausbilden. Das gilt sowohl für Deutschland als auch für andere Regionen der Welt. Wir haben ganz offenbar falsche "terms of trade", schlechte Austauschverhältnisse, ungünstige Preisverhältnisse zwischen den Leistungen, die in den verschiedenen Teilen der Welt angeboten werden. Auch hier haben sich Strukturen verfestigt, die möglicherweise nach dem Zusammenbruch des bipolaren Weltordnungsmodells nicht mehr stimmen.

Wir stehen nicht mehr vor der Aufgabe, die Trends der gegebenen Strukturen weiter zu extrapolieren, sondern grundsätzlich über die Neuordnung von Strukturen nachzudenken. In diesem Zusammenhang kommen wir offenbar in ganz erhebliche soziale Anpassungsprozesse: Aus Strukturen heraus sind Lebensstile mit hohen Ansprüchen gewachsen, die sich - vor dem Hintergrund eines veränderten Faktors der Preisrelationen - nicht mehr realisieren lassen. Die sozialen Umbrüche erschweren ganz offensichtlich die Suche nach neuen stabilen Ordnungsmöglichkeiten, die bisher auf dem nicht mehr vorhandenen Gleichgewichtsprozeß, wie immer er stabilisiert worden ist, aufbauen konnten.

Die Suche nach neuen Verbrauchs- und Konsumstrukturen ist eine der zentralen Herausforderungen der heutigen Zeit. Zunehmend wird bewußt, daß die Verbrauchs- und Konsumstrukturen auf der nördlichen Erdhalbkugel durch eine Abwälzung der Kosten auf den Süden ermöglicht wurden. Viele meiner Kollegen in der Dritten Welt haben mir gesagt, es sei unfair, daß die entwickelten Staaten die Vorzüge der wirtschaftlich-technischen Veränderungen regionalisieren, die damit verbundenen Nachteile aber globalisieren. Alles das, was sich gegenwärtig an gefährdenden Entwicklungen vollzieht, sei ein Beleg dafür. Es wird der Vorwurf erhoben, daß die entwickelten Staaten massenhaft CO_2 emittieren mit dem Ergebnis, daß sich das Klima derart verändert, daß gerade die Menschen in der Dritten Welt darunter zu leiden hätten: "Ihr habt FCKW mit dem Ergebnis genutzt, daß in der südlichen Hemisphäre die Ozonschicht kaputtgeht. Wir sollen im südlichen Bereich die tropischen Regenwälder als Genreservoire erhalten, weil Ihr im nördlichen Teil dieser Welt die Wälder in Forsten, in Holzfabriken umgebaut und die Vielfalt vermindert habt."

In dieser Situation wird die Rückfrage, wie Konsum-, Verhaltens- und Produktionsweisen so geändert werden können, daß sie nicht einen Subventionsbedarf bei anderen begründen, immer lauter gestellt. Dies um so mehr, als diese Welt nicht nur faktisch pro Tag um 280.000 Menschen enger wird, sondern vornehmlich auch durch die Fülle der übermittelten Informationen. Informationen über Lebensstile und Wohlstandsmöglichkeiten in anderen Teilen der Welt sind natürlich ganz besonders geeignet, in den südlichen Breiten dieser Welt wie ein Sprengsatz zu wirken und Verhalten dort wiederum zu beeinflussen. Daraus werden - so ist zu vermuten - globale Migrationsbewegungen entstehen, was eine der am schwierigsten zu lösenden vor uns liegenden Aufgaben sein dürfte. Diese wird noch dadurch verstärkt, daß die Bevölkerungszunahme gerade in den Regionen stattfindet, wo die Leistungsfähigkeit der natürlichen Ressourcen bereits herabgesetzt ist. Einen solchen Bevölkerungszuwachs bewältigen zu können, so daß der Teufelskreis von Bevölkerungsentwicklung und Übernutzung natürlicher Ressourcen gebrochen werden kann, ist schwierig. Die Zerstörung der Ressourcen und damit die fehlende Tragfähigkeit einer Region führen zu Umweltwanderungen, die aus der Verstärkung der Signale aus anderen Regionen zusammen mit der nicht mehr leistungsfähigen Situation in der eigenen Heimat resultieren. Dies sind nur einige wenige Striche, die die internationale Diskussion am Ende dieses Jahrhunderts umreißen.

Es stellt sich nun die Frage, welche Auswirkungen die eine oder andere Verhaltensweise auf Umwelt und Natur, auf die natürlichen Ressourcen dieser Welt hat. Die Antwort - so auch das zentrale Leitmotiv der Konferenz von Rio de Janeiro - kann nur lauten: Wir müssen zu einer nachhaltigen Entwicklung kommen; einer Entwicklung, die im Einklang mit einer langfristigen Nutzbarkeit der natürlichen Ressourcen für diese und kommende Generationen steht. Das bedeutet schlicht und einfach, daß die Wirtschafts- und Konsumentwicklung mit einer leerlaufenden Tendenz, einer Tendenz zum Wegwerfen geändert werden muß; offenbar kann eine nachhaltige Entwicklung nur bewirkt werden, wenn zunehmend Kreisläufe geschlossen werden.

Diese Aufgabe stellt sich vor allem den hochentwickelten Ländern, erst in zweiter Linie auch den Entwicklungsländern. Ich bin der festen Überzeugung, daß die entscheidenden Herausforderungen lauten: Wie kann ein "sustainable Germany", ein "sustainable Europe" etabliert werden? Welche Änderungen, vor allem welche Strukturänderungen müssen erfolgen, die das aufgreifen, was durch das Wegfallen des bipolaren Weltbildes heute notwendig ist?

Ich habe den Eindruck, daß diese Herausforderung noch nicht von allen so recht verstanden worden ist. Viele sind der Meinung, wir hätten zur Zeit wirtschaftliche Konjunktur- oder Strukturveränderungen zu bewältigen, kämen letztlich aber wieder - unter den gleichen Vorzeichen - zu einer florierenden Wirtschaft. Ich bin nicht dieser Meinung; vielmehr bin ich davon überzeugt, daß wir in dieser schwierigen Zeit Antworten geben müssen, wie wir diese wirtschaftlichen Probleme langfristig - auch unter Umweltgesichtspunkten - bewältigen können.

Erschwert wird die Aufgabe auch dadurch, daß - wenn sie in einem weltwirtschaftlichen Wettbewerb stehen - derjenige, der Kosten aus der betrieblichen Kalkulation externalisiert, konkurrenzfähiger ist als derjenige, der dies nicht tut. Ich erhalte deshalb in Deutschland häufig den Hinweis, daß die Umweltpolitik eigentlich nicht die Situation der Umwelt, sondern die Standortbedingungen der Wirtschaftsunternehmen verändert, was weder im globalen noch im regionalen Denken hinreichend sein könne.

Wenn ich mit Kollegen aus Ländern in Mittel- und Osteuropa spreche, dann herrscht derzeit bei ihnen die Meinung vor: "Wir können uns jetzt den Luxus einer entsprechend internalisierenden wirtschaftlichen Entwicklung - wo weniger Kosten auf die Umwelt abgewälzt werden - gar nicht leisten; im Gegenteil, wir müssen die derzeitige Entwicklungsphase für unsere Wirtschaft besonders nutzen. Wenn Ihr wollt, daß wir bei uns Umwelt und Natur schützen sollen, dann müßt Ihr dies finanzieren, wissend, daß dies gerade in einer Situation extrem schwierig ist, wo andere Aufgabenstellungen ebenfalls nach finanziellen Ressourcen rufen." In noch viel größerem Maße wird dieser Standpunkt von den Entwicklungsländern vertreten.

Kürzlich fand in London eine Konferenz statt, die der Frage gewidmet war, wie die GATT-Vereinbarungen weiter entwickelt werden können. Dieses erscheint mir notwendig, da GATT am 15.12.1993 ohne eine angemessene Berücksichtigung von Umweltaspekten verabschiedet wurde. Unberücksichtigt blieben die Anforderungen der Umwelt an das Welthandelssystem. Auf der einen Seite stehen die entwickelten Staaten, die sicherstellen wollen, daß mit niedrigen Umweltstandards produzierte Güter nicht zu uns exportiert werden. Auf der anderen Seite stehen die Entwicklungsländer, die sehr besorgt sind, daß die entwickelten Länder durch hohe Umweltstandards so etwas wie nichttarifäre Handelshemmnisse erzeugen und damit die vorher festgelegten freien Märkte in der Welt wieder blockieren könnten. Umweltpolitische Maßnahmen in Deutschland oder Europa werden deshalb von den Entwicklungsländern genau unter dem Gesichtspunkt "Konsequenzen für den Marktzugang heimischer Produkte" analysiert.

Diese Strukturen in einer Zeit zu ändern, in der die Signale fast überall auf die Festigung des bisher Erreichten gestellt sind, zu sagen, wir dürfen der Verlockung der Abwälzung, des Umweltdumpings nicht nachgehen, wenn wir zu einer "Sustainability" der Entwicklung kommen wollen, fällt extrem schwer. In einer Zeit, in der gerade die Überwindung der wirtschaftlichen Krise durch die Vermeidung von Kosten und die Verbesserung der Wettbewerbssituation angestrebt wird, ist die

Erarbeitung von erfolgversprechenden Perspektiven nicht besonders leicht. Mein damaliger amerikanischer Kollege Bill REILLY hat mir gegenüber dies einmal mit dem Satz ausgedrückt: "Es ist nicht gut, in der Rezession Umweltminister zu sein."

Probleme treten in doppelter Hinsicht auf: Dort, wo investiert wird, treten sogenannte Windfall-profits auf. Investitionen führen zu einer Verbesserung der Technik. Wo keine Investitionen zur Integration von Umwelttechnik getätigt werden, müssen die bestehenden Betriebe diese Technik praktisch additiv hinzusetzen, was in der Praxis zunehmend schwieriger wird.

Wenn uns am Ende dieses Jahrhunderts etwas aufgegeben ist, dann ist es, die soziale Marktwirtschaft, die sich offenbar gegenüber der zentralen Planwirtschaft als leistungsfähiger erwiesen hat, derart umzugestalten, daß sie auch die ökologischen Kosten in Preisen berücksichtigt. Das ist, was Ernst Ulrich von WEIZSÄCKER immer unter dem Stichwort "ökologisch ehrliche Preise" darstellt. Wir müssen zu einer ökologischen und sozialen Marktwirtschaft kommen, denn es ist sehr unwahrscheinlich, auf anderem Wege die Entwicklungsdefizite sowohl im ehemaligen Ostblock als auch in den Bereichen der südlichen Hemisphäre unserer Welt anders zu bewältigen. Genauer betrachtet ist dies nichts anderes als ein ökologischer Subventionsabbau, der zwar vergleichsweise leicht zu skizzieren, aber schwer zu verwirklichen ist.

Die Strukturen von heute sind Reflexe der Preise von gestern, und die Strukturen von heute sind auch Reflexe der Erkenntnisse von gestern. Schon häufig bin ich gefragt worden, wie es zu den großen Problemen des Hochwassers u. a. am Rhein und seiner Nebenflüsse kommen konnte. Ganz offenbar sind lange Zeit die ökologischen Entwicklungsketten bei der Kanalisierung der Flüsse nicht genug gesehen worden. Aus meiner Zeit als Staatssekretär und Minister in Rheinland-Pfalz weiß ich, daß am Rhein praktisch jede Gemeinde über eine Tullastraße oder ein Tulla-Denkmal verfügt. Johann Gottfried TULLA war der große Bauingenieur, der im letzten Jahrhundert Rheinbegradigungen geplant und durchgeführt hat. Er hat dazu beigetragen, daß Siedlungsflächen geschaffen wurden, auf den gewonnenen Flächen Ackerbau betrieben und die Schiffahrt besser geführt werden konnte; alles das ist mit großer Freude hingenommen worden. Mit diesen Baumaßnahmen hat TULLA den Rhein um etwa 50 km verkürzt, womit er die Fließzeit verändert und die Möglichkeit des Rheins, bei Hochwasser in Überschwemmungsgebiete, in Auwälder auszuweichen, drastisch vermindert hat. Da auch an vielen Nebenflüssen des Rheins ähnliche Baumaßnahmen durchgeführt wurden, hat dies bis heute zur Folge, daß Niederschlagswasser relativ schnell abgeführt wird und sich die Hochwasserspitzen des Zufließenden mit denen des Rheins überlappen. Durch eine Vielzahl von Eingriffen, die jeweils Vorteile für den einzelnen gebracht haben - in Preisen sich durchaus rechnen -, wurde etwas bewirkt, was bei der Berücksichtigung ökologisch ehrlicher Preise vermutlich unterblieben wäre. Dabei übersehe ich nicht, daß die entscheidende Ursache für Hochwasser zunächst Niederschlag ist. Aber die Frage, wie sich dieser auswirken kann, wie dieser - auch durch die Häufigkeit - zu einer völlig anderen Belastung, ja zu einer enormen Katastrophe für den Menschen werden kann, ist damit sicherlich angezeigt. Wie dieses Beispiel verdeutlicht, besteht - sollen die ehrlichen Kosten in die Entscheidung mit einfließen - zum einen ein Zeitproblem, zum anderen ein enormer Interessendissens: Wir müssen einen Teil der Flächen renaturieren, um Räume zu schaffen, in denen Wasser wieder länger gehalten werden kann.

Offenbar müssen wir jetzt dafür nachzahlen, wofür früher zu wenig bezahlt wurde. An vielen Stellen ist dieses Phänomen zu erkennen: Über viele Jahre und Jahrzehnte hinweg wurde die Energieversorgung ökologisch subventioniert, indem die Emission von Schwefeldioxid und Stickoxyden zum Nulltarif zugelassen wurde. Konsequenzen, die sich daraus ergeben, sind u. a. Gebäudeschäden und Waldschäden. Werden diese kapitalisiert, sind das praktisch die subventionierten Preise der Energieversorgung der Vergangenheit. Da sich jedoch fast nie - und das ist das, was dem Politiker die Entscheidungsfindung in besonderer Weise erschwert - eine eindeutige Verbindung zwischen Ursache und Wirkung herstellen läßt, sind diese Kosten auch nicht eindeutig jemandem zuzuweisen.

Als in den 80er Jahren politische Entscheidungen zum Waldsterben zu treffen waren, hat der Stuttgarter Oberbürgermeister ROMMEL folgenden Satz gesagt: "Wir wissen zwar nicht, daß SO_2 schuld am Waldsterben ist, aber wir haben es mehrheitlich beschlossen." Wir haben also gegen SO_2 gehandelt, weil alle der Meinung waren, es gibt eine hohe Wahrscheinlichkeit dafür, daß SO_2 die Ursache für das Waldsterben ist. In der Zwischenzeit hat Deutschland weit über 200 Mio. Mark in die Waldschadensforschung investiert, die zu dem Ergebnis gekommen ist, daß mit Sicherheit weitere belastende Stoffe ursächlich an dem Waldsterben beteiligt sind. Nur hat mir bisher niemand gesagt, es wäre falsch gewesen, auch etwas gegen SO_2 zu unternehmen. Dieses ist aber nicht notwendigerweise immer so, denken sie beispielsweise an mögliche Verzögerungseffekte (Wann kommen Zusatzkosten der Belastung der Natur wieder zum Vorschein?) oder die synergetische Wirkung eines Stoffes.

In diesem Zusammenhang sind noch viele Fragen ungeklärt, so sind im rechtlichen Bereich z. B. mögliche Distanz- und Summationsschäden zu erörtern. Niemand weiß derzeit, wie Waldbesitzer für derartige Distanz- und Summationsschäden zu entschädigen sind, obwohl höchstrichterlich festgelegt wurde, daß sie entschädigt werden müssen.

Distanz- und Summationsschäden treten auch an unserer Gebäudesubstanz auf. So ist z. B. berechnet worden, daß Luftverunreinigungen an Gebäuden pro Jahr Schäden von nahezu 4 Mrd. DM verursachen, abgewälzte Kosten anderer Produktions- und Konsumprozesse. Derartige Distanz- und Summationsschäden treten auch an Böden auf. Ich bereite gegenwärtig ein Bundesbodenschutzgesetz vor, was gewaltige Probleme in sich birgt. Wenn in einem solchen Gesetz festgeschrieben wird, bei welchen Grenzwerten bestimmte Nutzungen nicht mehr zugelassen sein sollen, muß auch das Problem der Distanz- und Summationsschäden geregelt werden. Beispielsweise kann ein Landwirt bestimmte Flächen nicht mehr bebauen, weil sich dort im Boden - z. B. an einer vielbefahrenen Straße - Blei angereichert hat, wodurch auch die Grenzwerte in den Pflanzen überschritten werden. D. h., indem eine Fixierung der Grenzwerte vorgenommen wird, werden offenbar die Schäden jemandem zugewiesen, der sie nicht verursacht hat. Durch die Abwälzung wird die Verantwortung anderen übertragen. Diese Probleme sind im allgemeinen nicht gerade leicht zu lösen.

Wir sehen, daß unser früherer Wohlstand subventioniert wurde; diese subventionierten Kosten sind heute zu begleichen. Wirtschaften erfordert ein Denken und Handeln in Kreisläufen. Doch wie können diese initiiert werden? Ich könnte mir die Antwort leicht machen, indem ich auf das gegenwärtig erörterte Kreislaufwirtschaftsgesetz verweise. Gegen dieses werden gewaltige Widerstände mobilisiert, da vielfach befürchtet wird, daß durch das Schließen von Kreisläufen eine direkte oder indirekte Investitionslenkung und Produktgestaltungspolitik betrieben werden könnte. Dies strebe ich keinesfalls an. Dennoch wird es notwendig sein, Kreisläufe zu schließen. Gelingt dies nicht, würde unser wirtschaftliches Wachstum, wie der Schweizer Wirtschaftswissenschaftler BINSWANGER sagt, "leerlaufen". Wenn Autohersteller nicht bereits bei der Produktion verpflichtet werden, daß sie die Autos, wenn sie Schrott sind, kostenlos zurücknehmen müssen, dann wird es kaum möglich sein, sie zu veranlassen, bei der Produktentwicklung vom Abfall her zu denken und das Auto so zu bauen, daß es demontabel, wiederverwertbar, recyclbar, d. h. ökologisch vertretbar sein kann.

Die Verhandlungen mit der Automobilindustrie verlaufen zur Zeit sehr schwierig. Die Industrie ist nicht gegen eine Rücknahmeverpflichtung, will aber dem Letzten die Kosten aufbürden. Dies würde jedoch nicht zu der Signalgebung nach vorne führen, die mir notwendig erscheint. Ziel muß es sein, die Entsorgungskosten bereits im Verkaufspreis erscheinen zu lassen. Derjenige muß bevorzugt werden, der bereits bei der Entwicklung der Autos kreativer ist im Hinblick auf deren spätere Demontage. Ähnliches gilt für Elektro- und Elektronikartikel. Wir haben uns natürlich vor allem mit jenen Sparten beschäftigt, die besondere Quantitäten darstellen. In Deutschland werden, trotz erheblichen Abflusses von Autos nach Mittel- und Osteuropa, pro Jahr etwa 2,3 Mio. Autos endgültig abgemeldet. Bislang besteht die gesamte Intelligenz bei der Entsorgung von Autos darin, 600.000 t Shredderabfälle zu produzieren, die niemand weiter nutzen kann. Wenn man sich vorstellt, wieviel Intelligenz investiert wurde, um ein Auto zu bauen, wieviel Intelligenz investiert wurde, um eine Verkaufslogistik aufzubauen und dann sieht, wieviel Technik bei der Entsorgungslogistik und Entsorgung aufgewendet wird, dann ist verständlich, daß ein Abbrechen von Interessen in der Marktwirtschaft immer falsche Signale setzt. Deswegen ist es so wichtig, daß Kreisläufe geschlossen werden.

Jeder, der von diesen erforderlichen Neustrukturierungen betroffen sein könnte, sagt natürlich: "Hier kriegen wir eine andere Qualität marktwirtschaftlichen Entscheidens",- worauf ich dann antworten muß: "Genau, diese strebe ich an." Es gibt unglaublich viele Mißverständnisse, Diskussionen, vielleicht und wahrscheinlich auch Fehler, die man selber macht.

Aber es ist überhaupt keine Frage, daß hier zentrale Weichenstellungen für die Zukunft erforderlich sind: Wir hatten im Jahre 1991 in Deutschland einen Verbrauch von 13 Mio. t Verpackungsmaterial, was pro Kopf etwa 165 kg Verpackung entspricht. Wenn ich in diesem Bereich singulär Verbote ausspreche und beispielsweise sage, "PVC nicht mehr" oder "Dosen nicht mehr", sind dies zwar symbolträchtige Handlungen, verändern aber an den Strukturen überhaupt nichts. Die Strukturen sind dadurch gekennzeichnet, daß der Handel auf die vorhandenen Preise hin optimiert. Der Handel wird künftig entscheiden müssen, ob ein Selbstbedienungssystem, bei dem sehr viel Verpackungsmaterial erforderlich ist, weiterhin rentabel ist. Ob ihm vorgeschrieben wird "PVC nicht mehr" oder "Dosen nicht mehr" ändert seine Verhaltensstrukturen vergleichsweise wenig. Die Bundesregierung ist deshalb einen anderen Weg gegangen: Ab dem 1. April 1992 ist dem Kunden freigestellt, nach dem Bezahlen an der Kasse die Umverpackung im Geschäft zu belassen. Bisherige externe Kosten werden damit beim Handel zu internen Kosten. Dies hatte die beabsichtigte Wirkung, daß der Handel zum ersten Mal daran interessiert ist, wie die vom Lieferanten gelieferte Ware verpackt ist. Dieses Vorgehen hat eine Reduktion des Verpackungsmaterials um etwa 500.000 t bewirkt. Nicht, weil dies befohlen worden wäre, sondern weil es aus dem Eigeninteresse des Handels heraus sinnvoll, d. h. kostengünstiger ist, anders zu verpacken.

Mein Ziel ist die Integration der Entsorgungskosten in den Produktpreis. Dies gilt auch für Verpackung und ist die Hintergrundgeschichte für den dualen Systemansatz. Der Grüne Punkt ist nichts anderes als eine Verpackungsabgabe in privater Trägerschaft, die dafür erhoben wird, daß gesammelt, sortiert und verwertet wird. Ob das immer gleich optimiert werden kann, darüber habe ich meine neuen Erfahrungen. Aber von einem bin ich überzeugt: Wenn Sie 40 Jahre lang in einer schlichten Wegwerfgesellschaft gelebt haben mit Preisen, die eine Wegwerfmentalität in ihrer Struktur tragen, wäre es fast schon ein Wunder, wenn die Umorientierung ohne Übergangsprobleme vonstatten ginge.

Ich möchte diese Kreisläufe nicht nur bei den festen Abfällen, sondern genauso bei den flüssigen Abfällen schließen. Da Abfälle in verschiedene Aggregatformen transferiert werden können, sind z. B. feste Abfälle sehr leicht in flüssige Abfälle zu überführen. Jede Kläranlage erzeugt aus flüssigen Abfällen feste Abfälle, indem sie das Abwasser von Klärschlämmen trennt. Mit einem Klärschlammaufkommen von etwa 80 Mio. m^3 steht Deutschland vor einer fast nicht mehr zu bewältigenden Aufgabe. Durch die Verbrennung von Klärschlämmen können aus festen Abfällen gasförmige Abfälle werden. Durch den Einsatz von Filtern bei der Verbrennung werden entweder Filterstäube oder Abwässer "produziert", womit sie wieder beim Abwasser angelangt sind. Es kann also beim Schließen von Kreisläufen nicht nur bei einem Medium angesetzt werden, sondern es bedarf eines medienübergreifenden Ansatzes. Dieser ist notwendig, da ansonsten falsche Signale gesetzt werden, z. B.

von festen Abfallstoffen - bei denen die Kosten integriert sind - zu flüssigen Abfallstoffen - bei denen die Kosten möglicherweise nicht integriert sind - überzugehen.

Der Unterschied zwischen Einwegflasche und Mehrwegflasche besteht u. a. darin, daß die Mehrwegflasche gespült werden muß, wodurch flüssige Abfälle entstehen. Hier könnte eine Situation eintreten, daß größere Mengen flüssiger Abfälle produziert werden. In diesem Fall muß Entwicklungen vorgebeugt werden, die eine Integration im Preis nicht oder nicht in gleicher Weise wie z. B. bei festen Abfällen ermöglichen. Mein Ziel ist es, deutlich zu machen, daß überall dort, wo ein Leerlaufen, wo ein Wegwerfen festzustellen ist - sei es fest, flüssig oder gasförmig -, die Verantwortung an den Produzenten zurückgegeben werden muß. Nur auf diese Weise sind Produktionsprozesse und Preise zu verändern; über veränderte Preise ändert sich auch das Verhalten der Bevölkerung.

In der vor uns liegenden Zeit muß es unser Ziel sein, eine Qualifizierung der Marktwirtschaft zu erreichen. Damit im Zusammenhang stehen auch die Zielsetzungen und Orientierungen des technischen Fortschritts. Wenn sich Knappheiten nicht in den Preisen widerspiegeln, wird in den betroffenen Bereichen kein technischer Fortschritt möglich sein. So lange ein Gut nicht knapp ist, wird die Bereitschaft, Geist und Intelligenz zur Überwindung der Knappheitsverhältnisse zu investieren, vergleichsweise gering bleiben. Technischer Fortschritt wird immer derart gerichtet sein, daß er Antwort auf die aktuellen Knappheiten gibt. Deswegen war der Fortschritt in der Vergangenheit durch das Einsparen von menschlicher Arbeitskraft gekennzeichnet; knappe Faktorgröße war die menschliche Arbeit, die zur Rationalisierung und Automatisierung führte. Ich bin der festen Überzeugung, daß diese knappe Größe nicht mehr zukunftsbestimmend sein wird - nicht bei uns und erst recht nicht weltweit.

Eines der großen Themen der UN-Konferenz in Rio de Janeiro war "technology transfer", der Transfer von Technologien. Nach der Konferenz haben wir uns gefragt, ob wir überhaupt über die Technologien verfügen, die wir transferieren sollten. Geben die im Norden entwickelten Techniken die richtigen Antworten auf die Knappheiten des Südens? Ich habe da mehr und mehr meine Zweifel. Im Süden ist die Knappheit der menschlichen Arbeitskraft ganz sicher nicht gegeben; dort gibt es ganz andere Knappheiten. D. h. es ist nicht damit getan, wie wir property rights bekommen, also Lizenzrechte und anderes, damit unsere Technologien anderswo vernünftig angeboten werden können. Vielmehr geht es um die Frage, wie die Knappheiten in den Industriestaaten derart verändert werden können, daß wir zu einem "sustainable development" kommen, damit Technologien entwickelt werden, die Antworten auf die Probleme auch in anderen Teilen der Welt geben. Ich halte dies für eine der größten Herausforderungen der heutigen Zeit.

Eine weitere wichtige Aufgabe, die die Menschheit in Zukunft lösen muß, ist die Organisation von Megacities. Es ist davon auszugehen, daß im neuen Jahrtausend mindestens 20 bis 30 Megacities mit über 20 Mio. Einwohnern existieren werden. Wer einmal in Mexico City, Jakarta oder Teheran gewesen ist, der weiß, daß in solchen Agglomerationen aus der Größe heraus ganz neue Anforderungen an die Organisation sozialer, ökonomischer, ökologischer Prozesse erwachsen. Die Frage steht im Raum, wie organisationsadministrative Technologien geschaffen werden können, die für diese Herausforderungen Antworten erwarten lassen. Es ist notwendig, vor allem solche Technologien transferierbar zu machen, die Antworten auf die in anderen Regionen der Erde vorzufindenden gewachsenen sozialen Strukturen geben. Technologie sollte demnach nicht nur aus Hardware (d. h. technische Produkte), sondern auch aus Software (d. h. soziale, ökonomische und kommunikative Modelle) bestehen, um den Anforderungen und Aufgaben, vor denen wir stehen, gerecht werden zu können.

Vor nicht allzu langer Zeit war ich von einer Stiftung in der Schweiz zur Verleihung eines Umweltpreises eingeladen; die Veranstaltung stand unter dem Motto: "Nichts ist stärker als eine Idee, für die die Zeit gekommen ist". Zuerst fand ich, daß dies ein gutes Motto sei. Nach etwas Nachdenken war ich dann gar nicht mehr davon überzeugt, denn wenn wir immer nur abwarten, bis wir wissen, für welche Idee die Zeit gekommen ist, bräuchten wir uns nicht politisch, wissenschaftlich usw. zu engagieren. Eigentlich stellt sich doch als entscheidende Frage: Welche Ideen müssen wir fördern, damit dafür die Zeit kommt? Dies ist die Rückfrage an die Veränderungen und die damit verbundenen neuen Knappheiten, an die Notwendigkeit, diese aufzubereiten und zu ändern. Sie ist deswegen so wichtig, weil nach meiner festen Überzeugung die Themenfelder Umwelt und Entwicklung in Zukunft mit über Krieg und Frieden entscheiden werden. Die Abrüstungspolitik der Zukunft wird genau in diesem Kontext stehen. Ich finde es hervorragend, daß der Generalsekretär der Vereinten Nationen, Butros GALI, neben einer "Agenda for peace" auch gleichzeitig eine "Agenda for sustainable development" vorlegt. Wir sehen, daß aus Verteilungskonflikten und der begrenzten Nutzbarkeit von Natur und Umwelt kriegerische Entwicklungen und Situationen entstehen können. Viele sind der Meinung, einige Kriege seien bereits unter diesem Gesichtspunkt zu erklären. Diese Konflikte werden aller Voraussicht nach künftig noch zunehmen! Deswegen muß diesen Gefährdungen, die sich heute in kalten Kriegsentwicklungen schon andeuten, begegnet werden.

Ich halte es für gut und richtig, daß im Nachgang zu Rio eine "Commission for Sustainable Development" (CSD) als neues Instrument in das System der Vereinten Nationen eingefügt wurde. Nachdem das Entwicklungsland Malaysia den ersten Präsidenten gestellt hat, werde ich im Mai 1994 für den Vorsitz dieser Kommission kandidieren. Mit meiner Kandidatur möchte ich deutlich machen, daß sich die entwickelten Industriestaaten ins Wort nehmen lassen müssen, für das, was in Rio de Janeiro gesagt, gedacht und in der Agenda 21 niedergeschrieben wurde.

Der indische Umweltminister Kamal NATH hat vor kurzem - in der Nachfolge zur Konferenz in Rio de Janeiro - den sarkastischen Satz gesagt: "Nach Rio haben die Emissionen zugenommen und die Finanzmittel abgenommen." Die Staaten des Südens sind besorgt, daß die alte weltwirtschaftliche Arbeitsteilung weiter aufrechterhalten, die "terms of trade" nicht verändert und damit die Strukturen zwischen

Nord und Süd weiter gefestigt werden. Mir ist dies in einem Gespräch mit dem indonesischen Umweltminister deutlich geworden; er hat mir gesagt, daß es verständlich und richtig sei, die tropischen Regenwälder zu schützen, aber er stünde vor folgender Situation: Wenn Indonesien einen unbearbeiteten Baumstamm nach Japan exportiert, ist dies ohne Importzoll möglich. Will Indonesien aus diesem Baumstamm hergestellte Furniere exportieren, sind erhebliche Importzölle zu bezahlen. Werden aus dem Baumstamm sogar Möbel oder andere fertige Produkte hergestellt, steigen die japanischen Importzölle derart hoch, daß ein Export dieser Produkte nach Japan praktisch unmöglich wird. Mit diesem Vorgehen erreicht Japan, daß die Wertschöpfung in Japan und nicht in Indonesien stattfindet. Für die Förderung der Entwicklung in Indonesien wäre jedoch eine umgekehrte Struktur hilfreich. Preise der Vergangenheit erklären die heutigen Strukturen, und solange diese nicht verändert werden, ist eine grundlegende Verbesserung der globalen Situation nicht wirklich möglich. Mit Appellen und Boykotten wird vergleichsweise wenig zu bewirken sein, es sei denn, ein Hochschaukeln von Ärgernissen, Konfrontationen und Unverständnis.

Die Industriestaaten müssen also mit der "sustainability" bei sich beginnen. Sie müssen sich fragen, wie, in welchem Umfang und mit welcher Geschwindigkeit sie in der Lage sind, abgewälzte Kosten wieder zurückzuverlagern, Preise ehrlicher zu gestalten, um damit Verhalten und Technologien zu verändern und Kreisläufe zu schließen. Viele werden sagen, daß ich in den sieben Jahren meiner Tätigkeit als Umweltminister so fürchterlich viel davon nicht habe verwirklichen können. Dem möchte ich entgegen halten: Viele Probleme müssen in der aktuellen Situation gelöst werden; darüber hinaus bedarf es aber auch so etwas wie einer Vision, eines Ordnungsprinzips, auf das man seine Politik hin entwickeln kann. Hierüber zu diskutieren ist mir lieber, als immer nur und langwierig über den Termin des Einbaus der 3. Reinigungsstufe bei den kommunalen Kläranlagen zu streiten. Wenn wir nicht perspektivische Vorstellungen davon haben, wie ein Schließen von Kreisläufen angestrebt, wie Techniken verändert werden sollen, um Antworten auf die Knappheiten in dieser Welt zu geben - dann hätten wir eigentlich das Falsche getan. Deswegen erlaube ich mir - selbst als handelnder Politiker - zu sagen, ich nehme lieber den Vorwurf in Kauf, ich hätte noch nicht alles von mir Angestrebte erreicht, als den Vorwurf, mein Handeln hätte keine Perspektive.

Dies ist aus meiner Sicht auch die Verbindung zur Wissenschaft, von der ich mir vielfältige Rückantworten erhoffe: Ob das, was wir als Ordnungssystem konzipieren und auf das wir unser Handeln hin bewegen, richtig oder falsch ist, ob Zusätzliches eingebunden werden muß oder ob der Mensch vielleicht sogar intellektuell überfordert wird? Sämtliche wissenschaftliche Disziplinen sind damit gefordert, wenn Umweltpolitik den von uns allen gewünschten Erfolg erringen soll.

Springer-Verlag und Umwelt

Als internationaler wissenschaftlicher Verlag sind wir uns unserer besonderen Verpflichtung der Umwelt gegenüber bewußt und beziehen umweltorientierte Grundsätze in Unternehmensentscheidungen mit ein.

Von unseren Geschäftspartnern (Druckereien, Papierfabriken, Verpackungsherstellern usw.) verlangen wir, daß sie sowohl beim Herstellungsprozeß selbst als auch beim Einsatz der zur Verwendung kommenden Materialien ökologische Gesichtspunkte berücksichtigen.

Das für dieses Buch verwendete Papier ist aus chlorfrei bzw. chlorarm hergestelltem Zellstoff gefertigt und im pH-Wert neutral.

Druck: Mercedesdruck, Berlin
Verarbeitung: Buchbinderei Lüderitz & Bauer, Berlin